Konzepte und Studien zur Hochschuldidaktik und Lehrerbildung Mathematik

Reihenherausgeber

R. Biehler (geschäftsführender Herausgeber), Universität Paderborn, Deutschland

A. Beutelspacher, Justus-Liebig-Universität Gießen, Deutschland

L. Hefendehl-Hebeker, Universität Duisburg-Essen, Campus Essen, Deutschland

R. Hochmuth, Leibniz Universität Hannover, Deutschland

J. Kramer, Humboldt-Universität zu Berlin, Deutschland

S. Prediger, Technische Universität Dortmund, Deutschland

Die Lehre im Fach Mathematik auf allen Stufen der Bildungskette hat eine Schlüsselrolle für die Förderung von Interesse und Leistungsfähigkeit im Bereich Mathematik-Naturwissenschaft-Technik. Hierauf bezogene fachdidaktische Forschungs- und Entwicklungsarbeit liefert dazu theoretische und empirische Grundlagen sowie gute Praxisbeispiele.

Die Reihe „Konzepte und Studien zur Hochschuldidaktik und Lehrerbildung Mathematik" dokumentiert wissenschaftliche Studien sowie theoretisch fundierte und praktisch erprobte innovative Ansätze für die Lehre in mathematikhaltigen Studiengängen und allen Phasen der Lehramtsausbildung im Fach Mathematik.

Weitere Bände dieser Reihe finden Sie unter
http://www.springer.com/series/11632

Regina Möller · Rose Vogel
(Hrsg.)

Innovative Konzepte für die Grundschullehrerausbildung im Fach Mathematik

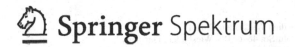 Springer Spektrum

Herausgeber

Regina Möller
Mathematik und ihre Didaktik
Universität Erfurt
Erfurt, Deutschland

Rose Vogel
Institut für Didaktik der Mathematik und der
Informatik
Goethe-Universität Frankfurt am Main
Frankfurt, Deutschland

ISSN 2197-8751   ISSN 2197-876X (electronic)
Konzepte und Studien zur Hochschuldidaktik und Lehrerbildung Mathematik
ISBN 978-3-658-10264-7   ISBN 978-3-658-10265-4 (eBook)
https://doi.org/10.1007/978-3-658-10265-4

Die Deutsche Nationalbibliothek verzeichnet diese Publikation in der Deutschen Nationalbibliografie; detaillierte bibliografische Daten sind im Internet über http://dnb.d-nb.de abrufbar.

Springer Spektrum
© Springer Fachmedien Wiesbaden GmbH 2018

Planung: Ulrike Schmickler-Hirzebruch

Gedruckt auf säurefreiem und chlorfrei gebleichtem Papier

Springer Spektrum ist Teil von Springer Nature
Die eingetragene Gesellschaft ist Springer Fachmedien Wiesbaden GmbH
Die Anschrift der Gesellschaft ist: Abraham-Lincoln-Str. 46, 65189 Wiesbaden, Germany

Vorwort

In diesem Band sind innovative Konzepte für die Grundschullehrerbildung aus den verschiedenen Bundesländern zusammengestellt. Ausgangspunkt für diese Zusammenstellung war eine Fachtagung an der Universität Erfurt zum Thema „Innovative Konzepte für die Grundschullehrerausbildung im Fach Mathematik". Es werden die strukturelle Vielfalt in der Grundschullehrerausbildung in den einzelnen Bundesländern, die unterschiedliche Gewichtung mathematischer und mathematikdidaktischer Kompetenzen im Kontext heterogener Ausbildungsbedingungen und differenzierte Konkretisierungen der Standards für die Lehrerbildung im Fach Mathematik deutlich. Im Fokus dieses Bandes stehen hochschuldidaktische Lehr-Lern-Konzepte im Sinne von „Good Practice".

Im Einzelnen gilt es auszuloten, zu welchen Auswirkungen die vorangegangenen Reformen der letzten zwanzig Jahre mit ihrer Neustrukturierung der Lehrerbildung samt gestufter Studienstruktur mit Bachelor- und Masterabschlüssen geführt haben. Neben landesspezifischen Akzentsetzungen fokussieren sich diese Bemühungen auf eine stärkere Praxisorientierung während der Ausbildung, auf Intensivierung der Beziehungen zwischen den einzelnen Ausbildungsphasen, auf die besondere Bedeutung der sogenannten Berufseingangsphase und auf Maßnahmen zur Verbesserung der Lehrtätigkeit im Hinblick auf diagnostische und methodische Kompetenzen.

Das moderne Schlagwort „Innovation", das in den letzten Jahren anstelle der „Reform" in den Vordergrund getreten ist, kann sich auf Resultate nach einem Prozess der Erneuerung beziehen oder auf den Prozess selbst. In diesem Band finden sich insbesondere Aspekte, die durch die Umstellung der Studiengänge auf BA- und MA-Abschlüsse in den Hochschulen entstanden sind. Hinzugekommen ist die Nomenklatur des Kompetenzbegriffs. Nunmehr ist ein Mosaik möglicher Zugänge zur Lehrerbildung entstanden, das sich sehr heterogen entwickelt hat. Ein Ziel des Bologna-Prozesses, nämlich an verschiedenen Orten das Studium fortsetzen zu können, ist somit gründlich unterminiert worden.

Die Zusammenstellung der Beiträge folgt einzelnen Perspektiven auf Mathematiklernen im schulischen und Hochschulkontext, die von Joost Klep in seinem Beitrag „Ziele der mathematisch-didaktischen Bildung von werdenden Grundschullehrpersonen – Gedanken zu Kindern, Lehrpersonen, Schule, Gesellschaft und Mathematik" vorgestellt werden. Die ausgewählten Perspektiven sind die mathematische, die psychologische und die didaktische, die auf die Grundschullehrerausbildung übertragen werden. Sie geben die Struktur vor für die Zusammenstellung der Beiträge in diesem Band.

Die **mathematische Perspektive**, die im Sinne von Klep die Auswahl der mathematischen Inhalte für die mathematischen Lernprozesse in den Fokus nimmt, zeigt in den Beiträgen bereits einen innovativen Charakter, da Inhalte für das Grundschullehramt thematisiert werden, die bis vor Kurzem eher ein Schattendasein geführt haben. Hierzu gehören die von Claudia Böttinger und Carmen Boventer (Universität Duisburg-Essen) thematisierten experimentellen Zugänge zu Themen der Linearen Algebra. Ferner stellt Hans Dieter Sill (Universität Rostock) ein grundlegendes Konzept zur Stochastikausbildung für das Lehramt an Grundschulen vor. Die in den Beiträgen dargelegten Lehrkonzepte richten sich auf einen experimentellen und handlungsorientieren Zugang zu den gewählten mathematischen Inhalten, die es den Studierenden möglich macht, in der konkreten Auseinandersetzung zu mathematischen Erkenntnissen zu kommen. Dies ist ein Zugang, der den Studierenden zeigt, wie eigenes „Mathematiktreiben" aussehen kann und ihnen Transformationen für das schulische Lernen aufzeigt.

Für die adäquate Gestaltung von mathematischen Lernprozessen in einem Lehramtsstudium ist der mathematische Wissensstand von Bedeutung, den die Studierenden mit an die Hochschule bringen. Im Projekt KLIMAGS (Kompetenzzentrum Hochschuldidaktik Mathematik der Universitäten Kassel, Paderborn und Lüneburg), vorgestellt von Jana Kolter, Werner Blum, Peter Bender, Rolf Biehler, Jürgen Haase, Reinhard Hochmuth und Stanislaw Schukajlow von den Universitäten Kassel, Paderborn, Hannover und Münster wird dieser Frage nachgegangen. Es wird die Entwicklung des KLIMAGS Leistungstext zur Kompetenzerfassung im Bereich Arithmetik vorgestellt. Interessant sind die Ergebnisse bezüglich der Entwicklung von Fachwissen und lernförderlicher Bedingungen, die durch die Anwendung dieses Tests formuliert werden können.

Die **psychologische Perspektive** nach Klep zielt auf das Verstehen von mathematischen Lernprozessen ab. Dazu gehört, dass die Lehramtsstudierenden ihre eigenen Lernprozesse verstehen aber auch die der Schülerinnen und Schüler, die sie in ihren mathematischen Lernprozessen begleiten. Für die Grundschullehrerausbildung sind in diesem Band zwei Projekte beschrieben: „FL!P – Forschendes Lernen im Praxiskontext" von Simone Reinhold (Universität Leipzig) und „dortMINT – Diagnose und individuelle Förderung im Rahmen der Grundschullehrerausbildung" von Annabell Gutscher, Karina Höveler und Christoph Selter (Technische Universität Dortmund, IEEM). Beide Projekte zielen auf die Entwicklung der Diagnosekompetenz bei Lehramtsstudierenden. Im Projekt „FL!P" wird die Beschäftigung mit dem Thema „Diagnose und Förderung" von den schulpraktischen Studien gerahmt, im Projekt „dortMINT" ist es die Lehrveranstaltung „Arithmetik und ihre Didaktik". Das Lernen der Kinder wird von den Studierenden unter der diagnostischen Perspektive beleuchtet, und gleichzeitig bauen die Studierenden diagnostische Kompetenz auf und entwickeln diese weiter.

Die (hochschul-)**didaktische Perspektive** nach Klep wird auf die Hochschule übertragen und beleuchtet Szenarien mathematischen Lernens von Grundschullehramtsstudierenden an der Universität. Im Beitrag von Regina Möller (Universität Erfurt) kommen die Studierenden selbst zu Wort. Lehramtsstudierende wurden hier zu ihrem Innovationsbegriff befragt, der einerseits heterogen ausfiel und anderseits den Einsatz von neuen Medien betont. Hochschuldidaktische Konzepte wie die Portfolioarbeit im Grundschullehramtsstudiengang Mathematik werden von Rose Vogel (Goethe-Universität Frankfurt) beschrieben. Am Beispiel eines Seminars aus dem Hauptstudium werden zentrale Elemente der Portfolioarbeit vorgestellt, im Zentrum steht die Entwicklung der Reflexionskompetenz der Studierenden als ein zentraler Bestandteil professionellen Unterrichtshandelns. Der Beitrag von Eva Hoffart und Markus Helmerich zielt darauf ab, angehende Lehrerinnen und Lehrer zu einem reflektierenden Handeln in Lehr-Lern-Situationen zu befähigen und damit zu professionalisieren. Die Tutorenschulungen im Projekt KLIMAGS, vorgestellt von Jürgen Haase, Reinhard Hochmuth, Peter Bender, Rolf Biehler, Werner Blum, Jana Kolter und Stanislaw Schukajlow von den Universitäten Paderborn, Hannover, Kassel und Münster hat das Ziel, durch ein ausdifferenziertes Tutoren-Schulungskonzept, die Grundschullehramtsstudierenden durch gezieltes inhaltliches Feedback in ihrem mathematischen Lernen zu unterstützen. Die hochschuldidaktische Perspektive schließt mit einem Lehr-Lern-Konzept ab, das alle drei Phasen der Lehrerbildung verbindet. Christof Schreiber (Universität Gießen) stellt das Projekt Lehr@mt vor, das im Bereich digitaler Medien die drei Phasen der Lehrerbildung miteinander verschränkt.

Wir danken allen Autorinnen und Autoren, die mit Engagement und interessanten Beiträgen an der Gestaltung dieses Tagungsbandes mitgewirkt haben.

Am Gelingen dieses Vorhabens war Frau Sabine Adamy-Kühne maßgeblich beteiligt. Für die geduldige, sorgfältige und effiziente Unterstützung möchten wir auch ihr unseren herzlichsten Dank aussprechen.

Regina Dorothea Möller, Erfurt

Rose Vogel, Frankfurt/Main, im Juni 2017

Inhaltsverzeichnis

Gedanken zu Kindern, Lehrpersonen, Schule, Gesellschaft und Mathematik

Ziele der mathematisch-didaktischen Bildung von zukünftigen Grundschullehrpersonen

Joost Klep

Zusammenfassung

Sowohl auf der Ebene des Bundes, als auch auf der Ebene der Länder und der Hochschulen entscheiden sich die Akteure für unterschiedliche Inhalte und Formen in der mathematikdidaktischen Lehrerbildung. Es gibt außerdem beträchtliche Unterschiede in Inhalt und Gestaltung des Mathematikunterrichts der einzelnen (Grund-)Schulen und Universitäten. Um die Qualität und den Ertrag des Unterrichts zu garantieren, versuchen Bund und Länder mithilfe der Gesetzgebung diese Vielfalt einzuschränken. Der Autor zweifelt, ob es für ein zukünftiges Bildungssystem wünschenswert ist, diese Vielfalt einzuschränken, da es einen wachsenden Bedarf an einer pluralistischen Bildung gibt. In diesem Kapitel zeigt der Autor, wie die vielen Optionen im Mathematikunterricht und in der Lehrerbildung einen Raum bilden, in dem sich Länder, Universitäten und Schulen für zusammenhängende Inhalte und Formen entscheiden können. Diesen Raum nennt er „Zielraum". Alle Inhalte und Formen des Mathematikunterrichts im Zielraum werden aus der Perspektive der Funktionen des Unterrichts und aus acht weiteren unterrichtsrelevanten Perspektiven betrachtet.

1.1 Einleitung

In diesem Beitrag konzentriere ich mich auf die Frage: Wie kann man die Vielfalt der Ideen über Mathematik, Mathematikdidaktik und Lehrerbildung produktiv verstehen? Auch verwende ich Ideen, die in den folgenden Arbeitsgruppen über Lehrerbildung behandelt wurden: im Rahmen des Arbeitskreises „Grundschule" der Gesellschaft für Didaktik der Mathematik in Tabarz (2009–2010) und während der gemeinsamen GDM-DMV-Tagung

J. Klep (✉)
Gouda, Niederlande
E-Mail: JoostKlep@gmail.com

© Springer Fachmedien Wiesbaden GmbH 2018
R. Möller und R. Vogel (Hrsg.), *Innovative Konzepte für die Grundschullehrerausbildung im Fach Mathematik*, Konzepte und Studien zur Hochschuldidaktik und Lehrerbildung Mathematik, https://doi.org/10.1007/978-3-658-10265-4_1

(München 2010). In diesen Arbeitsgruppen wurde klar, dass es unterschiedliche Konzepte der Lehrerbildung gibt, die nicht einfach miteinander in Beziehung zu setzen sind. Das ist bedauerlich, weil es den bildungspolitischen und allgemein politischen Stellenwert der Lehrerbildung und den mathematikdidaktischen Beitrag dazu im öffentlichen Diskurs schwächt. Damit wird im öffentlichen Diskurs privaten, oft nostalgisch geprägten Ideen zur Mathematikdidaktik und der sich daraus ableitenden Hochschuldidaktik, Raum gegeben. Statt Hochschuldidaktik verwende ich gerne das Wort Didaktik der Mathematikdidaktik, kurz mit D^2M benannt. Es handelt sich in meinem Denken um mehr als ein Wortspiel: D^2M ist phasen- und schulstufenübergreifend und wirft ein Licht auf die außerschulische mathematische Bildung.

In diesem Beitrag betrachte ich die mathematikdidaktische Bildung und die Erwartungen, die man in der Gesellschaft an den Mathematikunterricht stellt, in einem breiten gesellschaftlichen Rahmen. Diese gesellschaftlichen Erwartungen bilden die politische Grundlage für die massiven Investitionen vieler Steuergelder in den Mathematikunterricht. Aus Sicht der Gesellschaft wird Mathematikunterricht nur in gewissem Maße finanziert, weil es einen intrinsischen Wert für die Bildung hat. Ein Blick auf die historische Entwicklung zeigt, dass Mathematikunterricht für alle erst kurz – zwei Jahrhunderte – existiert. Die politischen Gründe für allgemeinen Mathematikunterricht bestanden darin, dass jeder rechnen können sollte. Gleichzeitig gehörte ein allgemeiner Mathematikunterricht zur aufklärenden Bildung.

Heute befindet sich Mathematikunterricht – ob man es schön findet oder nicht – in Konkurrenz mit zum Beispiel sozialer Bildung, Erziehung der Kinder zu konkurrenzfähigen Arbeitnehmern, Vermittlung von Verantwortung für Erde und Umwelt, Friedenserziehung und der Erziehung zu demokratisch denkenden und handelnden Bürgern in einer multikulturellen Gesellschaft. Mathematik hat in der Gesellschaft eine instrumentelle Funktion. Aber immer weniger Menschen rechnen selber oder sind noch mathematisch tätig, weil Mathematik und Informatik von Computern übernommen wird. Meine Fragen lauteten also:

- Wer braucht wann welche Mathematik?
- Wie können wir Kinder und Studierende an Mathematik heranführen?

Meine These und implizit auch die Thesen vieler Beiträge in diesem Band lautet: Die existierende strukturalistisch geprägte Mathematik und strukturalistisch geprägte Didaktik reichen nicht aus, um dem wachsenden Bedürfnis nach einer zunehmend pluriformen Mathematik gerecht zu werden.

In meinem Beitrag werde ich einen Rahmen vorstellen, in dem viele Aspekte des Mathematikunterrichts ihren Platz finden können. Es gibt in diesem Rahmen kein „gut" oder „besser", sondern eine Auswahl, die man machen kann. Es sind politische Entscheidungen und empirische Befunde, die Vorzüge definieren können. Ich halte es aus kulturellen und ökonomischen Gründen für wichtig, dass im öffentlichen Unterricht die existierende Vielfalt bewahrt und genutzt wird. Weil alle Teile der deutschen Gesellschaft so unterschiedliche Bedürfnisse haben, sind die Ziele und die Gestaltung des Unterrichts und der Lehrerbildung in Deutschland auf der nationalen Ebene pluriform und als Gegenstand politischer Entscheidungen zu verstehen. Ich möchte die Vielfalt des deutschen Bildungs- und Lehrerbildungssystems an den Universitäten unterstreichen und vorschlagen, diese Vielfalt stärker zu profilieren. Dieses vielfältige System kann den Bildungsbedürfnissen Deutschlands entgegenkommen und den Kindern und Studierenden gerecht werden.

Die Qualitätssicherung in einem pluriformen System ist nicht einfach, weil es sehr viele Alternativen für einzelne Ziele gibt. Die Menge der alternativen Ziele, die später in diesem Beitrag mit dem Wort „Zielraum" bezeichnet wird, ist begrenzt durchschaubar. Es ist also hilfreich eine klare Strukturierung der alternativen Ziele im „Zielraum" zu machen. Die Akteure auf den unterschiedlichen Unterrichtsebenen von Bund und Ländern bis hin zu Verwaltung und Studierenden an Hochschulen machen begründete Auswahlen im „Zielraum". Wie der Zusammenhang der Auswahlen auf den unterschiedlichen Ebenen aussieht, wird später in diesem Beitrag diskutiert. Die Argumente gehen auf Ideen zu Bildung in der Gesellschaft, auf Bildungs-, Erziehungs- und Unterrichtstheorien und auf sozialökonomische, kulturelle und politische Präferenzen zurück. Die begründete Auswahl von Zielen bildet meines Erachtens eine gute Grundlage für eine Qualitätssicherung in einem pluriformen System.

Unterrichtsdemokratie bedeutet in diesem Denken eine verantwortete Pluriformität und nicht ein Kompromiss zu einer uniformen Unterrichtsgestaltung einer mehrheitsbildenden Koalition. Eine solche Uniformität wäre nicht im Interesse einer reichen Kultur und Wissensökonomie. In dieser Perspektive richtet sich die Forschung im Bereich der Hochschuldidaktik auf die Gestaltung und Begründung der Lehrerbildungsalternativen und deren Qualitätsmerkmale.

In fast allen inhaltlichen Bereichen der Lehrerbildung gibt es alternative Wahlmöglichkeiten. Es ist wie bei einem Navigationsgerät im Auto, das durch subsequentes Auswählen eine Route von A nach B wählt. Im Unterschied dazu kann es im Fall der Lehrerbildung keinen eindeutigen Anfangspunkt und keinen gemeinsamen Endpunkt geben. Zwar sind Anfangs- und Endpunkt nicht eindeutig, die Alternativen sind es dennoch. Man kann sich die Beziehungen zwischen diesen Wahlmöglichkeiten nicht einfach als Liste vorstellen, weil die Auswahl sowohl subsequent wie auch parallel in unterschiedlichen Dimensionen gemacht wird. Vielleicht ist das Wort „Raum" gut geeignet, die Vielheit von Wegen anzudeuten. Statt „Ziele der mathematikdidaktischen Bildung" werde ich das Konzept „Zielraum der mathematikdidaktischen Bildung" vorstellen. Das konkrete Ziel eines Lehrerbildungsinstituts ist eine begründete Auswahl in diesem „Zielraum". Ich werde am Ende des Abschn. 1.2 und in den weiteren Abschn. 1.3 und 1.4 drei fiktive Lehrerbildungsinstitute als Beispiele verwenden. Die alternativen Unterrichtsangebote in der Lehrerbildung können mithilfe der gemachten Auswahl charakterisiert werden.

Abschn. 1.2 dieses Beitrags fokussiert sich auf die curriculare Wahl: „Welche Mathematiken sollten im Unterricht einen Platz finden?". Vor dem Hintergrund kurzer historischer und zeitgenössischer Beobachtungen zur Mathematik in der Gesellschaft und Wissenschaft werden verschiedene Funktionen von Mathematikunterricht erläutert. Das

„Curriculare Spinnennetz" (Thijs und van den Akker 2009, S. 11) wird als Kulisse für das Denken zur Umsetzbarkeit von Mathematikunterricht in Schulen und Universitäten vorgeschlagen. So entsteht eine Palette von Mathematiken, die unter den realistischen Bedingungen des „Curricularen Spinnennetzes" im Unterricht umsetzbar sind. Durch die in diesem Beitrag formulierten Fragen wird die Leserin und der Leser eingeladen, sich den mathematischen und mathematikdidaktischen Alternativen im Angebot der Lehrerbildung bewusst zu werden und eigene Präferenzen zu formulieren.

In Abschn. 1.3 dieses Beitrags wird eine weitere Analyse des Mathematikunterrichts und der mathematikdidaktischen Lehrerbildung anhand von acht Blickwinkeln unternommen: Welche Konzepte von Mathematik, welche kenntnistheoretischen Ideen, welche psychologischen, pädagogischen, didaktischen, unterrichtswissenschaftlichen und systemischen (was den Unterricht als System betrifft) Überlegungen spielen eine Rolle? So entsteht die Grundlage für einen „Zielraum" für die Lehrerbildung, in dem die unterschiedlichen Lehrerbildungsinstitute eine Auswahl treffen und sich profilieren können.

„Zielraum" statt Zielen
In diesem Beitrag verwende ich oft das Wort „Zielraum" statt Ziel oder Ziele. Diese Wortwahl hat zwei systemtheoretische Gründe, die ich hier am Anfang meines Beitrags erläutern möchte. Es ist eine etwas ungewöhnliche Annäherung an die Gliederung von Zielen im Unterrichtsgebilde. Aber sie ist meines Erachtens sehr hilfreich, um zu verdeutlichen, wie man sich ein pluriform gestaltetes Unterrichtsgebilde und eine Qualitätssicherung darin vorstellen kann.

Der erste Grund, um von „Zielraum" statt Zielen zu reden, bezieht sich auf das Funktionieren von Zielen im Unterrichtsgebilde. Ziele auf Bundes- oder Landesebene sind allgemeiner formuliert als Ziele auf der Ebene einer individuellen Schülerin, eines individuellen Schülers. Auf der meist unteren – individuellen – Ebene erfordern die unterschiedlichen Lernstände der Schülerinnen und Schüler und ihre unterschiedlich entwickelten Kompetenzen gelegentlich individuell gewählte Ziele. Genauso können auf der mittleren Ebene Schulen das Bedürfnis haben, Freiraum zu haben, um Ziele zu spezifizieren, die die eigenen Unterrichtsideen darstellen. Diese Bedürfnisse auf den unteren und mittleren Ebenen im Unterrichtsgebilde erfordern, dass auf der oberen Bundes- oder Landesebene ein „Zielraum" definiert wird, worin man Ebenen wählen kann. In den heutigen Zielbeschreibungen auf Bundes- oder Landesebene wird ein solcher Raum durch die Verwendung von Kompetenzbeschreibungen erzeugt. Im Englischen redet man oft von „aims" für allgemein formulierte Unterrichtsziele, die zum Beispiel vom Gesetzgeber formuliert werden und die einen Rahmen für weitere zu spezifizierende Ziele bieten. Man redet über „goals", wenn es um detailliertere Ziele geht und über „objectives", wenn es sich um klare Ziele handelt, die man messen kann, um festzustellen, ob sie erreicht sind. Man redet über „targets", wenn es um klar spezifizierte Ziele geht. Diese Bedeutungen der Termini „aim", „goal", und „objective" werden nicht in der gesamten Literatur so verwendet, aber sie deuten unterschiedliche Spezifikationsebenen der Ziele an.

Die allgemeinen Ziele auf einer „oberen" Ebene werden auf den subsequenten „unteren" Ebenen progressiv spezifiziert. Vielleicht ist es besser zu sagen, dass die „Zielräume" der oberen Ebenen in den niedrigeren Ebenen eingeengt werden, weil die Ziele von „aims" nach „targets" spezifiziert werden. Die Frage, wie man mit solchen offenen Zielen zu guten und vielleicht auch messbaren Unterrichtsresultaten kommen kann, wird oft dadurch beantwortet, dass eine Beteiligung an standardisierten Tests gefordert wird. Damit werden letztendlich doch spezifizierte Ziele formuliert. Eine bessere Möglichkeit wäre es, das Konzept des progressiv zu spezifizierenden „Zielraums" mit der Forderung zu verbinden, die Spezifizierungen zu begründen und, so weit wie möglich, die Bestimmung von Unterrichtsresultaten zu spezifizieren. Das bedeutet, dass nicht nur die Ziele von „Oben" nach „Unten" spezifiziert werden, sondern auch die Methoden, um die Unterrichtsresultate zu bestimmen. Das bedeutet, dass man von den Schulen und Lehrpersonen fordert, das Angebot und die Methoden zur Ergebnisbestimmung des eigenen Unterrichts zu begründen. Die Frage ist, wie man die Qualität dieser Begründungen garantieren kann. Welche Größen spielen bei diesen Begründungen eine Rolle?

Mit dieser Frage komme ich zum zweiten Grund, um von „Zielraum" zu sprechen. Dieser Grund bezieht sich auf die Mehrdimensionalität der Ziele und ihrer Begründungen. Ich habe das Konzept der Mehrdimensionalität bei van Merrienboer et al. (2002) kennengelernt. Sie verwenden es, um die Vielfalt der Kompetenzen auf der Hochschulebene zu beschreiben. In diesem Beitrag nenne ich acht Dimensionen oder Perspektiven: die kenntnistheoretische, die mathematische, die psychologische, die pädagogische, die didaktische, die psychometrische, die bildungssystemische und die bildungsökonomische Perspektive. Vielleicht gibt es noch weitere einschlägige Perspektiven. Beim Wählen von Zielen hat man immer mit unterschiedlichen Perspektiven zu rechnen. Die Metapher eines Dioramas ist hier vielleicht hilfreich. Ganz konkret: ein Schuhkarton mit unterschiedlichen Gucklöchern in den Seiten. Im Schuhkarton sind die Akteure auf einer der Ebenen im Unterrichtsgebilde, die eine Lehrerbildung spezifizieren. Die Gucklöcher stehen für die Perspektiven. Im Kontext einer Perspektive kann man meistens unterschiedliche Entscheidungen treffen: Mal sind die Entscheidungen verbunden mit Entscheidungen in anderen Perspektiven, mal sind sie unabhängig voneinander zu treffen. Hat man einmal auf einer Ebene aus einer Perspektive eine Entscheidung getroffen hat, so bleibt diese in den niedrigeren Ebenen bestehen. Durch diese Vorstellung von Ebenen in denen progressive Spezifizierungen gemacht werden, entsteht ein Raum, in dem von oben nach unten in den acht Perspektiven unterschiedliche immer präzisere Spezifizierungen entstehen, die von der allgemeinen Ebene zu den einzelnen Schülerinnen und Schülern bzw. Schülergruppen gehen.

Eine solche Vorstellung progressiver Zielraumformulierung im Unterrichtsgebilde führt zu einer flexiblen und ausgebreiteten Gestaltung des Unterrichtsangebots. Diese Flexibilität ermöglicht es, den Unterschieden im Bildungsbedürfnis in den Ländern, in den Landkreisen und auf der individuellen Ebene entgegen zu kommen. Es ermöglicht zudem, die Förderung der individuellen Kompetenzen und die regionale Abstimmung von Unterrichtsangebot und Fragen der Gesellschaft miteinander zu verknüpfen.

Diese Gestaltung der Ziele im Unterrichtsgebilde kann der Durchlässigkeit des Systems schaden, wenn die Abschlüsse der individuellen Studierenden Studenten nicht in Kompetenzen beschrieben werden. Auf europäischer Ebene wird das Problem der Anerkennung von Abschlüssen darum mit der Beschreibung von Kompetenzen gelöst.

Im weiteren Text werde ich die unterschiedlichen Betonungen der Funktionen und Ziele mathematischer Bildung und diese acht perspektivischen Dimensionen im „Zielraum" weiter diskutieren. Zur Illustration gebe ich zu den Betonungen der Funktionen und Ziele mathematischer Bildung und zu den acht perspektivischen Dimensionen Fragen, die Hochschulen sich stellen können und ich gebe Beispiele für Spezifizierungen, die Hochschulen im „Zielraum" machen können. Weder die Fragen noch die Beispiele für Spezifizierungen sind komplett und ausreichend. Sie sind tentativ gemeint, um zu illustrieren, wie Spezifikationen des „Zielraums" aussehen können.

1.2　Funktionen und Ziele mathematischer Bildung

Die Lehrerbildung orientiert sich an der Anwendung und Entwicklung der Mathematik in der Gesellschaft. Der Weg von der Mathematik in der Gesellschaft zu Unterrichtszielen ist nicht eindeutig. Eine Theorie bezüglich der Funktionen von Bildung – innerhalb und außerhalb der Schule – ist hier hilfreich. Eine weitere mathematische, historische und kulturelle Betrachtung der Mathematik ist von Nutzen, um von mathematischen Inhalten aus über die Funktionen und Ziele der mathematischen Bildung nachzudenken.

1.2.1　Funktionen von Bildung

Autoren wie Tyler (1949), Eisner und Vallance (1974), Kliebard (1986) und Walker und Soltis (1986) betonen, dass man Unterrichtsziele aus unterschiedlichen Perspektiven betrachten kann. Thijs (2004) baut auf den Ideen der genannten Autoren auf und analysiert drei Perspektiven: das Gesellschaftliche, das Inhaltliche und das Individuelle eines lernenden Menschen. Die Gesellschaft betrachte ich hier als eine Gruppe interagierender Personen, Institutionen und Unternehmen, die in der Gesellschaft aktiv sind. Genau wie zum Beispiel ein Ökonom Einfluss auf einen Haushalt nimmt und eine ökonomische Theorie und die dazu passende Mathematik entwickelt, agieren alle Akteure in der Gesellschaft je nach Tätigkeit und entwickeln Theorien und Mathematik mit Bezug auf ihre Tätigkeit.

In Abb. 1.1 werden unterschiedliche Gruppen von Tätigkeiten in der Gesellschaft dargestellt. Die Abgrenzungen sind absichtlich undeutlich, weil sie einander überschneiden. Ein individueller Akteur in der Gesellschaft entwickelt unterschiedliche Aktivitäten. Jeder Akteur in der Gesellschaft hat das Bedürfnis, bestimmte seiner Aktivitäten sicherzustellen, weiterzuentwickeln und sie mit anderen zu teilen. Ein Individuum hat das Bedürfnis, ein persönliches Leben zu entwickeln, sich am Leben in der Gesellschaft zu beteiligen, seine

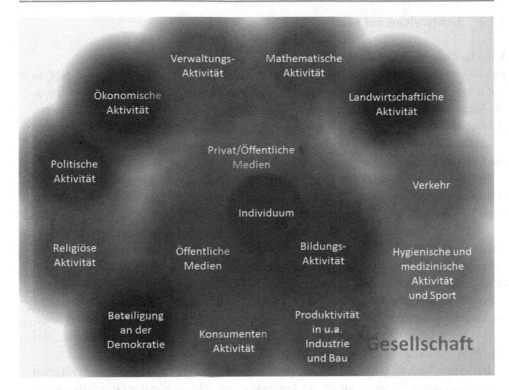

Abb. 1.1 Tätigkeiten in der Gesellschaft

Kompetenzen (das Vermögen, Aktivität zu entwickeln) zu entfalten und ein Repertoire an Wissen, Fertigkeiten und Verständnis aufzubauen.

Bildungsaktivitäten in der Gesellschaft haben in diesem Sinne unterschiedliche Funktionen

- jedem Individuum eine fortlaufende persönliche Entfaltung ermöglichen;
- Weitergeben und Fördern von (gemeinsamen) Werten und von für die Gesellschaft wichtigen Kompetenzen und Repertoires;
- Vorbereitung von Individuen für das Leben:
  a. das Zurechtkommen im täglichen Leben in der Gesellschaft,
  b. die Beteiligung am Arbeitsmarkt,
  c. die Beteiligung an Unterricht und Bildung.

Hier ist Mathematik schon immer ein Bildungsgegenstand in der Gesellschaft gewesen.

1.2.2   Sichtweisen auf Mathematik

Verschiedene Mathematiken

Es gibt unterschiedliche Mathematiken, gerade wie es unterschiedliche Sprachen gibt. In fast jedem Aktivitätsbereich in der Gesellschaft verwendet und entwickelt man Mathematik. Einmal geht es um theoretische oder reine Mathematik, ein anderes Mal geht es um die Anwendung der Mathematik und wieder ein anderes Mal geht es um authentische berufsgebundene Mathematik. Die theoretische Mathematik ist in sich selbst vielfältig, wie die folgende Frage illustrieren soll:

Betont man die Struktur eines logischen Aufbaus, betont man die arithmetischen und numerischen Aspekte, das Zeichnen und Konstruieren, oder betont man die Grundlagenfragen des Beweisens oder Verstehens?

Noch vielfältiger sind die Mathematiken, die in den Aktivitätsbereichen entwickelt wurden und werden, zum Beispiel: die praktische und technische Mathematik der Bauarbeiter und der Bauingenieure oder die Mathematik im Verkehr, die sich an der Geometrie, Graphentheorie oder an der Differentialrechnung orientieren kann. Die reine Mathematik orientiert sich unter anderem an den Grundlagenfragen, an Berechenbarkeit und an der Systematisierung der mathematischen (Teil-) Theorien (wie beispielsweise von der Bourbaki-Gruppe unternommen). Es gibt nicht ein eindeutiges mathematisches Projekt, das „die Mathematik" definiert.

Historisch und kulturell betrachtet, gibt es Mathematiken, die in unterschiedlichen Kontexten entstanden sind, wie in der Landwirtschaft (Geometrie der Grundstücke und Vermessung der Jahreszeiten) oder in der Schifffahrt (Navigation). Es gibt Unterschiede in der Art der verwendeten Logik, wie in der Euklidischen Geometrie, in der Algebra, in der Vedischen Mathematik, in der formalen Mathematik (Hilbert), in der intuitionistischen Mathematik (Brouwer) oder in der Computermathematik. Auch in der Anwendung gibt es wie schon gesagt Unterschiede: Beispielsweise fordert die praktische Mathematik des Bauunternehmers oder der Schneiderei (Kleiderherstellung) und die praktische Mathematik in elektronischen Arbeitsblättern (Excel) alle ihre an den Anwendungsbereich gebundene mathematische Praxis und Regeln. Das Claim der formalen Mathematik, universell zu sein, ist überzogen und geht vorbei an der in der Wissenschaft und in der Gesellschaft existierende Vielfalt von Mathematiken. Das Claim der Universalität geht meines Erachtens eher auf eine Machtfrage zurück als auf die Realität.

Im weiteren Text verwende ich gelegentlich die Pluralform „Mathematiken", weil die singuläre Form „Mathematik" die Tatsache verbirgt, dass es, wie gesagt, nicht um eine einzelne Mathematik mit mathematischen Teilgebieten geht, aber dass es wesentliche unterschiedliche Mathematiken gibt. Die wesentlichen Unterschiede, die ich hier meine, werden nicht von den mathematischen Inhalten bestimmt, sondern von dem Bedarf an logischer Begründung und von der Art der verwendeten Logik.

Mathematik durch die Jahrhunderte

Optisch wird der Anschein erweckt, als ob die Mathematik schon viele Jahre und Jahrhunderte dieselbe war. Bis ins 19. Jahrhundert war die Mathematik überschaubar und von einer Person lehr- und lernbar. Blaise Pascal (1623–1662), Christiaan Huygens (1629–1695), Johann Carl Friedrich Gauß (1777–1855), und vielleicht auch noch David Hilbert (1862–1943) und Luitzen Brouwer (1881–1966) kannten fast alle Mathematiken ihrer Zeit. Allerdings hatten sie sehr unterschiedliche Ideen darüber, wie Mathematik zu charakterisieren sei. Zu Beginn des 20. Jahrhunderts „explodierte" der Bereich der Mathematik. Unter dem Pseudonym Nicolas Bourbaki hat ab 1935 ein Mathematikerkollektiv den Versuch unternommen, die ganze Mathematik systematisch auf einer mengentheoretischen Grundlage zu beschreiben. Das Bourbaki-Projekt hat zweifellos einen sehr großen mathematischen und kulturellen Wert. In den Jahren vor dem Zweiten Weltkrieg herrschte der Optimismus, dass alles wissenschaftlich, sprich in mathematischen Strukturen, verstanden werden kann. Der kulturelle Wert des Bourbaki-Projekts besteht darin, dass das Bourbaki-Projekt für diesen Optimismus eine mathematische Grundlage ausgearbeitet hat. Ob das Denken der Bourbaki-Gruppe geeignet ist, um die jetzige mathematische Vielfalt und die lokalen Mathematiken der Akteure in der Gesellschaft zu verstehen, ist für mich fraglich.

Mathematische Aktivität

Richard R. Skemp (1919–1995) hat mit den Konzepten „instrumental understanding" und „relational understanding" eine lerntheoretische Perspektive auf das menschliche Vermögen mathematisch aktiv zu sein, vorgeschlagen. Hans Freudenthal (1905–1990) hat aus einer phänomenologischen Sicht auf die Mathematik vorgeschlagen, Mathematik als eine menschliche Aktivität zu betrachten. Die Mathematik ist in diesem Sinne eine Aktivität, die die deutschen Bildungsstandards in der Sprache der allgemein mathematischen Kompetenzen folgendermaßen charakterisieren: Problemlösen, Modellieren, Darstellen, Beweisen und Kommunizieren. Im Reflektieren – ein Wort, das ich von Freudenthal immer wieder hörte – entsteht Mathematik. In der mathematischen Aktivität handelt es sich um einem – wie van Hiele (1909–2010) beschrieben hat – zyklischen Prozess, der sich immer wieder auf abstrakteren und rigoroseren Ebenen bewegt.

In diesen Interpretationen, wie von Freudenthal und van Hiele beschrieben, wird Mathematik nicht nur von einem Inhalt bestimmt, aber von der Qualität der Aktivität. Ich formuliere dies gerne so: „Eine Aktivität ist mathematischer in dem Maß, dass die aktivitätsbegleitenden Erklärungen genauer exakter und formaler sind." Das bedeutet, dass Kinder und Erwachsene Aktivitäten entwickeln, die von der mathematischen Perspektive her interessant, aber nicht notwendig reife formale Fachmathematik sind. Die Mathematik wird durch die mathematische Aktivität und Methode und über die dadurch entstandenen Inhalte verstanden.

Mit diesen Charakterisierungen der Mathematik als mathematische Aktivität möchte ich mich nicht von der üblichen Mathematik verabschieden und mich auch nicht von den logisch orientierten fachmathematischen Methoden entfernen. Ich schlage hier nur eine hermeneutische Grundlage zur Betrachtung der Mathematik vor, die von der Mathematik selber nicht angeboten wird, die aber geeignet ist, die Mathematik im Kontext der Gesellschaft, der Bildung und Lehrerbildung besser zu verstehen.

Mathematik und Mathematikunterricht in unterschiedlichen Gesellschaften
Mathematik hatte schon immer einen wichtigen Stellenwert in Gesellschaften, wie zum Beispiel Allan Bishop (1988) beschrieben hat. In Westeuropa wurde in Kreisen der Elite viel Mathematik gelehrt und entwickelt. In Schulen waren aus vermutlich ökonomischen und handwerklichen Gründen die Arithmetik, das Messen und ein wenig Geometrie wichtig. Rechenlehrer in Genua, Pisa, Venedig, Mailand und Florenz (u. a. Leonardo Fibonacci, 1202 und 1220) lieferten den Büros der Kaufleute rechenkompetentes Personal. Die Lehrer Adam Ries (1492–1559) (Ries und Helm 2005) und der Niederländer Willem Bartjens (1569–1638) haben in dieser Tradition das Rechnen in unseren nordeuropäischen Regionen für große Bevölkerungsgruppen zugänglich gemacht. In Südeuropa wurde ab dem 10. Jahrhundert auf der Grundlage des Abacus und der arabischen Zahlen und ab dem 12. Jahrhundert nur noch auf der Grundlage der arabischen Zahlen gerechnet (Struik 1967, 2007). Interessant ist, dass sowohl Ries als auch Bartjens auf wenigen Seiten das formale Rechnen (Grundoperationen, Proportions- und Bruchrechnung) vorstellten und dann spezifische Übungen für fast alle damaligen Lebensbereiche gaben. Eines der schönsten Beispiele fand ich bei Bartjens (1648). Er gab Rechenübungen für Kunden in der Bierstube, die man so gut üben sollte, dass man auch in angetrunkenem Zustand den Wirt gut kontrollieren konnte. Die Fertigkeit im praktischen Rechnen stand mehr im Vordergrund als das Verstehen. Es war von den individuellen Lehrern und von den individuellen Kompetenzen der einzelnen Schüler abhängig, inwiefern die Schüler das Rechnen verstanden. Bartjens beschwerte sich in einem seiner Bücher aus dem Jahr 1648 darüber, dass die Lehrer viele Fehler machten, wie auch Kollegen, die Rechenbücher veröffentlichten, in ihren Büchern Fehler machten. Das „Rechnen nach Bartjens" war jahrhundertelang das Muster des korrekten Rechnens in den Niederlanden.

In dem Buch „De Thiende" präsentierte der flämische Mathematiker Simon Stevin zum ersten Mal in Europa das Dezimalrechnen (Stevin 1585). Dieses Rechnen mit Dezimalzahlen eröffnete neue praktische Anwendungsbereiche des Rechnens (Stevin war Ingenieur in der Armee des holländischen Prinzen Maurits.). Diese neue Bruchvorstellung und Bruchnotation änderte im Verlauf der nächsten Jahrhunderte die praktische Anwendung der Mathematik und den Mathematikunterricht.

1.2.3 Mathematik in der Gesellschaft und Curricula

Entwicklung des inhaltlichen Mathematikkanons
Im Mittelalter und vom 16. bis 18. Jahrhundert waren es in Nordeuropa private – oft in Trägerschaft einzelner Städte oder Kirchen – Schulen, in denen Kinder das Rechnen lernten. Nach der Aufklärung, der Französischen Revolution und der Napoleonischen Zeit

waren es auch staatliche/öffentliche Schulen, die der Bevölkerung die Grundkompetenzen liefern sollten, die die Bürger im täglichen und im beruflichen Leben brauchten.

Die niederländischen Unterrichtsgesetze betonen seit 1806 auf Grund des Aufklärungsideals die drei oben genannten Funktionen von Unterricht: (1) persönlichen Entfaltung, (2) das Weitergeben und Fördern von (gemeinsamen) Werten, Kompetenzen und Repertoires und (3) Vorbereitung von Individuen auf das Funktionieren in Gesellschaft, Beruf und weiterer Bildung. Die Repertoires, die im Grundschulunterricht vermittelt wurden und werden, sind oft von einer bürgerlichen Aufklärungstradition inspiriert: Kinder sollten Lesen, Schreiben und Rechnen lernen und eine bürgerliche Grundbildung haben. Das Rechnen beinhaltet Fertigkeiten in der Arithmetik, des Messens und etwas Geometrie und deren Anwendungen im praktischen Leben. In den Sekundarstufen und Berufsausbildungen waren Themen aus der Mathematik wie Vertiefung der Arithmetik, Algebra und Geometrie wichtig.

Im 19. und 20. Jahrhundert entstand in Europa ein relativ stabiler Kanon von Inhalten des Mathematikunterrichts an Grundschulen. In der Gesellschaft erwartete man, dass die Schulen diesen Kanon vermitteln würden. Neben dem klassischen und teilweise vom Neoklassizismus inspirierten Denken über Mathematikunterricht, entstand ein traditionelles oder – etwas provokativer formuliert – nostalgisches Curriculum. Das nostalgische Curriculum behauptet: Unsere Kinder müssen lernen, was wir und die Großeltern (und die Menschen im Klassischen Altertum) auch schon gelernt haben. Was gut war für die vorangegangenen Generationen, ist sicherlich auch gut für unsere Kinder. Dass sich die Gesellschaft an einem vom Unterricht selbst entstandenen nostalgischen Curriculum krampfhaft festhalten kann, wird in unserer Zeit klar, wenn es um die (Weiter-)Entwicklung des Unterrichts geht.

Ein Beispiel dafür ist die Einführung von „New Math". Eine Vertiefung von mathematischem Verständnis und neuen mathematischen Themen wurde nach 1960 (Sputnik-Effekt) aktuell. Die strukturalistische Methode, die in der Mathematik und anderen Disziplinen beliebt war, war eine der neuen Akzente im Mathematikunterricht, die zum Beispiel in der Gestalt der Mengenlehre in den Schulen eingeführt wurde. Diese Modernisierung scheiterte, weil diese strukturalistische Annäherung weder als gesellschaftlich praktisch nutzbarer Wert noch als zu vermittelnder Teil der Kultur verstanden wurde. Außerdem war die strukturalistische Annäherung weder mit dem, was im Alltag und im Beruf als notwendig betrachtet wurde, noch mit dem nostalgischen Curriculum kompatibel.

Die Anwendung von Mathematik in der Gesellschaft hat sich in den letzten Jahren sehr geändert. In Abb. 1.2 werden Daten des amerikanischen Soziologen Michael Handel (Handel 2012, o.J.) gezeigt, die einen Trend in der Verwendung von Mathematik in den USA zeigen (Weissmann 2013). Obwohl Weissmann eine Quelle (Handel 2012) nennt, sind die von Handel (o.J.) publizierten Daten direkt mit den Diagrammen verbunden.

Fast jeder verwendet die Elementarmathematik in Form des Zählens, der Grundoperationen und der Proportionen in der Arbeit. Zwei Drittel verwendet Bruchrechnung und rechnet mit Dezimalbrüchen und Prozenten. Nur etwa 20 % der Berufstätigen verwendet

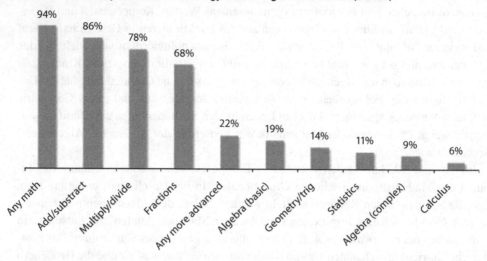

**What Percentage of Americans
Actually Use Math at Work?**

Data: Michael Handel, "What Do People at Work? A Profile os U.S. Jobs from the Survey of
Workplace Skills, Technology and Management Practices (STAMP)"

Abb. 1.2 Verwendung von Mathematik im beruflichen Kontext in den USA. Diese Daten werden von Handel (2010) genannt (Weissmann 2013)

Mathematik in Form der Elementaralgebra. Wenige verwenden weiterführende Mathematik wie beispielsweise die weiterführende Algebra und Analysis der Sekundarstufe.

In Abb. 1.3 (Weissmann 2013) wird diese Art der Verwendung von Mathematik in verschiedenen Berufsgruppen bestätigt. Ein besonderer Trend ist die große Zahl der „skilled blue collar workers", die ungefähr in gleichem Umfang wie die „upper white collar workers" Mathematik wie Geometrie, Trigonometrie, inferentielle Statistik und komplexe Algebra verwenden. Andere Gruppen verwenden diese Mathematik weniger. Analysis wird nur von ungefähr 5 % der Berufstätigen verwendet. Generell sieht man, dass für die meisten Berufe ein Sekundarstufen I Niveau in Mathematik ausreicht.

Auch wenn diese Daten nur grob auf die deutsche oder niederländische Situation zutreffen, unterstützen sie das traditionelle Curriculum: die arithmetischen Grundfertigkeiten sind wichtig – aber nicht für alle Berufsbereiche gleichermaßen. Die „low white collars" beispielsweise verwenden kaum Arithmetik. Diese Zahlen beziehen sich nur auf die im Beruf verwendete Mathematik. Daraus geht nicht hervor, welche Mathematik man braucht, um eine Arbeit zu erhalten und um die Konzepte, die bei der Arbeit wichtig sind, verstehen zu können. Ich möchte ergänzen, dass auch der Aspekt des kulturellen Wertes und des Interesses an der Mathematik sowie des Beitrags der Mathematik zur persönlichen Entfaltung in den Analysen von Michael Handel nicht berücksichtigt werden.

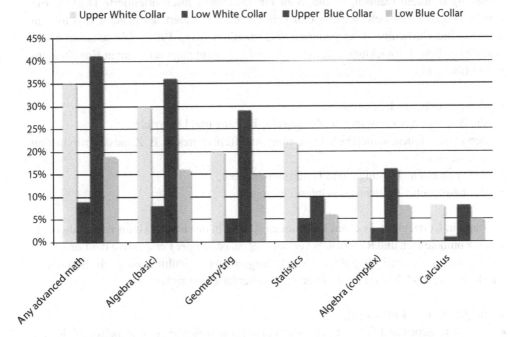

Abb. 1.3 Art der Verwendung von Mathematik in verschiedenen Berufsgruppen in den USA. (Weissmann 2013)

Diese und weitere Beobachtungen, wie sie auf der Website des OECD (Handel 2012) und von Handel (Handel o.J.) publiziert wurden, führen zu der Frage, was im 21. Jahrhundert der Inhalt und die Gestalt des Mathematikunterrichts sein sollte.

1.2.4   Vorstellungen von Curricula für Mathematik

Weil Menschen ihre Arbeitsstellen und -umgebungen wechseln und sich in ihrer Arbeit weiterentwickeln, kann man in der Schule nicht mit Sicherheit sagen, welche Mathematik ein Individuum später braucht. Offensichtlich ist ein Unterricht, der auf eine statische mathematische Entwicklung von Individuen in der Gesellschaft basiert ist, nicht geeignet. Eher wäre eine biographische Denkart geeignet: ein Mensch entwickelt sich im Leben und was er lernt, wird von unterschiedlichen Faktoren bestimmt. In der jetzigen Gesellschaft sind die persönlichen Talente und Kompetenzen das wichtigste Kapital, das einem Individuum zur Verfügung steht. Aufgabe des Unterrichts ist es, den Individuen zu ermöglichen, optimal alle ihre Kapazitäten zu entwickeln. Das ist eine in den traditionellen Formen des heutigen Schulsystems schwierig umsetzbare Aufgabe. Im letzten Jahrhundert haben pädagogisch orientierte Unterrichtsentwickler wie Montessori, Petersen, Freinet und Dalton Lösungen gesucht und zumindest teilweise erfolgreich umgesetzt. Die wesentliche Änderung in ihrem Denken, ist die Wahl für das biographisch orientierte Denken. Ein Curriculum ist nicht mehr statisch und vom Fach aus definiert. Es handelt sich um ein dynamisches Curriculum oder generatives Curriculum (Klep 1998). Die schulische und gesellschaftliche Entwicklung einer Person wird bestimmt von curricularen Entscheidungen in Bezug auf:

1. den persönlichen Bildungsbedarf,
2. die Beteiligungsbedingungen (Zugang) für Bildung und Unterricht,
3. den individuellen, aktuellen Kompetenzen und Repertoires (z. B. Zone der proximalen Entwicklung),
4. das vorhandene Bildungs- und Unterrichtsangebot,
5. das gesetzlich verpflichtende Unterrichtsangebot.

Statt ein Curriculum als einen bestimmten Ablauf in der Entwicklung von mathematischen Kompetenzen und Repertoires vorzuschlagen, ist aus der Perspektive der Lernenden eine andere individuell biografische Vorstellung eines Curriculums möglich. Betrachten wir dazu noch mal die drei Funktionen des Mathematikunterrichts:

- die persönliche Entfaltung;
- das Weitergeben und Fördern von Werten, Kompetenzen und eines Repertoires (Kultur und Wissenschaft);
- die Vorbereitung von Individuen für
  a. den Alltag,
  b. einen Beruf und
  c. weitere Bildung.

Für ein biographisch orientiertes generatives Curriculum als Hintergrund sind meines Erachtens diese Fragen geeignet:

Beispielfrage 1: Welche Mathematiken sind wann und für wen interessant und wichtig?

Beispielfrage 2: Welche Mathematiken sind für Kultur und Wissenschaft notwendig, um sie zu fördern und weiterzugeben?

Beispielfrage 3: Welche Mathematiken sind wann und für wen zur Vorbereitung für (a) den persönlichen Alltag, (b) für den individuellen und persönlichen Lebenslauf und (c) als Bedingung für weitere Bildung wichtig?

Die aktuellen Bildungsstandards sind stark von der Vorbereitung für weitere Bildung geprägt. Für die Grundschule sind die Bildungsstandards nach einem ähnlichen Modell strukturiert wie für das Gymnasium. In den Schulbüchern findet man alltagsbezogene Mathematik in der Gestalt des Sachrechnens. Ich finde es für die Grundschule wichtig, nicht nur in de facto gymnasialen allgemeinen mathematischen Kompetenzen und inhaltsbezogenen Kategorien zu denken, sondern auch die für den Alltag notwendige Mathematik zu beschreiben. So brauchen Kinder u. a. im Haushalt, für das Konsumverhalten, für den Sport, im Verkehr, für die Nutzung von Medien, für die Hygiene und Gesundheit, aber auch beim Spiel eine sinnvolle Mathematik. In der Tradition der Grundschule ist diese am Alltag orientierte Mathematik immer ein Hauptziel gewesen, weil die Grundschule vor allem den zukünftigen Bürger eine Vorbereitung auf das Leben und den Beruf bieten muss. Wie Ries und Bartjens meines Erachtens gut gesehen haben, sollte man in der Schule die Mathematik in den einzelnen formalen Bereichen und Anwendungsbereichen explizit üben, weil der Transfer von Fertigkeiten nicht immer funktioniert. In der Gesellschaft ändern sich ständig die formalen Bereiche und Anwendungsbereiche und sollten daher im Unterricht immer wieder neu curricular umgesetzt werden. Mit dieser Bemerkung schließe ich andere Aspekte von Mathematikunterricht nicht aus: die persönliche Entfaltung und das Weitergeben von Kultur und Wissenschaft sind genauso wichtig und fordern ihren Stellenwert in der Grundschule. Beispiele dafür sind: Mathematik in Wissenschaft und Kunst, rein formale Mathematik und Mathematik in der Technik. Die Grundschulmathematik verdient in unserer Gesellschaft meiner Meinung nach einen eigenen Stellenwert, weil der Grundschulunterricht andere Akzente in seinen Zielen und Funktionen des Mathematikunterrichts setzt und deswegen eine andere Mischung von Zielen und Inhalten hat als das Gymnasium.

Ich finde, dass die genannten Beispielfragen 1 bis 3 nicht für alle Kinder gleich beantwortet werden können. Grundschullehrpersonen differenzieren das mathematische Angebot nach den oben genannten fünf curricularen Entscheidungskategorien: (1) persön-

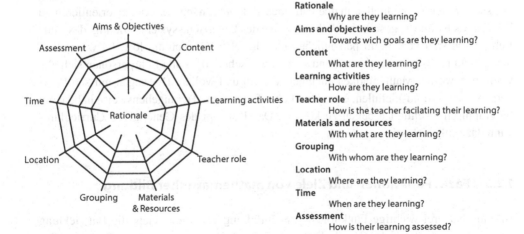

Abb. 1.4 The Curricular Spiderweb. (Thijs und van Akker 2009, S. 11)

lichem Bildungsbedarf, (2) Beteiligungsbedingungen, (3) Bereich der proximalen Entwicklung, (4) vorhandenem Bildungs- und Unterrichtsangebot und (5) verpflichtendem Unterrichtsangebot. Diese Kategorien sind vergleichbar mit denen aus der Perspektive der Curriculumentwicklung beschriebenen Kategorien des curricularen Spinnennetzes in Abb. 1.4 (Thijs und van Akker 2009, S. 10). Im Spinnennetz wird illustriert, welche Komponenten im Curriculum berücksichtigt werden sollten. Die fünf Entscheidungskategorien beschreiben, auf welchen Grundlagen eine Lehrperson und eine Schule entscheiden, was im Rahmen eines Curriculums konkret den Schülerinnen und Schülern angeboten wird. Auf den nächsten Seiten werde ich erst die inhaltlichen Aspekte des Curriculums und der Lehrperson betonen und später auch die Folgen für das Curriculum und für die Lehrerbildung.

1.2.5   Mathematik in der Lehrerbildung

In der Lehrerbildung konzentrieren sich angehende Lehrpersonen hoffentlich nicht nur auf Schulmathematik, um Kinder begleiten und erziehen zu können, sondern sollten die (Schul-)Mathematik im Rahmen aller bereits genannten Funktionen von Mathematikunterricht studieren. Werdende Lehrpersonen können sich die Vielfalt von Mathematik in der Gesellschaft und die Entwicklung der Fachmathematik bewusst machen. Sie entfalten ein persönliches Interesse an der Mathematik und brauchen immer weitere mathematische Zurüstung im Beruf und in der Gesellschaft. Lehrpersonen brauchen Mathematik, um zum Beispiel Arbeiten von Schülerinnen und Schüler zu benoten, Tests auszuwerten, Schulfinanzen zu verwalten, Nachrichten in Zeitungen verstehen und bewerten wie auch Interessen von Kindern verstehen zu können.

Eine der schwierigen Aufgaben für Lehrpersonen ist es, sich vom persönlichen Denken über Mathematik und von der persönlichen mathematischen Aktivität freizumachen, um sich an den individuellen mathematischen Entwicklungen der Kinder orientieren zu können. Es ist für die gesellschaftliche Aufgabe des Unterrichtssystems wichtig, dass jede Lehrperson sich von ihrem persönlichen nostalgischen Curriculum löst. Es wäre allerdings nicht realistisch zu glauben und sich zu wünschen, dass alle Lehrpersonen sich alle wünschenswerten Mathematiken aneignen können und wollen. Deswegen müssen Lehrpersonen an (Grund-)Schulen, eine inhaltlich differenzierte Herangehensweise haben, um biographisch orientiert arbeiten zu können. Das Konzept des Generativen Curriculums kann dazu hilfreich sein.

1.2.6   Fazit: Funktionen und Ziele von mathematischer Bildung

Bildung hat drei wichtige Funktionen: die Entfaltung von Individuen, die Entwicklung und die Instandhaltung der Gesellschaft und die Zurüstung von Individuen für Alltag, Beruf und weiteren Unterricht. In der Gesellschaft gibt es eine historisch gewachsene Vielfalt von Mathematiken, die teilweise aus mathematischen Reflexionen alltäglicher und beruflicher Aktivitäten und teilweise aus rein mathematischer Forschung entstanden ist. Welche Mathematik angeboten werden soll, erschließt sich nicht aus der Mathematik allein, da der Mathematikunterricht, der seiner Funktionen gerecht werden möchte, von der jeweiligen Kultur geprägt ist, in der er funktionieren soll. Ein besserer Leitfaden für die Auswahl eines Angebotes ist die Vielfalt der in der Gesellschaft verwendeten und entwickelten Mathematiken in Abstimmung mit den individuellen Möglichkeiten. Die große Vielfalt von Berufen und Mathematiken und die Unterschiede zwischen Menschen führen zu verschiedenen individuellen Bedürfnissen und Möglichkeiten von mathematischer Bildung. Gute Lehrpersonen wenden in den Schulen schon lange eine Praxis an, bei der sie den Kindern und den Studierenden an ihren jeweiligen persönlichen Biographien orientierte Mathematik anbieten. In einem generativen Curriculum resultiert das Formulieren von Unterrichtsangeboten aus ständigen Entscheidungen der Lehrperson auf der Grundlage der fünf genannten curricularen Entscheidungskategorien.

Beispiele – Wie sich die drei Hochschulen bezüglich Inhalts-, Methodik- und Unterrichtsstruktur positionieren
Zur Illustration werden drei Hochschulen vorgestellt, die die Funktionen des Mathematikunterrichts unterschiedlich betonen.

- Die Adam-Ries-Hochschule betont in der Lehrerbildung die praktische Vorbereitung, die sowohl den werdenden Lehrpersonen wie auch ihren späteren Schülerinnen und Schülern eine gute Zurüstung für die Praxis des Berufes und des Lebens garantieren muss. Adam Ries war ein deutscher Rechenmeister, der eine sehr praktisch orientierte Rechenkunst unterrichtete, die den Händlern und Handarbeitern zugutekommen sollte. Die Aufgaben waren meist sehr berufsorientierte Sachaufgaben.
- Die Albertus-Magnus-Hochschule erachtet eher die in der Gesellschaft erwünschte wissenschaftliche und kulturelle Kompetenzförderung und Werteerziehung als wichtig. Diese müssen den werdenden Lehrpersonen und ihren späteren Schülerinnen und Schülern eine grundlegende Bildung garantieren. Albertus Magnus war einer der größten universellen Wissenschaftler im Mittelalter. Zwar ist er als Theologe sehr bekannt, aber er hat fast alle Wissenschaften studiert. Er machte Köln zum wissenschaftlichen Zentrum seiner Zeit.
- Die Peter-Petersen-Hochschule betrachtet die sich entwickelnde individuelle Person und will vor allem das, was in der werdenden Lehrperson und in Schülerinnen und Schülern vorhanden ist, weiterentwickeln, sodass Lehrperson und Kind selbstsicher in die Gesellschaft eintreten können. Peter Petersen hat die Pädagogik als eigenständige Disziplin etabliert. Er propagierte eine Erziehung zur selbständigen Person, die sich an ihrem Arbeitskreis beteiligt und entwickelt. Alle Aspekte des Menschseins werden in der Erziehung und in der Organisation des Unterrichts einbezogen.

Tab. 1.1 Wie sich die drei Hochschulen bezüglich Inhalts-, Methodik- und Unterrichtsstruktur positionieren

Adam-Ries-Hochschule		Albertus-Magnus-Hochschule		Peter-Petersen-Hochschule	
1	*Vorbereitung* auf: Gesellschaft Arbeitsmarkt Unterricht und Bildung	1	*Weitergeben und Fördern* von (gemeinsamen) Werten und von denen für die Gesellschaft wichtige Kompetenzen und Repertoires	1	*Entfaltung* von Studierenden und Kindern
2	*Weitergeben und Fördern*	2	*Vorbereitung*	2	*Weitergeben und Fördern*
3	*Entfaltung*	3	*Entfaltung*	3	*Vorbereitung*

Diese drei Hochschulen werden in diesem Beitrag als Beispiel verwendet, um zu illustrieren, wie eine Hochschule eigene Auswahlen im „Zielraum" machen kann. Die drei Hochschulen sind nach Inhalt, nach Methodik und nach Unterrichtsstruktur verschieden. Weil man keine der drei Funktionen von Mathematikunterricht ausblenden kann, beachten die jeweiligen Hochschulen selbstverständlich auch die anderen Funktionen. Tab. 1.1 zeigt wie die drei Hochschulen die drei Funktionen betonen.

1.3 Wahlen bezüglich Mathematik und Mathematikdidaktik in der Lehrerbildung

Die Wahl mathematischer Themen reicht nicht aus, um die Vielfalt von mathematischen Angeboten in den Schulen verstehen zu können. In Klep (2004) wurden unterschiedliche Perspektiven formuliert, die dafür hilfreich sein können:

A. Grundlage der Mathematik: Kenntnistheoretische Perspektive;

B. Mathematischer Inhalt: Mathematische Perspektive;

C. Mathematik Lernen: Psychologische Perspektive;

D. Mathematische und Mathematikdidaktische Erziehung: Pädagogische Perspektive;

E. Mathematik und Mathematikdidaktik Unterrichten: Didaktische Perspektive;

F. Mathematische und Mathematikdidaktische Leistung: Psychometrische Perspektive;

G. Gestaltung des D^2M: Bildungssystemische Perspektive;

H. MU und D^2M als ökonomische Faktoren: Bildungsökonomische Perspektive.

Diese Perspektiven können unterschiedlich gewichtet werden und man kann unterschiedliche inhaltlichen Umsetzungen machen. In den nächsten Unterabschnitten werden diese Perspektiven weiter verdeutlicht.

1.3.1 Das Kenntnistheoretische

Episteme und Phronesis (Aristoteles)
Episteme ist das wissenschaftliche Wissen, das in einem systematischen Aufbau dargestellt werden kann. Das klassifizierende Definieren und deduktive Argumentieren ist charakteristisch für diese Wissensart. Im weiteren Text werde ich die epistemische Mathematik mit dem Wort „fachmathematisch" bezeichnen.

Phronesis (Techne) ist praktisches Wissen und es

- kommt in einer speziellen konkreten Situation/Fall zu Stande;
- ist Resultat einer Berücksichtigung, nicht einer logischen Deduktion;
- hat eine ethische Dimension;
- ist eine sinnvolle und vernünftige Anwendung von Faustregeln in der Situation.

Ein großer Teil der angewandten, praktischen Mathematik ist der Phronesis zuzurechnen. Viele Menschen kennen die Elementarmathematik der Grundschule und der Sekundarstufe I meist in diesem praktischen Sinn: Man weiß wie das Zählen und das Rechnen funktionieren. Der Übergang von praktischem Wissen zu epistemischem Wissen kommt nicht ohne systematisches Arbeiten und logisches Argumentieren aus. Die phronesische Mathematik werde ich weiter „praktische Mathematik" nennen.

Beispielfrage 4: Wie weit soll die Grundschulmathematik und die Mathematik in der Lehrerbildung fachmathematisch (epistemisch) angeboten und verstanden werden?

Das oben genannte vernünftige Anwenden der praktischen Mathematik und das Beweisen in der Fachmathematik fordern unterschiedliche Übungen.

Beispielfrage 5: Wie weit sollen phronesische und epistemische Vorgehensweisen in der Grundschule und in der Lehrerbildung geübt werden?

Begriffe in der Mathematik
Mathematische Begriffe werden in der Fachmathematik oft nach der Aristotelischen Begriffsbildung aufgebaut. Diese Definitionsart ist in der phronesischen Mathematik oft nicht geeignet. Phänomenologisches Definieren durch zu erfahrene Beispiele oder sprachphilosophisches Definieren in der Kommunikation sind besser geeignet. Diese Definitionsarten fordern spezielle konkrete Situationen/Fälle, die für Kinder und Studierende Sinn und Bedeutung haben. Diese Definitionsart, die in den Sekundarstufen nicht geübt wird, sollte in der Lehrerbildung angeboten werden.

Beispielfrage 6: Wie und wie weit sollen diese phronesischen Begriffsbildungsmethoden in der Lehrerbildung thematisiert und geübt werden?

Strukturieren und Argumentieren

Strukturieren und Argumentieren geben der Fachwissenschaft einen deduktiven und formalen Charakter. Die Rigorosität ist vor allem in der strukturalistisch geprägten Mathematik wichtig. In der praktischen Mathematik sind eher Verständlichkeit und Transparenz im Kontext und eine überzeugende Darstellung bedeutsam.

Beispielfrage 7: Welche Arten von Argumentieren und Darstellen in der Fachmathematik und in der praktischen Mathematik sollen in der Lehrerbildung thematisiert und geübt werden?

In der praktischen Mathematik ist die Struktur des Faches ein Ganzes von (a) arithmetischen oder mathematischen Regeln und Algorithmen, die angewendet werden in (b) beruflichen oder alltäglichen Bereichen, wie schon bei Adam Ries zu lesen ist (Leider gibt es heutzutage keinen Katalog von alltäglichen Bereichen, die Kinder in der Grundschule und Sekundarstufe I kennen sollten.). Das praktische Wissen hat keine deduktive Struktur, aber eine assoziative Struktur, die von Ähnlichkeiten, Analogien und praktischen Bezügen geprägt wird. Es wäre sinnvoll diese Struktur in der Schule und in der Lehrerbildung zu thematisieren.

Beispielfrage 8: Welche Strukturierungsweisen in und von der Fachmathematik und der praktischen Mathematik sollen in der Lehrerbildung thematisiert werden?

Wahrheitsclaim oder Konstruktivismus

Wirklichkeit, Wahrheit, Ableitbarkeit und Modelle sind wichtige philosophische Themen in den Grundlagen der Mathematik. Für die Lehrerbildung ist die Frage wichtig: Bedeuten die Begriffe der Mathematik eine wirklichkeitsbezogene Wahrheit oder sind sie formale Bausteine in Modellen, die Menschen gebildet haben, um ihre Aussagen besser strukturieren zu können? Konstruktivistische Strömungen vertreten die Idee, dass Menschen sich in einem offenen Prozess Begriffe bilden, diese kommunizieren und logisch in Modellen in Beziehung setzen. Im Konstruktivistischen Denken tun auch Kinder das und die Mathematiken der Erwachsenen und der Fachmathematik sind denen der Kinder nicht unbedingt überlegen. Es sollte immer neue argumentative Kommunikationen geben, um eine gemeinsame Akzeptanz von mathematischen Ideen festzustellen. Eine Mathematik mit einem Wahrheitsclaim ist auch aus Wahrnehmung entstanden, obwohl die Art der Wahrnehmung oft nicht diskutiert wird. In Bezug auf Mathematik meint man mit „wahr" oft „logisch konsistent". Was logisch konsistent ist, ist in philosophischer Hinsicht nicht einfach wahr. Wenn die logische Überprüfung abgeschlossen ist, gibt es eine konsistente Mathematik, die mit ihrer logischen Rigorosität der Mathematik der Kinder logisch überlegen ist. Im Sinne der Wahrnehmung muss das nicht unbedingt so sein. Obwohl die logisch konsistente Mathematik vielleicht weiter vom Denken der Kinder entfernt ist, ist es gut, sich auf diese konsistente Mathematik im Unterricht zu beziehen, weil sie sowohl im vorbereitenden, als auch im kulturellen Sinn großen Wert hat.

Diese philosophischen Unterschiede sind in der Bildung wichtig, weil sie zu unterschiedlichen psychologischen und didaktischen Ideen und zu verschiedenen Unterrichtsstilen führen und die Rolle der Lehrperson unterschiedlich definieren kann. Insbesondere wichtig ist das Nachdenken über Instruktionen und die Bewertung der Resultate von Entdeckungen der Kinder. Die Ideen über das Entdecken und Argumentieren sollten nicht notwendigerweise unterschiedlich sein, weil in beiden philosophischen Vorgehensweisen das Wahrnehmen und Erfahren der Kinder im logisch orientierten Gespräch zu Mathematik führen soll. Zwar ist im konstruktivistischen Denken die Logik auch nicht vorgegeben, aber die von einer Gruppe gebildete Logik kann in jeder weiteren Gruppe als Grundlage für das Argumentieren akzeptiert werden.

Die philosophische Diskussion über Wahrheit und Konstrukt ist in fast allen Bereichen wichtig. Fast alle Wissenschaften sind in ihrer Methodologie konstruktivistisch geprägt. Ich bin der Meinung, dass es für viele Studierende mit Abitur nicht deutlich ist, was konstruktivistisches Denken bedeutet. Vielleicht spielt die Autorität der Mathematiklehrperson und die als Autorität auferlegten logischen Spielregeln der traditionellen (formalen) Mathematik eine verwirrende Rolle.

Beispielfrage 9: Für welche Studierenden sollte man in welchem Maß den Unterschied zwischen Wahrheitsclaim und Konstrukt deutlich machen und ihr vom Wahrheitsclaim geprägtes Denken über Mathematik und das Kennen im Allgemeinen zwangloser und vielseitiger machen?

Mathematikdidaktik: Eine phronesische Wissenschaft
Die Mathematikdidaktik hat viele Merkmale einer phronesischen Wissenschaft. Und weil die Mathematikdidaktik keine rigorose Struktur hat, aber Resultat einer Berücksichtigung und systematischen Reflexion ist, kann sie auch keinen Wahrheitsclaim haben. Die didaktischen Faustregeln sind deswegen jeweils mit Sinn und Vernunft anzuwenden.

Beispielfrage 10: Wie weit sollten sich Studierende mit den phronesischen Grundlagen der Mathematikdidaktik auseinandersetzen?

In jedem Fall ist es wichtig, die Studierenden erfahren zu lassen, dass die Mathematikdidaktik auf Fallstudien (Case Studies) und auf Ideen aus den Hilfs- (oder Grund-) Wissenschaften zurückgreift. Im konstruktivistischen Denken kann man Psychologie, Pädagogik und andere Wissenschaften nicht als Wahrheiten betrachten, sondern als Hilfswissenschaften, die in den mathematikdidaktischen Diskurs einbezogen und kritisiert werden.

Fallstudien sind wichtig, weil sie den einzig möglichen Grund für mathematikdidaktisches Wissen bilden und Studierende sollten eigene didaktische Tätigkeiten und die von anderen immer wieder kritisch reflektieren. Bei den Studierenden entsteht eine fachdidaktische Kompetenz und ein sich immer weiter entwickelndes fachdidaktisches Verstehen, dass u. a. als „Action Theory" (Blondel 2007), „the reflective teacher" (Korthagen und

Kessels 1999), und „Teachers beliefs" (Leder et al. 2002) in den Grundlagen der heutigen Mathematikdidaktik beschrieben wird. Fallstudien bestehen für Studierende nicht nur aus direkten Erfahrungen mit Kindern, sondern auch aus der Selbstbeobachtung eigener mathematischer Aktivität, Videos oder geschriebenen oder erzählten „narratives".

Die mathematikdidaktische Bildung in diesen Fallstudien soll immer durch ein gemeinsames Reflektieren vertieft werden. Die Lehrerbildnerin, der Lehrerbildner kann vor und in den Fallstudien den Studierenden ein Gerüst (englisch: scaffold, siehe Wood und Wood 1996) anbieten. Die fachdidaktischen Befunde der Studierenden werden in einem „Fachdidaktischen Gespräch" diskutiert (Oonk 2009), in dem das Verständnis des Falles vertieft wird. Die Befunde werden von den Studierenden in ihren persönlichen Lerntagebüchern festgehalten. Dieses Lerntagebuch bezieht sich auf das Lernen von Kindern, auf das von Kommilitoninnen und Kommilitonen und auf das eigene Lernen.

Beispielfrage 11: Wie können die Studierenden in der Lehrerbildung und danach eine phronesische Mathematikdidaktik entwickeln? Was kann die Rolle der Hilfswissenschaften und der existierenden mathematikdidaktischen Korpora sein?

Fazit
Kenntnistheoretische Überlegungen spielen eine wichtige Rolle im Denken über Mathematik, Mathematikdidaktik und beim Lernen in diesen beiden Bereichen. Die Mathematik und die Mathematikdidaktik sind unterschiedlich nach der Struktur des Inhalts, nach Methodik und Erwerb zu charakterisieren. Es ist meines Erachtens wichtig, dass sich Studierende diese Unterschiede bewusstmachen und die teilweise irrelevanten Ideen über Mathematik und Mathematiklernen durch geeignetere Ideen austauschen.

Beispiele – Wie sich die drei Hochschulen in der kenntnistheoretischen Perspektive positionieren
Im Rahmen ihrer vorgehenden Auswahl der Betonungen der Funktionen und Ziele ihres Unterrichts treffen die drei Hochschulen konform ihrem Charakter weitere Entscheidungen in der kenntnistheoretischen Perspektive. Auch über die Gestalt, das Zustandekommen und das Anwenden von Wissen wird unterschiedlich gedacht. In Tab. 1.2 wird kurz charakterisiert wie sich die drei Hochschulen in der kenntnistheoretischen Perspektive positionieren.

1.3.2 Das Mathematische

Im Zielraum des Mathematikunterrichts in der Lehrerbildung sind die oben genannten Ideen und Perspektiven bezüglich der Mathematik wichtig. Drei Themen möchte ich hier noch nennen: Die Sichtweise auf Mathematik, die Stelle des Logisch-Deduktiven und die Stelle des Sachrechnens in der Mathematik.

Tab. 1.2 Wie sich die drei Hochschulen in der kenntnistheoretischen Perspektive positionieren

	Adam-Ries-Hochschule		Albertus-Magnus-Hochschule		Peter-Petersen-Hochschule
1	Praktische Vernunft: Phronesis	1	Fachmathematik: Episteme	1	Praktische Vernunft: Phronesis
2	Das Anwenden von Theorie	2	Allgemein mathematische Kompetenzen	2	Reflektieren auf mathematische Aktivität
3	Klare, formal definierte Begriffe	3	Das Entwickeln von formalen mathematischen Begriffen	3	Das Entwickeln von vielseitigen Begriffen
4	Anwendungsorientierter MU	4	Problemorientierter MU anhand rein mathematischer Probleme	4	Problemorientierter MU anhand alltäglicher Probleme
5	Korrekte Anwendung ist Norm	5	Deduktiv Argumentieren ist Norm	5	Verständlichkeit ist Norm
6	Mathematische Theorie steht außer Diskussion	6	Reinvention der Mathematik	6	Allmähliches Formalisieren von mathematischem Wissen
7	Mathematikdidaktik: Praktische Anwendung von didaktischen Theorien	7	Mathematikdidaktik: Fördern von mathematischer Aktivität	7	Mathematikdidaktik: Fördern von mathematischer Aktivität

Sichtweise auf Mathematik

In diesem Unterabschnitt stehen zwei Fragen im Zentrum:

Beispielfrage 12: Welche Sichtweise auf Mathematik haben die Studierenden und welche sollen sie dazulernen?

Beispielfrage 13: Welche Sichtweise auf Mathematik für Kinder und von Kindern sollen Studierende kennen?

Ich habe es in der Praxis der Lehrerbildung als Problem erfahren, dass es Studierende gibt, die eine logisch-deduktive Auffassung von Mathematik haben, und dass es Studierende gibt, die eine instrumentelle Idee von Mathematik haben. Die in den Bildungsstandards gemeinten allgemeinen Kompetenzen sind für die meisten ziemlich unbekannt.

Im Sinne des „Zielraums" für Mathematik kann ein Lehrerbildungsinstitut aufgrund der gewählten Betonungen der Funktionen des Mathematikunterrichts sich dafür entscheiden, den Studierenden die im vorgehenden Unterabschnitt breit gefächerte Sicht auf Mathematik oder eine eingeengtere Perspektive auf Mathematik anzubieten. Wenn sich ein Institut dafür entscheidet, den Studierenden andere oder weitere zu den am Studienanfang vorhandenen Perspektiven auf Mathematikunterricht beizubringen, muss „der Sicht(-raum) auf Mathematik" in der Ausbildung thematisiert werden. Diese Thematisierung muss meines Erachtens ein explizites Thema in der Lehrerbildung sein.

Wenn einzelne Schulen in der Primar- oder Sekundarstufe unterschiedliche Perspektiven wählen, ist es für Studierende hilfreich, eine breitgefächerte Sicht auf Mathematik und Mathematikunterricht zu haben. Eine eingeengte Sicht kann ein Institut wählen, wenn es Lehrpersonen für eine bestimmte Gruppe von Schulen ausbilden will.

Studierende sollten eine persönliche Sicht auf Mathematik entwickeln, die sich aus einer Sicht auf Mathematik für Kinder und aus einer Sicht auf Mathematik von Kindern zusammensetzt. Eine Mathematik von Kindern ist die Mathematik, die die Kinder entwickeln. Die Sicht auf die Mathematik der Kinder hat spezielle Merkmale. Unabhängig vom Angebot der Schule entwickeln Kinder auf der Grundlage des Angebots der Lehrperson, auf der Grundlage dessen, was andere Kinder tun und was Geschwister oder (Groß-)Eltern sagen, ihre persönliche Mathematik. Auf dieser Grundlage und auf Grund eigener Wahrnehmungen, Beobachtungen und Experimente bilden Kinder eigene Vorstellungen und Verfahren. Um diese Entwicklungen der Kinder fruchtbar im Unterricht einbeziehen zu können und den Kindern helfen zu können, müssen die Studierenden den mathematischen Sinn des kindlichen Denkens verstehen können. Wenn man Mathematik als Menge von vorgegebenen Begriffen und Verfahren betrachtet, müssen Lehrpersonen verstehen können, wie im kindlichen Denken nützliche Bausteine für das Mathematiklernen zu finden sind. Wenn man Mathematik wie ein sich ständig entwickelndes Wissen und Können sieht, geht es eher darum, das Denken der Kinder zu fördern und die Kinder entdecken zu lassen, wie man durch mathematische Aktivität im Sinne der allgemein mathematischen Kompetenzen die eigenen Ideen und die der anderen Kinder bewerten und weiterentwickeln kann. Den logischen Aspekt der Mathematik kann man als „systematisch argumentieren" und „kritisch zuhören" in der Kommunikation über Ideen und Lösungen betrachten.

Stellenwert des Logisch-deduktiven
Genau wie Euklid eine systematische deduktive Geometrie gestaltet hat, kann man auch die Arithmetik deduktiv systematisch gliedern. Man kann diese Gliederung den Kindern und Studierenden sowohl vorgeben, als auch mit einer Gruppe von Kindern oder Studierenden aufbauen. Diese deduktiven Gliederungen kann man lokal oder komplett, linear, konzentrisch oder exemplarisch zustande kommen lassen.

Beispielfrage 14: In welchem Maße ist der systematische deduktive Aufbau der Mathematik wichtig in der Lehrerbildung?

Stellenwert des Sachrechnens in der Mathematik
Heinrich Winter (1981) hat drei unterschiedliche Funktionen des Sachrechnens genannt: (1) Sachrechnen ist der Bereich der Anwendung der Mathematik im Alltag und Beruf. Bei den Studierenden wächst ein Repertoire von praktischem mathematischem Wissen. (2) Im Sachrechnen gewinnen die mathematischen Begriffe und Verfahren mehr Bedeutung. Bezüge zur Realität kann man für das Lernen mathematischer Begriffe und Verfahren ausnutzten und die Schülerinnen und Schüler stärker fürs Lernen interessieren, ihr Verständnis fördern und ihre Kenntnisse und Fertigkeiten besser festigen. (3) Die

Tab. 1.3 Wie sich die drei Hochschulen in der mathematischen Perspektive positionieren

Adam-Ries-Hochschule		Albertus-Magnus-Hochschule		Peter-Petersen-Hochschule	
1	Mathematische Themen, die in vielen Berufen und im Alltag zu erwarten sind	1	Schöne mathematische Themen	1	Mathematik in wichtigen alltäglichen Bereichen
2	Mathematik ist vorgegeben	2	Mathematik ist neu zu entdecken	2	Mathematik ist von den Lernenden zu entwickeln
3	In der Mathematik geht es um korrektes Vorgehen	3	In der Mathematik geht es um korrekte Beweise	3	In der Mathematik geht es darum, erläutern zu können
4	Sachrechnen im Sinne von Anwendung der Mathematik ist Hauptziel	4	Sachrechnen ist als Anfang und Anwendung der Mathematik zu sehen	4	Sachrechnen ist vor allem wichtig, um die Vorstellungen der Welt präzise gestalten zu können
5	Argumentieren: Praktische Logik	5	Argumentieren: Formale Logik	5	Argumentieren: Modale Logik

mathematische Aktivität führt dazu, dass man die Umwelt besser versteht und weitere Mathematiken hinzugewinnt.

Beispielfrage 15: Wie verwendet man das Sachrechnen, um unterschiedliche Aspekte der Mathematik für die Lernenden zu betonen?

Fazit
Im Zielraum der Mathematikdidaktik in der Lehrerbildung sind nicht nur konkrete mathematische Inhalte und Kompetenzen wichtig, sondern sicherlich auch die Sicht auf Mathematik, die ein Lehrerbildungsinstitut vertritt und die Sicht auf Mathematik, die die werdenden Lehrpersonen später im Beruf vertreten sollen. Die Sicht auf Mathematik kann man explizit behandeln, um vorzubeugen, dass Studierende ihre persönliche Sicht auf Mathematik zur Grundlage ihres späteren Unterrichts machen.

Beispiele – Wie sich die drei Hochschulen in der mathematischen Perspektive positionieren
Wie in der Tab. 1.3 gezeigt, denken die drei Hochschulen unterschiedlich über die Mathematik in der Lehrerbildung. Die praktische Anwendbarkeit steht in der Adam-Ries-Hochschule im Zentrum, das Wissenschaftliche wird von der Albertus-Magnus-Hochschule betont und die Peter-Petersen-Hochschule sieht Mathematik in erster Linie als menschliche Aktivität.

1.3.3 Das Psychologische

Es gibt viele Richtungen in der Psychologie (Kron 2008) und deswegen gibt es auch viele Entscheidungen im Zielraum zu treffen.

Ein wichtiges Thema, das ich hier diskutieren möchte, ist, inwieweit man die Kinder und Studierenden als selbständige Akteure im Lernprozess sieht oder anders gesagt: inwieweit die Lehrperson Einfluss auf das Lernen der Kinder und der Studierenden nehmen kann.

Beispielfrage 16: Welche Lernpsychologien werden im Rahmen der mathematikdidaktischen Bildung bearbeitet?

Der Unterricht ist breit gefächert bestehend aus direkter Instruktion, dem Anbieten von Sequenzen von Aufgaben und dem gemeinsamen Lösen von mathematischen Problemen. Das Lernen erstreckt sich vom reproduktiven bis zum produktiven Lernen. Die Lernpsychologien orientieren sich meistens an einer Epistemologie. Die klassische Idee vom Begriffsaufbau, die Grundlage traditioneller Ideen ist, umfasst, dass das Lernen insbesondere bei der Entwicklung von Fertigkeiten vom Einfachen zum Komplexen geht und vom Konkreten zum Abstrakten bis zur neueren soziokonstruktivistischen Idee, dass Kennen und Kompetenzen sich in der Aktivität und in der Kommunikation entwickeln.

Damit eng verbunden sind die Ideen, dass das Lernen (von Fertigkeiten) sich am besten schrittweise entwickelt, neben Ideen, dass das Lernen (von Kennen und Kompetenzen) sich am besten durch Kommunikation und Reflektieren über mathematische Aktivitäten in reichen Kontexten und auch mal durch Lernsprünge großschrittig entwickelt.

Beispielfrage 17: Wie macht man den Studierenden ihre Ideen über das eigene Lernen bewusst?

Beispielfrage 18: Wie macht man den Studierenden ihre persönlichen Ideen über das Lernen der Kinder bewusst?

Weil in der Mathematikdidaktik sowohl Faktenwissen, Fertigkeiten als auch Kompetenzen und wissenschaftliches Kennen eine Rolle spielen, treffen meines Erachtens für die Lehrerbildung unterschiedliche Psychologien zu. Das Verstehen von Lernprozessen im Bereich der Mathematik erfordert das Verstehen davon, wie Strukturen im mathematischen Verständnis während des Mathematiklernens entstehen. Weil diese Zusammenhänge kompliziert sind, sind in der Lehrerbildung Lernpsychologien, die sich auf das Lernen in komplexen Kontexten beziehen, wichtig.

Beispielfrage 19: Welche Arten von Lernprozessen werden lernpsychologisch explizit behandelt?

Beispielfrage 20: Wie können sich Studierende ihren eigenen Lernprozessen bewusstmachen?

Tab. 1.4 Wie sich die drei Hochschulen in der psychologischen Perspektive positionieren

Adam-Ries-Hochschule		Albertus-Magnus-Hochschule		Peter-Petersen-Hochschule	
1	Lernen anhand von deutlichen Erklärungen und Beispielen	1	Lernen durch Problemlösen; Reinvention	1	Lernen durch (gemeinsame) mathematische Aktivität und durch Kommunizieren
2	Schrittweise Repertoireentwicklung	2	Mathematische Kompetenz- und Repertoireentwicklung	2	Zyklische und vernetzte Kompetenz- und Repertoireentwicklung

Beispiele – Wie sich die drei Hochschulen in der psychologischen Perspektive positionieren

Weil die drei Hochschulen die Funktionen und Ziele des Unterrichts unterschiedlich betonen und weil sie in den kenntnistheoretischen und mathematischen Perspektiven unterschiedliche Ideen haben, kommen sie auch in der psychologischen Perspektive zu unterschiedliche Standpunkten. Zwei werden in Tab. 1.4 genannt.

1.3.4 Das Pädagogische

Das Pädagogische in der Lehrerbildung bezieht sich nicht nur auf Kinder in der Schule, aber sicherlich auch auf die Studierenden an den Hochschulen. Die zu treffende Wahl der mathematikpädagogischen Bildung der Studierenden ist eng mit der Wahl mathematischer Aktivität und psychologischer Auffassungen verbunden. In diesem Paragraphen möchte ich die Selbstwahrnehmung der Studierenden hinsichtlich ihrer mathematischen und mathematikdidaktischen Kompetenzen und Bildung betrachten. Der Übergang vom Lernen von Mathematik in der Sekundarstufe zum Lernen von Mathematik und Mathematikdidaktik in der Lehrerbildung ist groß. Die Lehrerbildung richtet ihre Aufmerksamkeit auf Kinder in ihrer mathematischen Entwicklung. Man lernt Mathematik, um Kinder zu verstehen und deren Denken und Fertigkeiten zu fördern. Diese Herangehensweise bedeutet im Vergleich zur alten Idee des übertragenden Lehrens eine neue Erfahrung der Pädagogik der Mathematik und der Mathematikdidaktik. Wie die neue Erfahrung aussieht und wie die Änderung zu fördern ist, ist eine Frage für die Lehrerbildungsinstitution.

Beispielfrage 21: Wie werden den Studierenden die Veränderungen in der eigenen Beziehung zur Mathematik bewusstgemacht?

Beispielfrage 22: Wie lernen Studierende pädagogische Verantwortung für die persönliche Beziehung ihrer Schülerinnen und Schüler zur Mathematik zu übernehmen?

Die Entscheidungen mit Bezug auf die Funktionen des Mathematikunterrichts beeinflussen auch die pädagogische Auswahl.

Die Betonung der vorbereitenden Funktion von Mathematikunterricht führt in der Pädagogik der Lehrerbildung zu einer Betonung von Berufsperspektive, Weiterbildung und das Vertreten der Mathematikdidaktik in der Gesellschaft. In der Lehrerbildung lernen Studierende die Kinder effektiv zu begleiten. Gemeinsame Zielorientierung von Kindern, Lehrpersonen und Institution ist wichtig.

Eine Entscheidung für die Betonung der Weitergabe und Weiterentwicklung von Kultur und Wissenschaft kann zu einer gemeinsamen Orientierung auf wichtige mathematische Fragen und Themen führen. Man lernt vor allem, um sich an der Kultur zu beteiligen. Das Wecken von Interesse, das Formulieren von fundamentalen Fragen, die Bewusstmachung der Geschichte der Mathematik in der Gesellschaft und im Leben der Familienangehörigen, das alles beinhaltet das Sein einer Lehrperson. Eine Lehrperson muss ein Verständnis für die Vielfalt des menschlichen Denkens, der menschlichen Intuition und der (mathematischen) Kulturen haben.

Eine Wahl für persönliche Entfaltung führt dazu, dass ein Institut und angehende Lehrpersonen sich für den Werdegang von einzelnen Personen interessieren: ihre Entdeckungen, Fragen, Enttäuschungen, ihr Reflektieren und ihr Kommunizieren. Es ist wichtig, dass der Mathematikpädagoge Kinder ermutigen kann, in unbekannte Welten hineinzugehen und auszuhalten und durchzuhalten, wenn es schwierig wird. Meine Studierenden waren oft darüber erstaunt, dass es mathematische Probleme gibt, die nicht in 20 min gelöst werden, aber dass es auch mal Jahre gelegentlich Jahrhunderte gekostet hat, ein Problem zu lösen. Auch die Zusammenarbeit beim Lösen von mathematischen Problemen fordert eine spezielle Pädagogik, die sich an den allgemein mathematischen Kompetenzen orientiert, um Studierenden und Kinder dahin zu führen, dass sie mit Geduld und Präzision einander kritisch zuhören und fair und genau argumentieren können, ohne jemanden klein zu machen oder zu verletzen. Eine persönliche Entfaltung erfordert ein gesundes Selbstvertrauen und ein klares Bewusstsein davon, was man schon weiß und was noch nicht. Die Lehrperson redet davon, „was ein Kind oder Studierender noch nicht kann". Dies wird immer hoffnungsstiftend gemeint, statt eines abwertenden Sprechens über das, was falsch getan wurde.

Beispielfrage 23: Wie werden die Studierenden für die pädagogische Auswirkung unterschiedlicher Betonungen der Funktionen von Mathematikunterricht und die Auswahl in den kenntnistheoretischen, mathematischen und psychologischen Perspektiven sensibilisiert?

Beispielfrage 24: Wie werden Studierende sich davon bewusst, dass man persönliche Kompetenzen in und durch Mathematikunterricht fördern kann?

In der Pädagogik der Mathematik und der Mathematikdidaktik ist auch der Stellenwert, der Klausuren, Examina und Auswertungen und Bewertungen gegeben wird, wichtig. Noten orientieren sich an einer externen Norm und zeigen wie weit ein Kind oder eine Studentin, ein Student in ihrer, seiner Entwicklung ist. Es gibt auch Bewertungen, die sich an der Entfaltung des Kindes orientieren und die die Selbstwahrnehmung und die

Tab. 1.5 Wie sich die drei Hochschulen in der pädagogischen Perspektive positionieren

Adam-Ries-Hochschule		Albertus-Magnus-Hochschule		Peter-Petersen-Hochschule	
1	Effektives Lernen als gemeinsames Ziel von Studierenden und Dozierenden	1	Lernen aus Interesse und Verantwortlichkeit	1	Lernen durch persönliches Engagement und Verantwortung für Kinder
2	Das Fördern von effektiven Fortschritten auf dem vorgegebenen Lernweg	2	Das Fördern von mathematischer Kompetenz	2	Das Fördern der persönlichen Grundlagen mathematischer Kompetenz
3	Befriedigung durch gute Noten	3	Befriedigung durch Erfolg beim Lösen von Aufgaben und Fällen (cases)	3	Befriedigung durch wachsende Kompetenzen und positive Selbsterfahrung

Selbstevaluation des Kindes fördern. Die Zufriedenheit über die eigene Entwicklung liegt im Fall externer Normierung darin, in dem Gedanken „gute Fortschritte auf dem Vorbereitungsweg zu machen". Im zweiten Fall liegt die Zufriedenheit in einer persönlichen Erfolgserfahrung.

Beispielfrage 25: Wie bringen Studierende Kindern bei, intrinsische und extrinsische Normen zu deuten und zu bewerten?

Beispiele – Wie sich die drei Hochschulen in der pädagogischen Perspektive positionieren

Das Pädagogische hat mit allen bisherigen Perspektiven zu tun. Deswegen entscheiden sich die drei Hochschulen für unterschiedliche Standpunkte (siehe Tab. 1.5) und kommen zu unterschiedliche Wahlen im „Zielraum". In der Tabelle gebe ich drei Standpunkte an, die die Hochschulen wählen können. Es gibt noch andere Standpunkte und damit verbundenen Ziele, die ich nicht auflíste.

1.3.5 Das Didaktische

Didaktik möchte ich hier gerne als „das Fördern von und intervenieren in Lernprozessen" betrachten. Diese Auffassung steht neben allen anderen Auffassungen (vergleiche zum Beispiel Kron 2008). Die Didaktik basiert also auf allen schon genannten Perspektiven und ist deswegen nicht kurz zu charakterisieren. Wie ich im Unterabschnitt über die lernpsychologische Perspektive bereits gesagt habe, gibt es zum Lernen in den unterschiedlichen mathematischen und mathematikdidaktischen Bereichen unterschiedliche geeignete Lernpsychologien.

Beispielfrage 26: Wie lernen Studierende in einem mathematischen Bereich relevante mathematische Aktivitäten und erwünschte Lernprozesse zu identifizieren und geeignete Interventionen für Lernprozesse auszuwählen?

Gegenstand der Didaktik der Mathematikdidaktik oder kurz geschrieben D^2M, ist das Kennen und Können einer kompetenten Lehrperson. Man kann den Studierenden ein theoretisches Wissen anbieten, das als Gerüst („scaffolding") in ihrem Kennen und Können funktionieren kann. Genau wie das Lernen und Kennen reiner Mathematik keine ausreichende Grundlage dafür bietet, die mathematische Entwicklung von Kindern zu verstehen, reichen auch philosophische, mathematische, psychologische, pädagogische und didaktische Theorien nicht aus, um das notwendige Kennen und Können für das Intervenieren in Lernprozessen zu einer zusammenhängenden Kompetenz zu integrieren. Man braucht Fallstudien, mit Theorie angereicherter (Oonk 2009) Reflexion auf eigene und gemeinsame didaktischen Aktivitäten, und das Arbeiten in einer Schule mit individuellen Schülerinnen und Schülern und Schülergruppen.

Beispielfrage 27: Wie können die Studierenden in einem Lehrerbildungsinstitut die Effekte eigener didaktischen Entscheidungen kennenlernen?

Teile des didaktischen Wissens kann man kursorisch gestalten. Das praxisorientierte Verstehen von komplexen Zusammenhängen fordert eher einen Projektunterricht in einer Lernlandschaft oder in einer Schule.

Die Mathematikdidaktik ist bestimmt nicht komplett im Rahmen der Lehrerbildung zu lernen. Die Studierenden brauchen deswegen Instrumente, um sich später im Berufsfeld weiterzuentwickeln. Meines Erachtens bietet ein theoretisches Framework verbunden mit einer Sammlung paradigmatischer Erfahrungen in der Schule die besten Möglichkeiten.

Beispielfrage 28: Welche mathematischen Inhalte und welche didaktischen Kompetenzen müssen in der Lehrerbildung mindestens zum Ausdruck kommen?

Beispiele – Wie sich die drei Hochschulen in der didaktischen Perspektive positionieren

Obwohl der mathematikdidaktische Paragraph in der Bildung von Mathematiklehrpersonen am wichtigsten ist, gebe ich nur wenige Items in Tab. 1.6. Auch den D^2M-Unterabschnitt, der sehr wichtig ist, lasse ich weitgehend offen. Beide Themenbereiche sind am besten bekannt und ich vermute, dass man kaum Beispiele für die didaktische Dimension braucht.

Tab. 1.6 Wie sich die drei Hochschulen in der didaktischen Perspektive positionieren

Adam-Ries-Hochschule		Albertus-Magnus-Hochschule		Peter-Petersen-Hochschule	
1	Effektiv Unterrichten	1	Klare Gliederung und Lernerträge	1	Lernbedarf entgegenkommen
2	Subsequente Stufen/ Phasen in Lernprozessen	2	Problemorientierung in Mathematik und Didaktik	2	Coaching von Lernbedarf
3	Kursorische Gestaltung der Ausbildung	3	Gestaltung nach mathematischen Themen und ihrer Didaktik	3	Fachübergreifende und spezifisch mathematikdidaktische Themen
4	Theorie im Zentrum, Vorbereitung der zweiten Phase	4	Mathematik und Problemorientierung zentral	4	Kinder/Schule zentral
5	Didaktik als Vermittlung	5	Didaktik als Förderung mathematischer Aktivität	5	Didaktik als Förderung persönlicher Entfaltung
6	Instruktion in Gruppen	6	Instruktion in kleinen Gruppen	6	Arbeitsgruppen
7	Vorlesungs- und Seminarräume	7	Seminarräume und Schule	7	Schule und Lernlandschaft
8	Curriculum D^2M leitend	8	Probleme/Aufgaben zentral	8	Fragen in der Schule zentral

1.3.6 Das Psychometrische

Die Psychometrie bezieht sich auf das Messen von psychischen Phänomenen wie zum Beispiel Wissen, Fertigkeiten und Kompetenzen. Man braucht ein psychologisches Modell und eine Messtechnik (Psychometrie), um ein psychisches Phänomen zu evaluieren.

In der Schule und der Lehrerbildung ist Bewertung aus unterschiedlichen Gründen wichtig. Erstens möchte eine Schule gut gebildete Kinder und möchte ein Lehrerbildungsinstitut den Schulen gerne gut gebildete Lehrpersonen liefern. Zweitens ist ein Überblick über Lernprozesse und Lernfortschritte der Studierenden wichtig für das weitere Gestalten des Unterrichts im Institut. Drittens verschaffen Bewertungen der Studierenden Deutlichkeit über ihre Fortschritte in der eigenen Entwicklung und über ihren Lernstand im Vergleich zu Kommilitoninnen und Kommilitonen und im Vergleich zu der vom Institut erwünschten Entwicklung. Viertens kann man mit diesen Bewertungen edukative Qualitäten des Institutes nach außen etablieren.

Beispielfrage 29: Welche Gründe hat man für das Evaluieren?

Die psychometrischen Modelle und Messtechniken basieren auf den gewählten Akzenten der Funktionen des Unterrichts in der Schule oder im Institut und weiter auf der Auswahl, die man in den unterschiedlichen Perspektiven auf Mathematikunterricht und Mathematikdidaktikunterricht gemacht hat. Diese Auswahl grenzt das Denken über die Entwicklung der Kinder und der angehenden Lehrpersonen ein. In diesem Rahmen kann man ein Studierenden-Modell entwickeln. Das Studierendenmodell ist ein Modell der möglichen Entwicklung eines Kindes oder einer Studentin, eines Studenten (Klep 1998). Je präziser man den Unterricht auf individuelle Lernwege anpassen will, desto detaillierter und aufwendiger werden die Modelle und die Messverfahren.

Beispielfrage 30: Wie sehen die Schülerinnen/Schüler- bzw. Studierendenmodelle aus?

Beispielfrage 31: Welche Messverfahren stehen zur Verfügung?

Beispielfrage 32: Wie werden die Studierendenmodelle in der Schule/dem Institut gehandhabt?

Problematisch ist, dass nicht alle wichtigen Kompetenzen und Fertigkeiten von Kindern und von angehenden Lehrpersonen einfach zu messen sind. Die Forderung, dass eine Psychometrie objektiv und valide sein muss, führt dazu, dass eine Bewertung von erfahrenen Lehrpersonen, die als Connaisseurs die Entwicklung und Lernstand der Kinder und der Studierenden bewerten, nicht akzeptiert wird und das, obwohl ein Team von Connaisseurs zum Beispiel bestimmte Kompetenzen besser bewerten kann als ein unvollständig messender Test.

Beispielfrage 33: Akzeptiert man neben Tests auch Bewertungen von Connaisseurs als Messverfahren?

Beispielfrage 34: Wie geht man mit wichtigen aber nicht messbaren Phänomenen, wie z. B. Kompetenzen um?

Ein vollständiges Messen aller Kompetenzen ist nicht möglich. Deswegen muss man eine Auswahl treffen.

Beispielfrage 35: Welche Lernfortschritte werden auf jeden Fall gemessen?

In der Lehrerbildung kann man das in den Vorlesungen vermittelte Verfügungswissen als lineare Entwicklung betrachten. Lernen durch Fallstudien und durch Reflektieren auf die Aktivitäten in der Schule kann man besser als konzentrisches oder rekursives Lernen modellieren. Das bedeutet, dass die Studierendenmodelle an den (Hoch-)Schulen, die die persönliche Entfaltung der Studierenden betonen, komplizierter und schwerer zu handhaben sind.

Das Evaluieren von Lernprozessen ist in den Grundschulen genauso wichtig wie an den Hochschulen. Studierende können die für die Grundschule wichtigen Psychometrien aus eigener Erfahrung an der Hochschule kennenlernen.

Beispielfrage 36: Wie thematisiert man an den Hochschulen die Psychometrien des Mathematikunterrichts?

Tab. 1.7 Wie sich die drei Hochschulen in der didaktischen Perspektive positionieren

Adam-Ries-Hochschule		Albertus-Magnus-Hochschule		Peter-Petersen-Hochschule	
1	Lineare Entwicklung	1	Konzentrische Entwicklung	1	Rekursive Entwicklung eines Netzes
2	Norm: reproduktives anwenden des Repertoires	2	Norm: reproduktive und produktive math. Kompetenzen und Repertoires	2	Norm: vernetzte Kompetenzen und Repertoires in unterschiedlichen Kontexten
3	Mathe: Klausuren	3	Mathe: Klausuren, Projekte/Portfolio	3	Mathe: Klausuren + Fallstudien + Bewertung Aktivität + Portfolio/Lerntagebuch
4	Didaktik: Klausur Kenntnisaufgaben	4	Didaktik: Klausur + Fallaufgaben	4	Didaktik: Klausur + Portfolio/Lerntagebuch
5	Benotungen	5	Entwicklung auf einer Skala	5	Dozenten als Connaisseurs, Bewertende Texte

Beispiele – Wie sich die drei Hochschulen in der psychometrischen Perspektive positionieren

Die Messverfahren und Psychometrien und die Studierenden und Schülerinnen/Schülermodelle werden relativ wenig in den Lehrerbildungsinstituten diskutiert. In Klep und Lohfink (2014) werden diese Themen ausführlich diskutiert. In Tab. 1.7 nenne ich jeweils fünf Aspekte der Studierendenentwicklung: (1) Die Art des Studierendenmodells und des Schülerinnen/Schülermodells, die man behandelt, (2) Wie der Norm gedacht wird, anhand welcher Leistungen man Lernprozessen (3) in der Mathematik und (4) in der Didaktik evaluiert, und (5) wie Bewertungen zustande kommen.

1.3.7 Das Bildungssystemische

Das bildungssystemische Denken bezieht sich auf die Struktur der Bildung, wie sie von einem Institut oder Land angeboten wird. Im Systemdenken analysiert man die Gliederung des Systems in Teilsysteme, ihre Beziehungen und Prozesse im System. In komplexen Systemen wie in einem Land, einer Universität, eines Instituts, oder einer Schule arbeiten viele Subsysteme wie Unterrichtsgruppen, Administration, EDV-Abteilung, Verwaltung und koordinierende Personen miteinander. Wenn ein komplexes System nicht gut funktioniert oder wenn ein System geändert oder reorganisiert werden muss, hilft das systemische Denken durch genauere Analyse des Systems und seines Umfelds Verbesserungen zu konzeptualisieren.

Beispielfrage 37: Was ist der Zusammenhang zwischen den Teilsystemen des Instituts, ihren Funktionen und Zielen?

Ich habe gelegentlich in Schulen und Universitäten erfahren, dass es undeutliche Probleme gab, durch die die Arbeit als schwer erfahren wurde. Bei genauem Nachfragen und Zuhören wurde klar, dass die Lehrpersonen nicht wussten, dass das System (z. B. ihre Schule) Systemfehler hat oder dass Sie unbewusst zu hohe Anforderungen an den eigenen Unterricht stellten, dass der Unterricht mit den zur Verfügung stehenden Ressourcen nicht zu handhaben war. Ein ganz deutliches Beispiel betrifft den individuell passenden Unterricht. Eine Stunde für 28 Kinder mit Differenzierungsmaßnahmen vorzubereiten ist nicht so kompliziert, wie eine Stunde individuell passenden Unterricht für 28 Kinder vorzubereiten. Eins der „versteckten" Probleme ist, dass man bei individuell passendem Unterricht Schülermodelle für alle einzelnen Kinder aufrechterhalten und auf Grund dieser Daten individuell passenden Unterricht gestalten muss. Das ist ohne weitere Systemgestaltung nicht zu handhaben. Oft werden in so einem Fall die Schülermodelle nicht gut beibehalten, sodass die Kinder nach längerer Zeit kaum nachholbare versteckte Lücken in ihrer Entwicklung aufweisen. Dies soll sicher kein Plädoyer gegen individuell passenden Unterricht sein, aber eine Warnung für zu wenig systemisch durchdachte Änderungen, die zu Enttäuschungen führen.

Zielorientierung und Struktur des Systems

Die Ziele von Unterrichtssystemen wie in Schulen und Instituten basieren auf den Funktionen und auf der Auswahl mit Bezug auf die in diesem Beitrag beschriebenen Perspektiven. Die Auswahl bestimmt eine Schule oder ein Institut teilweise für sich und teilweise auf Anreize von außen wie z. B. durch den Gesetzgeber und dem Umfeld. Im Unterricht spielen Traditionen eine wichtige Rolle. Eine besonders wichtige aber interessanterweise fast implizite Tradition ist das schon genannte nostalgische Curriculum. Die Struktur eines Systems oder Institutes hängt idealerweise eng mit den Zielen des Institutes zusammen. Wenn es zu viele implizite Ziele gibt, kann dieser Zusammenhang störend undeutlich sein und zu Konflikten führen.

Beispielfrage 38: Sind die Ziele des Institutes transparent und werden sie von den Beteiligten geteilt?

Beispielfrage 39: Was ist der Zusammenhang zwischen Zielen und Struktur des Institutes?

Einfluss des nostalgischen Curriculums

Das nostalgische Curriculum umfasst die Gesamtheit von Auffassungen über Inhalte und edukative Verfahren, die meist auf individuellen persönlichen Erinnerungen basieren. Das nostalgische Curriculum lebt in der Bevölkerung, in der Politik und im Schulsystem. Es ist deswegen so einflussreich, weil fast alle Bürger sich aufgrund ihrer Erfahrung in der eigenen Kinder- und Schulzeit und später als Eltern als sachkundig und kompetent bezüglich des Unterrichts und der Unterrichtsgestaltung einschätzen. Obwohl die Erinnerungen aus der Kinderzeit biographisch wichtig sind, können sie meines Erachtens kaum maßgebend für ein politisches Denken über Unterricht sein. Dafür braucht man eher ein ordentliches interdisziplinäres und von Kulturträgern geführtes Gespräch. Ich halte es für wichtig, dass die Mathematikdidaktikerinnen und -didaktiker die Initiative ergreifen, den mathematischen Teil des nostalgischen Curriculums zu deuten und dessen Einfluss zu entkräften.

Beispielfrage 40: Gibt es eine offene Diskussion über den Stellenwert des nostalgischen Curriculums im Institut?

Günstige und ungünstige Traditionen
Traditionen sind günstig, weil sie ein evolutionär gewachsenes Ganzes von Inhalten, Unterrichtverfahren, Organisation und Machtverhältnissen in einem Institut definieren. Im Prinzip finde ich Traditionen positiv, weil es systemisch nicht einfach ist, erfolgreich komplett neue Strukturen zu gestalten. Doch sollte ein Lehrerbildungsinstitut seine Traditionen überprüfen und wenn notwendig neue Strukturen auf der Basis der Ziele und Wahlen des Institutes gestalten.

Beispielfrage 41: Welche günstige und welche ungünstige Traditionen gibt es im Institut?

Änderungen in der Lehrerbildung
Änderungen im Unterricht fordern wie gesagt ein kritisches Durchdenken der Betonungen der Unterrichtsfunktionen und die Wahlen in den genannten Perspektiven. Wenn das kritische Durchdenken zu neuen Standpunkten führt, sollte man sich auch mit dem Gesetzgeber und dem Umfeld verständigen. Auch innerhalb eines Instituts erfordern Änderungen u. a. das Einbeziehen von Personal, das Vorbereiten von Unterlagen und Medien und das neu Planen (oder Bauen) von Räumen. Änderungen können relativ viel Koordination bezüglich des edukativen Denkens der Beteiligten fordern, weil das „Umdenken" von dem, woran man gewohnt ist, anstrengend ist.

Das in diesem Beitrag angedeutete Denken in Funktionen und Perspektiven und die Diskussion der Fragen, können hoffentlich ein Mittel für die Strukturierung des Gesprächs sein.

Beispiele von systemischen Problemen
In den nächsten Absätzen werde ich fünf (beliebige) Beispiele von systemischen Problemen in der Lehrerbildung geben.

a. Paradigmenänderung in der Lehrerbildung
   Das traditionelle Denken über die Lehrerbildung schwankt zwischen einem theoretisch-wissenschaftlichen Denken und einem Denken in einer Ausbildung des Handwerksmeisters. Weil die zeitgenössischen Ideen über vernetzte Kenntnis und Kompetenzen eher zu einer phronesischen Auffassung von Wissen einer Lehrperson tendieren, passt die traditionelle Struktur der Lehrerbildung in einer theoretischen und einer weiteren praktischen Stufe nicht mehr. Auch eine Gestaltung in theoretisch orientierte

Vorlesungen und Seminare sowie schulpraktische Seminare am Lehrerbildungsinstitut und in der Schule passt nicht mehr.

b. Denken über Lernfortschritte der Studierenden

Traditionell wird eine Entwicklung eines Kindes oder einer Studentin, eines Studenten als Sequenz von Entwicklungsschritten vorgestellt, wo jeder weitere Schritt auf die bisher gemachten Schritte zurückgreift. Das ist eine Vorstellung, die für einen sich meist am Schulbuch orientierten Unterricht passt. Alternativ zur linearen Vorstellung kann man sich Entwicklung auch als von den Studierenden bestimmten Wege in einem mehrdimensionalen Netz vorstellen, inklusive der Metaentwicklung des Reflektierens, der Studiermethoden usw. Die studentische oder kindliche Entwicklung kann man als sich ausdehnende Flecken im Netz vorstellen, die allmählich das ganze Netz überdecken. Das Netz beschreibt die Kompetenzen, die Fertigkeiten und das Verfügungswissen, die Studierende brauchen. Durch die Bearbeitung von konkreten Fällen, können sich Studierende in mit den konkreten Fällen verbundenen Teilnetzen qualifizieren. Die Fälle können so gewählt werden, dass die damit verbundenen Teilnetze das Gesamtnetz ausreichend abdecken. Die Gesamtheit der Teilnetze, die eine Studentin, ein Student bisher erfolgreich bearbeitet hat, ist der Ausgangspunkt für weitere Entwicklung. Weitere Fälle können in einer individuellen passenden Sequenz gewählt werden. So ermöglicht ein Modell der Planung und Evaluation eine lebenslange kompetenzorientierte Planung von Lernwegen. Die studentische Entwicklung kann durch geeignete psychometrische Methoden evaluiert und im großen Netz dargestellt werden. Dieses Denken über Entwicklung und Didaktik bedeutet einen notwendigen und grundlegenden Paradigmenwechsel.

c. Didaktischer Zyklus

In allen Unterrichtssystemen gibt es einen didaktischen Zyklus: Eine Studentin, ein Student bearbeitet einen Fall, seine Entwicklung wird evaluiert und in einem Studierendenmodell dokumentiert. Das erweiterte Studierendenmodell bildet wieder die Grundlage für die Bestimmung weiterer Fälle, die die Studentin, der Student bearbeiten muss. Eine solche flexible Unterrichtsgestaltung auf der Grundlage der persönlichen und individuellen Entwicklung erfordert andere Planungsmethoden als die sequentielle Planung, die z. B. vom Lehrbuch, vom Schulbuch angeboten wird. Computer können hier eine sehr gute Hilfestellung sein (Klep 2002).

d. Reportages und Studierendenmodelle

Üblicherweise werden Arbeiten und Prüfungen mit Noten und Gutachten bewertet. Leider zeigen Noten nicht so ganz deutlich, welche Kompetenzen eine Studentin, ein Student hat. Gutachten könnten dies differenzierter. Sie sind aber schwieriger zu vergleichen und zu aggregieren. Man kann einzelne Gutachten einer Studentin, eines Studenten oder einer Gruppe nicht einfach in einem Abschlussgutachten zur Studentin, zum Studenten oder in einem Gruppengutachten zusammenfassen. Das obengenannte Netz bietet hier mithilfe von Computern gute Möglichkeiten.

e. Durchlässigkeit des Systems

Das Systemdenken definiert ein System als ein Ganzes von Teilsystemen, in dem es übergeordnete und untergeordnete Teilsysteme gibt. Beispiele sind: ein Abteilungsdirektor und seine Abteilung, eine Lehrperson und ihre Klasse oder die Koordinatorenversammlung und Arbeitsgruppen. Die übergeordneten Systeme haben die Aufgabe, die untergeordneten Systeme immer besser kennenzulernen und sie zu leiten. Zum Beispiel handhabt eine Lehrperson ihr Studierenden-Modell und plant individuell passende Aufgaben. Eine Lehrperson hat Aufgaben und Gedanken, die für Studierende schwierig zu verstehen sind, weil sie keine Lehrpersonen sind. In Abstracto: ein übergeordnetes System hat Aufgaben und Gedanken, die für die untergeordneten Systeme schwierig zu verstehen sind. Auch in der anderen Richtung gibt es Probleme. In den untergeordneten Systemen gibt es gelegentlich Kompetenzen, Faktenwissen und Erfahrungen, die für das übergeordnete System schwierig zu erfassen und zu verstehen sind oder die dem übergeordneten System in dermaßen große Mengen angeboten werden, dass die Daten nicht mehr überschaubar sind. Kommunikation und Beziehungen zwischen Teilsystemen ist einer der wichtigen systemischen Problembereiche.

Beispiel – Wie sich die drei Hochschulen in der systemischen Perspektive positionieren

In der bildungssystemischen Perspektive werden die Gliederung und Organisation der Lehrerbildung gestaltet. Die Adam-Ries-Hochschule wählt eine Struktur die es ermöglicht, die Studierenden effizient und effektiv auszurüsten. Die Albertus-Magnus-Hochschule beabsichtigt eher eine grundlegende Bildung, die ein Fundament bietet für spätere selbständige wissenschaftliche Aktivitäten der angehenden Lehrpersonen. In der Struktur

Tab. 1.8 Wie sich die drei Hochschulen in der systemischen Perspektive positionieren

Adam-Ries-Hochschule		Albertus-Magnus-Hochschule		Peter-Petersen-Hochschule	
1	Extensiver Unterricht: Instruktion zentral	1	Meist intensiver Unterricht: kleine Gruppen, viel Kommunikation	1	Intensiver Unterricht: kleine Gruppen, viel Kommunikation
2	Vorlesungen und Übungsprogramme	2	Lernlandschaft/Blended Learning	2	Lernlandschaft/Blended Learning
3	Uni funktioniert als Vorbereitung auf die zweite Phase	3	Uni funktioniert als Vorbereitung auf die zweite Phase	3	Integration Uni+Praktikum+Schule, Integration von Phasen
4	Einfache Studierendenmodelle und grobe Planung	4	Kompetenzorientierte Studierendenmodelle und grobe Planung	4	Kompetenzorientierte Student-Modelle und individualisierte Planung
5	Klare Phasenstruktur	5	Klare Phasenstruktur	5	Phasenverbindend Life-long-learning
6	Formale Differenzierung	6	Innere Differenzierung	6	Innere Differenzierung und Partnerlernen

dieser Hochschule steht die wissenschaftliche Bildung der Studierenden im Zentrum. Die Forschungskompetenzen der Studierenden werden gefördert mit alten und neuen Medien. Die Peter-Petersen-Hochschule zielt auf der Entwicklung der Lehrperson, die Theorie und Praxis integrieren kann. Deswegen findet in dieser Hochschule der Unterricht immer in einem praxisorientierten Kontext statt.

Die Verbindung zwischen den Wahlmöglichkeiten in den vorgehenden Perspektiven und die Gliederung und Organisation ist in der Wirklichkeit komplexer wie in der Tab. 1.8 dargestellt ist. Es lohnt sich alle Aspekte der Organisation gut zu überlegen, um die Ideale der Hochschule unter den praktischen Rahmenbedingungen, die es gibt, optimal umsetzen zu können.

1.3.8   Das Bildungsökonomische

Das Bildungsökonomische ist auf der gesamtdeutschen Ebene und in den Ländern wichtig sowie auch auf der Ebene eines einzelnen Institutes. Über beide Ebenen möchte ich etwas sagen.

Gesamtdeutsche Ebene
Der deutsche Bund und die Länder gaben 2011 178 Mrd. € für Unterricht aus bei einem Bruttoinlandsprodukt von 2699,1 Mrd. € im Jahr 2011 (Abb. 1.5). Das war 10,4 % des öffentlichen Gesamthaushalts (Statistisches Bundesamt 2014). Warum wird in Deutschland jährlich grob 2000 € pro Person für Unterricht ausgegeben? Die oben beschriebenen Funktionen von Unterricht geben hierüber Auskunft.

In der Debatte auf Bundes- und Länderebene und zunehmend auf europäischer Ebene werden Grundlagen für den Unterricht festgelegt. Die Betonung einzelner Unterrichtsfunktionen und Wahlmöglichkeiten im Rahmen der Perspektiven werden oft rege diskutiert. Die vorbereitende Funktion des Unterrichts wird stark betont. Unterrichtspolitik wird oft ökonomischer Politik (Arbeitsmarkt) und Sozialpolitik untergeordnet, was auf Grund des Konzepts der Funktionen des Unterrichts verständlich ist. Der Unterricht soll ausreichend qualifiziertes Personal und gut sozialisierte Bürger liefern. Dazu gibt es auch kulturelle und pädagogische Überlegungen.

Weil Technik und Gesellschaft andere mathematischen Anforderungen an Individuen stellen als vor 50 oder 100 Jahren und weil sich die Anforderungen je nach Bildungskarrieren unterscheiden, sollte sich auch der Inhalt des vorbereitenden Curriculums ändern und differenzieren. Schriftliches Rechnen sollte meines Erachtens aus dem vorbereitenden Curriculum herausgenommen werden, weil es kaum noch eine gesellschaftliche Funktion hat. Das würde viel Unterrichtszeit freimachen, sodass es Zeit für das Rechnen mit einem Rechengerät oder mit einem Rechenblatt geben würde, die dringend einen Platz im Curriculum brauchen.

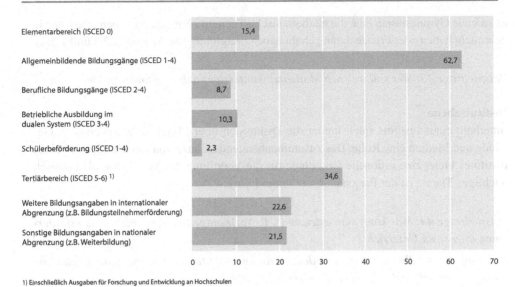

1) Einschließlich Ausgaben für Forschung und Entwicklung an Hochschulen

Abb. 1.5 Bildungsbudget nach Bildungsbereichen 2011 in Mrd. Euro. (Statistisches Bundesamt 2014, S. 29)

Beispielfrage 42: Was kann vom nostalgischen Curriculum weggelassen werden? Welche neuen Elemente sind notwendig?

Die bereits formulierte Frage, wer welche Mathematik braucht, ist nicht nur innerhalb des Mathematikunterrichts sondern auch in bildungsökonomischer Hinsicht wichtig. Welcher Mathematikunterricht sollte von Bund und Ländern bezahlt werden, welcher von Unternehmen und welcher von den individuellen Bürgern? Eine weitere Frage ist, welche Mathematik in welchem Schuljahr und Schultyp gelernt werden muss.

Die Grundschule und Sekundarstufe I könnten bestenfalls einen Hauptakzent auf die Vorbereitung für das Funktionieren in der Gesellschaft legen. Dazu kann man den Kindern spezielle Kurse anbieten, die kulturell oder wissenschaftlich interessant sind oder die den Kindern Raum geben, persönliche oder aktuelle mathematische Themen zu bearbeiten.

Die Vorbereitung auf das Funktionieren in der Gesellschaft ist nicht nur aus der Berufsperspektive zu verstehen. Auch Mathematik, die man zum Beispiel für die Beteiligung an der Demokratie, für kritisches Konsumverhalten, für das Unterstützen der eigenen Gesundheit, für die Beteiligung an Verkehr und Sport braucht, gehören dazu. Doch ist es politisch betrachtet eine Frage, wo die Verantwortung des Staates endet und was zur privaten Verantwortung gehört. Diese Fragen bekommen in der Sekundarstufe II eine weitere Dimension. Es gibt einen bildungsökonomischen Kampf, wer welchen spezifischen Mathematikunterricht anbieten soll: die Sekundarstufe II, die Universitäten oder die Unternehmen? Wer soll z. B. Differenzialrechnung anbieten und bezahlen? Ich glaube, dass es zu viele Gymnasiasten gibt, die mathematische Themen zwar gelernt haben, aber die nie gebraucht haben oder Freude daran gehabt haben (vergleiche die Abschn. 1.2.3 und 1.2.4).

Beispielfrage 43: Wer soll welchen Mathematikunterricht anbieten und bezahlen?

Institutsebene
Innerhalb eines Instituts spielt immer die Diskussion über Mittel für u. a. Personal, Gebäude und Medien eine Rolle. Das zusammenhängende Ganze von Entscheidungen eines Institutes bietet eine rationale Grundlage für die Verteilung der Mittel. Ein ökonomisch wichtiges Thema ist der Personaleinsatz in der Lehre:

Beispielfrage 44: Was kann man extensiv (z. B. Vorlesungen) unterrichten, was erfordert einen intensiven Unterricht?

Beispielfrage 45: Was kann dozierendenzentral unterrichtet werden, was kann besser von Studierenden selbstständig be- und erarbeitet werden?

Beispielfrage 46: Welche Medien und Medienräume werden benötigt?

Beispielfrage 47: Wo wird studiert: Zu Hause, in einer Mediathek oder in einer Lernlandschaft?

Ein weiteres ökonomisches Thema ist die Evaluationsmethode. Je genauer man evaluieren will und je passender man unterrichten will, desto komplexer werden die Studierendenmodelle und die Planungssystematiken (Klep 1998), die man handhaben muss. Vielleicht sind diese ohne Hilfe von Computerprogrammen nicht durchzuführen.

Beispielfrage 48: Was kosten die (psychometrischen) Studierendenmodelle und die Planungssystematik, die man verwenden will, an Personal, Zeit, Infrastruktur und Organisation?

Beispielfrage 49: Wie viel Raum kann man ökonomisch betrachtet den Studierenden für eigene Entwicklungswege überlassen?

Beispielfrage 50: Welche Gliederung der Bildung ist ökonomisch möglich? Gibt es hierfür bestimmte Phasen oder gibt es eine Art Life-long-learning?

Beispiel – Wie sich die drei Hochschulen in der bildungsökonomischen Perspektive positionieren
Die drei Hochschulen suchen alle im Rahmen des verfügbaren Budgets Möglichkeiten, um ihre Idealen umsetzen zu können. In Tab. 1.9 gebe ich nur vier bildungsökonomische Prioritäten der drei Hochschulen.

Tab. 1.9 Wie sich die drei Hochschulen in der bildungsökonomischen Perspektive positionieren

Adam-Ries-Hochschule		Albertus-Magnus-Hochschule		Peter-Petersen-Hochschule	
1	Investieren in klare Instruktion und in extensiven Unterricht	1	Investieren in intensiven Unterricht und wissenschaftliche Kommunikation	1	Investieren in persönliche Entfaltung und verantwortliche Professionalität
2	Investieren in Übungsprogramme	2	Investieren in Lernlandschaft/Blended Learning	2	Investieren in Lernlandschaft/Blended Learning
3	Investieren in effektives Testen	3	Investieren in kompetenzorientiertes Unterrichten und Evaluieren	3	Investieren in Coaching der persönlichen Entfaltung der Studierenden
4	Investieren in formale Differenzierung	4	Investieren in innere Differenzierung	4	Investieren in innere Differenzierung und Tandemlernen

1.4 Szenarien von Lehrerbildungsinstituten

1.4.1 Ausblick

Hochschulen, Schulen und außerschulische Unterrichtsanbieter vertreten gut zu verteidigende unterschiedliche Gewichtungen der Funktionen von Unterricht und nehmen berechtigterweise unterschiedliche Standpunkte in den genannten inhaltlichen Perspektiven auf (Mathematik-)Unterricht ein. Diese Vielfalt führt oft zu ineffektiven Gesprächen, weil man die einzelnen Standpunkte nicht in einem Rahmen zusammenbringen kann.

1.4.2 Die Vielfalt bewältigen

Die unterschiedlichen Betonungen von Unterrichtsfunktionen und die unterschiedliche Auswahl konkreter Ziele im Rahmen der genannten Perspektiven zeigen auf, dass es einen Zielraum gibt, in dem man sich sehr verschiedene mathematikdidaktische Lehrerbildungen vorstellen kann. Um über die möglichen Varianten im Zielraum reden zu können, gibt es die Möglichkeit Szenarien für Lehrerbildungsinstitute zu formulieren. Szenarien sind fingierte konkrete Hochschulen mit konkreten Zielen und mit einer konkreten Organisation, Budget und Gebäuden. Die Szenarien werden konsistent formuliert: die Auswahl der Perspektiven hängt zusammen. Als Beispiel habe ich, zwar unvollständig, die Hochschulen 1, 2 und 3 verwendet.

Im Gespräch über die Zukunft der Hochschulen oder einer einzelnen Hochschule hat es keinen Zweck über die Pros und Kontras einzelner Entscheidungen zu reden, weil das nicht zu einem konsistenten Hochschulkonzept führt. Das Formulieren von Szenarien ermöglicht es auch Entwicklungen einer Hochschule im Voraus zu denken. Die Hochschulen 1, 2 und 3 könnten auch Entwicklungsschritte einer Hochschule sein.

Szenarien sind eine Option, um über die Entwicklung komplexer Systeme kommunizieren zu können. In der eigenen Hochschule kann man über die Inhalte der Szenarien reden, nach außen in der Politik kann man die Szenarien wie ein Modell eines Architekten für die Zukunft einer Hochschule präsentieren.

1.4.3 „Zielraum" statt Lehrplan

Statt einem eindeutigen nationalen oder europäischen Lehrplan, brauchen wir einen Zielraum in dem es Wahlmöglichkeiten gibt. So ein Raum soll genau so präzise definiert sein wie die jetzigen Standards. Ein Institut definiert seinen Mathematikunterricht in diesem Rahmen. Universitäten und Schulen können sich durch ihre spezifischen Auswahlen profilieren, Studierende werben und Personal für unterschiedlich arbeitende Schulen (aus)bilden und werben.

1.4.4 Forschungsfragen

Dieser Beitrag bietet keine fertige Analyse einer pluriformen Lehrerbildung in Deutschland. Es ist eine Skizze, wie eine Gesamtheit von inhaltlich und methodisch verschiedenen Hochschulen den vielfältigen Bedürfnissen der deutschen Gesellschaft entgegenkommen kann. Es gibt in meiner Idee nicht „die" optimale Lehrperson, weil, wie im Anfang dieses Beitrags gesagt, die Bildungsbedürfnisse so verschieden sind. Mein Vorschlag ist ein „Zielraum" für die Lehrerbildung zu formulieren, der den Instituten Raum gibt, eigene Ideale und eigene Bildungsangebote umsetzen zu können. In diesem Beitrag erläutere ich in welchen Dimensionen man so ein pluriformes Unterrichtsgebilde denken kann, um die Qualität des Unterrichts zu garantieren. Es erfordert weitere Forschung, um die Wahlmöglichkeiten der Hochschulen, der Hochschuldozierenden, der Studierenden, der Lehrpersonen und der Kinder im „Zielraum" der Lehrerbildung zu erläutern und mehr detaillierte Szenarien zu beschreiben.

Literatur

Bartjens, W. (1648). *Vernieuwde Cijffering: 't Eerste deel. Waer uytmen meest alle de Grondregulen van de Reecken-konst leeren kan.* Zwolle.

Bishop, A. J. (1988). *Mathematical enculturation. A cultural perspective on mathematics education.* Dordrecht, Boston: Kluwer Academic Publishers.

Blondel, M. (2007). *Action (1893). Essay on a critique of life and a science of practice.* Notre Dame: University of Notre Dame Press. Übersetzt von O. Blanchette. Reprinted

Eisner, E., & Vallance, E. (Hrsg.). (1974). *Conflicting conceptions of curriculum.* Berkeley: McCutchan.

Handel, M. (2012). *Trends in job skill demands in OECD countries*. OECD Social, Employment and Migration Working Papers, No. 143. Paris: OECD Publishing. https://doi.org/10.1787/5k8zk8pcq6td-en. Zugegriffen: 08. April 2017

Handel, M. J. (2010). What do people do at work? A profile of US jobs from the survey of workplace skills, technology, and management practices (STAMP). Unpublished (OECD). Data tables. www.cedefop. europa. eu/EN/Files/4217-att1-1-9. Zugegriffen: 8. Apr. 2017.

Handel, M.J. (o.J). *A Profile of U.S. Jobs from the survey of Skills, Technology, and Management Practices (STAMP)*. http://www.cedefop.europa.cu/files/4217-att1-1-9._A_profile_of_US_jobs_from_the_STAMP_survey_Michael_J._Handel.pdf. Zugegriffen: 26. April 2017.

Klep, J. (1998). *Arithmeticus. Simulatie van wiskundige bekwaamheid : computerprogramma's voor het generatief en adaptief plannen van inzichtelijk oefenen in het reken-wiskundeonderwijs.* Tilburg: Zwijsen.

Klep, J. (2002). The exit of textbooks, the rise of flexible educational media. In St Selander & M. Tholey (Hrsg.), *New educational media and textbooks. The 2nd IARTEM Volume.* Stockholm: Stockholm Institute of Education Press (HLS Förlag).

Klep, J. (2004). Choosing along the way. In J. Klep, J. Letschert & A. Thijs (Hrsg.), *What are we going to learn?* (S. 41–73). Enschede: SLO. www.academia.edu/4947719/What_are_we_going_to_learn. Zugegriffen: 27. Mai 2017.

Klep, J., & Lohfink, A. (2014). Schüler-Modelle – Vorstellungen bezüglich der Entwicklung von Lernenden Arithmeticus als Beispiel. In S. Ladel & Ch Schreiber (Hrsg.), *Von Audiopodcast bis Zahlensinn* (S. 177–207). Münster. WTM.

Kliebard, H. M. (1986). *The struggle for the American curriculum, 1893–1958.* Boston: Routledge & Kegan Paul.

Korthagen, F. A. J., & Kessels, J. P. A. M. (1999). Linking theory and practice: changing the pedagogy of teacher education. *Educational Researcher, 28*(4), 4–17.

Kron, F. W. (2008). *Grundwissen Didaktik* (5. Aufl.). München, Basel: E. Reinhardt.

Leder, G. C., Pehkonen, E., & Törner, G. (Hrsg.). (2002). *Beliefs: a hidden variable in mathematics education?* Dordrecht: Kluwer.

van Merrienboer, J. H. G., van der Klink, M. R., & Hendriks, M. (2002). *Competenties: van complicaties tot compromis. Een studie in opdracht van de onderwijsraad.* Den Haag: Onderwijsraad. www.onderwijsraad.nl/upload/publicaties/414/documenten/studie_competenties.pdf. Zugegriffen: 08. April 2017

Oonk, W. (2009). *Theory-enriched practical knowledge in mathematics teacher education.* Leiden University: Doctoral Thesis. https://openaccess.leidenuniv.nl/handle/1887/13866. Zugegriffen: 8. Apr. 2017.

Ries, A., & Helm, E. (2005). *Adam Risen Rechenbuch auff Linien und Ziphren in allerley Handthierung, Geschäfften unnd Kauffmanschafft. Mit neuwen künstlichen Regeln und Exempeln gemehret; Innhalt fürgestellten Registers* (1574. Aufl.). Leipzig: Ed Leipzig.

Statistisches Bundesamt (2014). *Bildungsfinanzbericht 2014.* Wiesbaden: DeStatis. www.destatis.de/DE/Publikationen/Thematisch/BildungForschungKultur/BildungKulturFinanzen/Bildungsfinanzbericht1023206147004.pdf?__blob=publicationFile. Zugegriffen: 08. April 2017

Stevin, S. (1585). De thiende. *Leerende door onghehoorde lichticheyt allen rekeningen onder den Menschen noodich vallende, afveerdighen door heele ghetalen sonder ghebrokenen.* LEYDEN:

Christoffel Plantijn. https://adcs.home.xs4all.nl/stevin/telconst/10e.html. Zugegriffen: 20. April 2017.

Struik, D. J. (1967). *A concise history of mathematics* (3. Aufl.). New York: Dover Publications.

Struik, D. J. (2007). *Geschiedenis van de wiskunde*. Utrecht: Uitgeverij Het Spectrum.

Thijs, A. (2004). Perspectives on aims and content of education. In J. Klep, J. Letschert & A. Thijs (Hrsg.), *What are we going to learn?* (S. 8–20). Enschede: SLO. www.academia.edu/4947719/What_are_we_going_to_learn. Zugegriffen: 27. Mai 2017.

Thijs, A., & van den Akker, J. (2009). *Curriculum in development*. Enschede: SLO. www.slo.nl/downloads/2009/curriculum-in-development.pdf/. Zugegriffen: 08. April 2017

Tyler, R. (1949). *Basic principles of curriculum and instruction*. Chicago: University of Chicago Press.

Walker, D. F., & Soltis, J. F. (1986). *Curriculum and aims*. New York: Teachers College Columbia University.

Weissmann, J. (2013). Here's how little math Americans actually use at work. The atlantic, April 24. www.theatlantic.com/business/archive/2013/04/heres-how-little-math-americans-actually-use-at-work/275260/. Zugegriffen: 9. Apr. 2017.

Winter, H. (1981). Der didaktische Stellenwert des Sachrechnens im Mathematikunterricht der Grund- und Hauptschule. *Pädagogische Welt, 35*(1), 666–674.

Wood, D., & Wood, H. (1996). Vygotsky, tutoring and learning. *Oxford Review of Education, 22*(1), 5–16.

Teil I

Mathematische Perspektive auf die Grundschullehrerausbildung – Mathematische Kompetenzen von Studierenden

Neukonzeption der Veranstaltung „Lineare Algebra" für Studierende des Lehramts Grundschule

Claudia Böttinger und Carmen Boventer

Zusammenfassung

Mathematikveranstaltungen im Lehramt Grundschule etwa im Masterstudiengang stehen unter der besonderen Anforderung, dass sie fachlich auf den Anfängerveranstaltungen aufbauen und erkennbare Relevanz für die spätere Tätigkeit als Lehrperson haben sollten. Die Veranstaltung „Lineare Algebra", die in der Regel als eher abstrakt und formal gilt, kann so konzipiert werden, dass vertraute Objekte wie Zahlenmauern, Rechenketten oder magische Quadrate unter Nutzung der Begriffe und Methoden der Linearen Algebra neu durchdacht werden können. Gleichzeitig bieten die Begriffe der Linearen Algebra gute Gelegenheiten, analoge Begriffe aus vorangegangenen Veranstaltungen aufzugreifen und gegenüberzustellen. Mit der inhaltlichen Neukonzeption der Veranstaltung geht eine Umstellung des Übungsbetriebs einher – weg von den eher darbietenden Methoden hin zu aktivierenden Methoden – die die Studierenden veranlassen, sich intensiver mit den Ideen anderer auseinander zu setzen.

2.1 Ausgangslage und Ziele der Neukonzeption

Zu den Fachveranstaltungen, die für Studierende des Lehramts Grundschule im Masterstudiengang angeboten werden, gehört an der Universität Duisburg-Essen regelmäßig die Veranstaltung „Lineare Algebra". „Wozu brauchen wir dieses Fach in der Schule?" Mit dieser Frage sieht sich jede Dozentin und jeder Dozent konfrontiert, der Mathematikveranstaltungen wie Lineare Algebra für Studierende mit dem Studienziel Lehramt Grundschule anbietet. Trotz vieler Anstrengungen fehlt den Studierenden gerade in den

C. Böttinger (✉) · C. Boventer
Universität Duisburg-Essen
Essen, Deutschland
E-Mail: claudia.boettinger@uni-due.de

© Springer Fachmedien Wiesbaden GmbH 2018
R. Möller und R. Vogel (Hrsg.), *Innovative Konzepte für die Grundschullehrerausbildung im Fach Mathematik*, Konzepte und Studien zur Hochschuldidaktik und Lehrerbildung Mathematik, https://doi.org/10.1007/978-3-658-10265-4_2

Fachveranstaltungen die Beziehung zur späteren Tätigkeit als Lehrperson, das geht regelmäßig aus den Evaluationen hervor. Es scheint, dass nicht explizit genug deutlich wird, welche Kompetenzen erlangt werden sollen und wozu diese nützlich sind. Hinweise auf allgemeine oder spezielle mathematische Fähigkeiten sind dabei nur wenig hilfreich. Inhaltliche Verbindungen zur Grundschulmathematik sind im fortgeschrittenen Studium immer schwerer herzustellen.

Auf der Ebene der Gestaltung der Übungsgruppen überwiegen deutlich eher passive Formen. Das Vorrechnen von Übungsaufgaben, sei es durch Studierende oder Dozentinnen und Dozenten überwiegt. Bleiben Rückfragen aus, wird dies als Zeichen für Verständnis gewertet.

Ein weiteres inhaltliches Problem mathematischer Fachveranstaltungen in höheren Semestern etwa im Masterstudiengang besteht darin, dass diese gelegentlich isoliert im Studium stehen. Explizite Verbindungen zu vorausgehenden Veranstaltungen treten nicht auf. Dies betrifft insbesondere Bezüge zu Didaktikveranstaltungen.

In diesem Beitrag wird aufgezeigt, auf welche Weise es möglich ist, dieses Fach gut in die Lehrerbildung zu integrieren, indem inhaltliche Elemente aus vorangehenden Didaktik- und Fachveranstaltungen aufgegriffen werden. Gleichzeitig wird eine Neugestaltung von Übungsgruppen vorgestellt, die in der Linearen Algebra erprobt ist und die sicherlich auf andere Veranstaltungen übertragbar ist.

Zu den erwähnenswerten Rahmenbedingungen gehört, dass die vorgestellte Veranstaltung auch von Studierenden mit Studienziel Haupt-/Realschule entweder im Bachelor- oder Masterstudiengang belegt werden kann. Gemeinsame Voraussetzung aller Studierenden sind die Veranstaltungen Arithmetik und Geometrie, etwas Stochastik und etwas Analysis. Je nach Studiengang bringen die Studierenden unterschiedliche Vorkenntnisse in Mathematikdidaktik mit. Es handelt sich um eine zweistündige Vorlesung mit angegliederter zweistündiger Übungsgruppe.

2.2 Mathematikveranstaltungen im Lehramt – Grundlagen

Im Rahmen des Modellversuchs „Mathematik neu denken" an den Universitäten Siegen und Gießen wurde die Lehramtsausbildung im Fach Mathematik (Sekundarstufe II) neu durchdacht und weiterentwickelt. Danach beruht die Mathematikausbildung von Lehramtsstudierenden auf vier Säulen.

Ihre gezielte Professionalisierung setzt auf

- eine aktive Beziehung zur Mathematik als Wissenschaft und als Kulturgut,
- Erfahrungen mit einer „Schulmathematik vom höheren Standpunkt",
- die Entwicklung fachdidaktischen Wissens, mit dem der Komplexität von Mathematikunterricht reflektiert begegnet werden kann,
- Formen des Lehrens und Lernens, die die Studierenden in ihrer eigenaktiven Konstruktion ihres Wissens unterstützen (Beutelspacher et al. 2011, S. 19).

Auf diese Aspekte soll im Folgenden noch einmal kurz eingegangen werden.

Bei der aktiven Beziehung zur Mathematik geht es darum, Mathematik als Kulturleistung zu verstehen und fundamentale Denkleistungen wie Abstraktion, Verallgemeinerung, Präzisierung und Formalisierung als Wesensmerkmale zu erfahren (vgl. Empfehlungen von DMV et al. 2008). Folgt man Wittmann (2003), so ist der Begriff des Musters als Leitmotiv geeignet, mathematische Aktivitäten zu beschreiben. Beginnend bei der Untersuchung einfacher Zahlen- und Formenmustern von Kindern hin zu hochabstrakten Mustern, denen sich Mathematiker widmen. Diese dürfen nicht als fest Gegebenes angesehen werden; zum Wesen der Mathematik gehört, sie selbst zu erforschen und fortzusetzen. Dabei ist Mathematik keine Erfahrungswissenschaft, sondern bildet eine eigene theoretische Welt mit eigenen Gesetzen, wodurch der Bogen wieder zurückschlägt zur Abstraktion und Formalisierung.

Die Erfahrungen mit einer „Schulmathematik vom höheren Standpunkt" beziehen sich auf die Art und Weise, wie der Übergang zwischen Schulmathematik und Hochschulmathematik gestaltet wird, wobei auf die vielzitierte doppelte Diskontinuität verwiesen wird, die Felix Klein 1924 so prägnant herausgestellt hat (Klein 1924). Da für die Ausbildung von Grundschullehrkräften eigene Veranstaltungen angeboten werden, kann diese Verbindung – anders als für das gymnasiale Lehramt – innerhalb einer Veranstaltung thematisiert werden. Das Ziel ist jedoch höher gesteckt, als immer wieder nur auf Schulbeispiele als einfachem Spezialfall der Hochschulmathematik zu verweisen.

> Vielmehr geht es gerade umgekehrt darum, das mittelbare oder unmittelbare Auftreten schulmathematischer Inhalte in der hochschulmathematischen Eingangsvorlesung zur Linearen Algebra nachzuzeichnen. Mit „mittelbarem Auftreten" ist dabei das Auftreten von Inhalten gemeint, die nicht direkt Teil typischer schulischer Mathematikcurricula sind, deren Kenntnis jedoch grundsätzlich notwendig ist, um typische schulmathematische Inhalte so verstehen zu können, dass man sie getragen von solidem Fachverständnis unterrichten kann (Schwarz und Herrmann 2015, S. 198).

Im Hinblick auf das Lehramt Grundschule ist demnach zu schauen, welche Elemente der Schulcurricula für eine derartige Verbindung in Frage kommen. Anzustreben ist, dass diese Elemente nicht nur vereinfachte „Anhängsel" an die eigentliche Theorie im Sinne unproblematischer Spezialfälle bilden, sondern eigenständige Objekte darstellen, die mit den Mitteln der Linearen Algebra noch einmal neu durchdacht werden. Da es sich um die letzte Mathematikveranstaltung der Ausbildung handelt, ist im Sinne eines zunehmenden Kompetenzerwerbs darüber hinaus der Bezug zu vorhergehenden Veranstaltungen zu suchen. Hier stellt sich dieselbe Frage danach, wie Begriffe und Verfahren aus vorangehenden Veranstaltungen im Licht der Linearen Algebra zu deuten und zu verstehen sind. Dieser innerhochschulmathematische Bezug muss ebenso explizit erfolgen wie jeglicher Schulbezug.

Bei den geforderten besonderen Formen des Lehrens und des Lernens geht es um Zweierlei. Nimmt man die Forderung ernst, dass es zum Wesen der Mathematik gehört, Muster zu erkennen, zu beschreiben und zu erforschen, so ist damit das folgende Grundverständnis vom Lehren und Lernen von Mathematik verbunden.

1. Die Lernenden werden mehr als „Akteure" ihres Lernprozesses, weniger als Objekte der Belehrung betrachtet. Entsprechend hat sich die Aufgabe der Lehrenden von der Wissensvermittlung zur Anregung und Organisation von Lernprozessen verschoben.
2. Bei den Inhalten zählen mehr die Entwicklungsprozesse, die zu Verständnis führen, weniger die fertigen Wissensstrukturen.
3. Was die Zielsetzungen anbelangt, wird ein sinnerfüllter Unterricht gefordert und die Produktion von Lösungswegen genießt Vorrang vor der Reproduktion von Rezepten (Müller et al. 2004, S. 11).

Damit ist in Anlehnung an die *Arithmetik als Prozess* ein Programm zu entwickeln, bei dem zumindest teilweise auch eine Lineare Algebra als Prozess gelernt werden kann. Das heißt von einer rein verfahrensorientierten Linearen Algebra, bei der etwa das Lösen von Gleichungssystemen, die Multiplikation und das Invertieren von Matrizen im Mittelpunkt steht, hin zu einer Linearen Algebra, bei der die Möglichkeit besteht, zu probieren, Beispiele zu testen und auf diese Weise Beobachtungen zu sammeln. Selbstverständlich ist, dass die Inhalte nicht alle entdeckt werden können. Den Gaußschen Algorithmus oder die Konstruktion einer Darstellungsmatrix kann und müssen Studierende nicht selbst neu erfinden. Im Sinne von Beutelspacher et al. (2011, S. 17) ist

eine fruchtbare Balance zwischen Instruktion (der Schüler durch den Lehrer) und individueller Konstruktion des Wissens (durch die Lernenden selbst)

erforderlich. Dies stellt die Anforderung, Übungsformate zu entwickeln bzw. zu wählen, die derartige Prozesse ermöglichen. Damit einher geht eine Umgestaltung der Übungsgruppen. Das reine (und vor allem ausschließliche) Vorrechnen von Lösungen widerspricht der Forderung nach Eigenaktivität der Studierenden. Hier kann an Erfahrungen aus den Anfängerveranstaltungen angeknüpft werden (Böttinger und Boventer 2016).

Auf die Entwicklung fachdidaktischen Wissens soll an dieser Stelle nicht weiter eingegangen werden, weil es letztlich wenig Relevanz für die Veranstaltung Lineare Algebra besitzt. Der Schwerpunkt der Veranstaltung ist fachlicher Natur. Damit muss im Hinblick auf die zu konzipierende Veranstaltung auf drei Schwerpunkte eingegangen werden:

- Die fachliche Struktur der Linearen Algebra und besondere Zugänge zu ihr,
- Beziehungen zwischen Linearer Algebra und Grundschulmathematik/elementarer Hochschulmathematik,
- Gestaltung des Übungsbetriebs: Aufgaben und methodische Gestaltung.

2.3   Schwerpunkte des Fachs Lineare Algebra

2.3.1   Mathematische Aspekte

Um das Fach Lineare Algebra für die Lehrämter Grund-/Haupt-/Realschule zu konzipieren, ist es erforderlich die mathematischen Kernideen dieser Disziplin herauszuarbeiten. Im Kern ist die Lineare Algebra, wie sie heute unterrichtet wird, eine Theorie der Vektorräume und der zugehörigen strukturerhaltenden linearen Abbildungen, die klassifiziert und durch numerische Invarianten gekennzeichnet werden. Diese Invarianten sind die Dimension des Vektorraums und die Eigenwerte bzw. besondere Normalformen von Matrizen. Diese Klassifizierung zieht unwillkürlich eine Reihe von Begriffen und Beziehungen zwischen den Begriffen nach sich.

> Die Literatur ist sich einig darüber, dass sich die lineare Algebra durch eine Vielzahl an Begriffen, Zusammenhängen und Darstellungen auszeichnet, die zudem häufig hohen Abstraktionsgrad besitzen. [...] Die dort anzutreffende Formalisierung ist unverzichtbares Wesensmerkmal (Fischer 2006, S. 1).

Dieses Zitat verweist darauf, dass die Abstraktion und die formale Strenge, die vielen Studierenden immer wieder große Probleme bereitet, typisch für die Lineare Algebra ist und dass es nicht darum gehen kann, darauf einfach zu verzichten etwa zugunsten einer algorithmisch gehaltenen Linearen Algebra, die lediglich Verfahren, wie Invertieren von Matrizen oder Berechnung einer Determinante, im Blick hat. Es stellt sich vielmehr die Frage, auf welche Weise ein Zugang zu den Objekten ermöglicht werden soll und welche Objekte zur Auswahl stehen.

Neben der Leitidee „Klassifizieren" ist der Begriff der Gleichung und des Gleichungssystems Ausgangspunkt der gesamten Algebra. Beginnend bei linearen und quadratischen Gleichungen im vorderen Orient, über algebraische Gleichungen bei den Griechen lässt sich diese Entwicklung bis heute nachzeichnen (Alten et al. 2014).

Folgt man den Empfehlungen der DMV, GDM, MNU (2008), so ist für die Lineare Algebra im Rahmen der Lehrerbildung das Linearisieren und Koordinatisieren eine zentrale Leitidee. Zwei Aspekte sollen an dieser Stelle besonders herausgestellt werden. Ausgehend vom zwei- bzw. dreidimensionalen Anschauungsraum sollen die Studierenden in der Lage sein, den abstrakten Begriff des Vektorraum herzuleiten und sie sollen lineare Abbildungen als strukturverträgliche Abbildungen verstehen. Als Beispiele werden u. a. geometrische Abbildungen genannt.

Schaut man historisch darauf, welche Themen zur Entwicklung der Linearen Algebra beigetragen haben, so verweisen Artmann und Törner (1981) auf verschiedene Stränge. Dies sind die linearen Gleichungssysteme, die Kegelschnitte bzw. quadratische Formen sowie die analytische Geometrie, Lineare Substitutionen und Matrizen, Funktionalanalysis und Strukturtheorie. Auf die einzelnen Themen soll an dieser Stelle nicht weiter eingegangen werden, jedoch die besondere Bedeutung der Kegelschnitte und der quadratischen Formen herausgestellt werden, die eine interessante Anwendung sowohl von Geometrie als auch von Techniken der Linearen Algebra darstellen.

2.3.2 Besondere Zugänge zur Linearen Algebra

Dorier et al. (2000) weisen darauf hin, dass für die Mehrheit der Studierenden Lineare Algebra lediglich ein Katalog sehr abstrakter Darstellungen ist. Sie werden überschwemmt mit einer Fülle von neuen Begriffen, Wörtern, Symbolen, Definitionen und Sätzen. Daher müssen in Veranstaltungen große Anstrengungen unternommen werden, die formalen Objekte mit den bekannten zu verbinden. Aus diesem Grund gibt es eine Reihe von studiengangspezifischen Ansätzen, die für dieses Fach neue Zugänge finden. Exemplarisch wird an dieser Stelle auf ausgewählte Literatur eingegangen, die Einfluss auf die zu konzipierende Veranstaltung hat. Jeden dieser Zugänge zeichnet aus, dass ausgewählte Hürden gezielt thematisiert werden.

Für den Bachelor Studiengang Mathematik ist an erster Stelle Beutelspacher (2014) zu erwähnen. Das Buch zeichnet sich durch die Reduktion von Sprachbarrieren aus. Viele der sonst typischen mathematisch hochpräzisen aber eben auch knappen Formulierungen werden durch die Verwendung von Alltagssprache ersetzt. Konzepte und Ideen erhalten breiten Raum. Dabei bleibt es ein Buch für Bachelor Studierende, weil z. B. die anschauliche Fundierung des Vektorraumbegriffs zwar auftritt, aber eher untergeordnet erscheint. Interessant ist, ebenfalls für Bachelorstudierende konzipiert, der Zugang von Staszewski et al. (2009). Im Gegensatz zu den meisten Ansätzen beginnen die Autoren mit der Behandlung linearer Gleichungssysteme, auf der die Theorie der Vektorräume aufgebaut wird. Matrizen und lineare Gleichungssysteme werden von Anfang an als Beispiele genutzt. Dieser eher rechnerische Einstieg vermag neben der Geometrie ein Bindeglied zwischen der Schulmathematik und den abstrakten Strukturen darzustellen.

Einen Schritt weiter gehen Jaworski et al. (2011). Nach der Behandlung linearer Gleichungssysteme und Matrizen werden zwar Vektorräume behandelt, zentrale Objekte sind jedoch Untervektorräume. Die vielen Vektorraumaxiome rücken in den Hintergrund, zugunsten der drei Unterraumkriterien. Diese repräsentieren viel eher die Idee der Linearität. Verbunden mit dieser Reduktion auf zentrale Ideen ist darüber hinaus eine andere Herangehensweise an die mathematischen Objekte gewählt, die als „bottom up" beschrieben wird, und für alle Begriffe verwendet wird:

- we introduce an Example
- we make an Argument on the example, and then
- we generalise to an observation, another example or set of examples (Jaworski et al. 2011, S. 268).

Das ausgewählte Beispiel hat exemplarischen Charakter, an ihm werden allgemeine Eigenschaften erläutert und eingeführt. Allgemeine Aussagen werden von diesem Vorbild abstrahiert und als Beobachtungen festgehalten. Formale Beweise weichen Argumentationen. Die formalen Beweise werden auf den zweiten Teil der Vorlesung verschoben. Insgesamt ist dieser Zugang zu den Strukturen eher informeller Natur. Vorweg genommen sei an dieser Stelle das Ergebnis einer empirischen Studie zu dieser Veranstaltung. Es hat sich gezeigt, dass sich Studierende auf die rechnerischen Aufgaben fokussieren, mit den zugrundeliegenden algebraischen Konzepten sich eher weniger beschäftigen. Dies geht so weit, dass einzelne Studierende der Meinung sind, wenn man mit einer Aufgabe nichts anfangen kann, käme man mit dem Gaußschen Algorithmus immer weiter.

Einen vergleichbaren Zugang vom Beispiel zur Theorie, zugeschnitten auf angehende Mathematiklehrkräfte der Sekundarstufe II, verfolgen Beutelspacher et al. (2011). Ausgangspunkt ist eine solide anschauliche, geometrische Grundlegung der Linearen Algebra. Der gemeinsame Kern aller Anstrengungen liegt in der Betonung der Anschauung in Form von Pfeilklassen, linearen Gleichungssystemen und Koordinatengeometrie. Es werden Aufgaben entwickelt, die Probieren und Experimentieren anregen, bevor Algorithmen abgearbeitet werden. Es wird an allen Stellen deutlich, dass mit der Linearen Algebra eine neue Sicht auf die Schulmathematik eingenommen werden kann.

Richtet man den Blick auf die Ausbildung von Lehramtsstudierenden mit dem Schwerpunkt Haupt-/Realschule, so setzt Filler (2011) die Idee des Linearisierens und Koordinatisierens umfassend und konsequent um und entwickelt die Ideen der Linearen Algebra mithilfe vektorieller Darstellungen, Koordinatengeometrie und außermathematischen Beispielen im R2 und R3. Damit wird er der o. a. Forderung gerecht, Verfahren der Elementarmathematik als Mittel, die Alltagsmathematik von einem übergeordneten Standpunkt aus zu durchdringen, zu reflektieren und in ihrem Rahmen Probleme zu lösen (Empfehlungen von DMV et al. 2008).

Fasst man die bisher dargestellten Schwerpunkte und Zugänge zusammen, so ergibt sich für die Veranstaltung „Lineare Algebra für das Lehramt Grundschule" folgende Gliederung:

- Lineare Gleichungssysteme
- (Unter-) Vektorräume
- Lineare Abbildungen
- Quadratische Formen/Hauptachsentransformation.

Betrachtet man alle bisherigen Anstrengungen, so erscheinen die Konzepte der Linearen Algebra für unterschiedliche Zielgruppen klar und ausgereift. Wirft man einen genaueren Blick auf das Lehramt Grundschule, so muss man jedoch erkennen, dass der Grundschulbezug bzw. der Bezug zum Studium deutlicher erkennbar sein sollte.

Im kommenden Kapitel soll nun darauf eingegangen werden, auf welche Weise für diese vier Themen die Anbindung an die Schulmathematik und an die bisherige Ausbildung, im Sinne einer Mathematik vom höheren Standpunkt, umgesetzt wird.

2.4 Beziehungen zwischen Linearer Algebra und Grundschulmathematik/elementarer Hochschulmathematik

2.4.1 Lineare Gleichungssysteme (LGS)

Lineare Gleichungssysteme ergeben sich bei einer ganzen Klasse produktiver Übungen, denen eine lineare Struktur zugrunde liegt. Zwei Typen müssen unterschieden werden. Als erster Typ werden hier die Übungen betrachtet, bei denen ähnlich wie bei Zahlenmauern, die Ergebnisse vorgegebener Felder durch die Bildung von Linearkombinationen bestimmt werden (Böttinger 2016). Dazu gehören neben den Zahlenmauern auch Fibonacci-Ketten, Rechendreiecke und -vierecke oder Additionstabellen (siehe Abb. 2.1) und Streichquadrate (Wittmann und Müller 1992, S. 27).

Eine weitere, eher unbekannte Übungsform, die ebenfalls zu diesem Typ gehört, sind Additionstabellen, bei denen die Ergebnisse noch einmal addiert werden (siehe Abb. 2.2). Sie ist verwandt mit den Streichquadraten (Böttinger und Gellert 2010).

Ebenso „Wer trifft die 50?" (siehe Abb. 2.3) (Steinbring 1995).

Man erhält Lineare Gleichungssysteme, indem man für ausgewählte Felder mit Linearkombinationen Zahlen vorgibt und die übrigen berechnen lässt. Bei den Rechendreiecken kann dies etwa $a + c = 10$, $a + b = 3$, $b + c = 8$ sein, eine typische Aufgabe für die Grundschule. Lässt man im Gegensatz zur Grundschule nun alle reellen Zahlen zu, so liefert der Gaußsche Algorithmus eine vollständige Lösungsmenge bzw. ein Verfahren bei dem gleichzeitig die Lösbarkeit mitentschieden wird.

In der Literatur wird ein zweiter Typ von Übungen angegeben, die zu Linearen Gleichungssystemen führen (Filler 2011, S. 174 und 197). Es handelt sich um die magischen Quadrate, einer quadratischen Anordnung der Zahlen 1, 2, ..., n^2, bei der die Summe der Zeilen, Spalten und Diagonalen gleich sein muss. Dieses Beispiel steht stellvertretend für eine ganze Klasse von Übungen, die in der Schule eingesetzt werden. Es geht in jedem Fall darum, dass die Summe bestimmter Zahlen gleich sein muss. Als weitere Beispiele

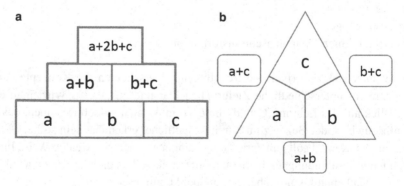

Abb. 2.1 a,b Zahlenmauer und Rechendreieck. (Wittmann und Müller 1992, S. 27)

Abb. 2.2 Erweiterte Additionstabelle. (Böttinger und Gellert 2010)

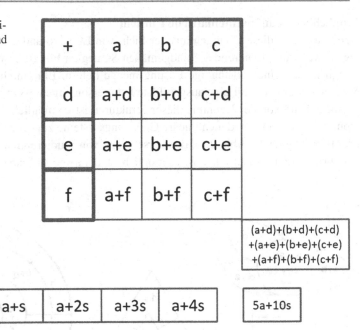

+	a	b	c
d	a+d	b+d	c+d
e	a+e	b+e	c+e
f	a+f	b+f	c+f

(a+d)+(b+d)+(c+d)
+(a+e)+(b+e)+(c+e)
+(a+f)+(b+f)+(c+f)

a	a+s	a+2s	a+3s	a+4s		5a+10s

Abb. 2.3 Grundstruktur von „Wer trifft die 50?". (Steinbring 1995)

seien Zahlenspinnen (Floer und Schipper 1992) oder Zauberbuchstaben (Käpnick 2001, S. 114) genannt, die hier stellvertretend erwähnt werden sollen. In Abb. 2.4 findet sich ein Zauber-X.

Abb. 2.4 Zauber-X

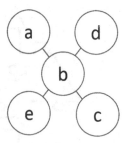

Gemeinsames Merkmal dieser Aufgaben ist, dass die Summe bestimmter Einträge immer gleich sein muss, hier die Summe der Zahlen auf den beiden verbundenen Diagonalen $a + b + c = e + b + d$. Während für den Einsatz mit Kindern die Regel vorgesehen ist, dass nur bestimmte Zahlen eingesetzt werden dürfen (z. B. verschiedene Zahlen, natürliche Zahlen, aufeinanderfolgende Zahlen), müssen im Rahmen der linearen Algebra alle reellen Zahlen zugelassen werden, um ein echtes LGS zu erhalten. Zu bemerken ist, dass dies die Struktur der Lösungen deutlich ändert. Gibt man die Zielsumme vor, erhält man ein inhomogenes, sonst ein homogenes LGS.

Möglichkeiten auf mathematische Einsicht

Betrachtet man diese Übungen aus der Sicht von LGS, so ändern sich die Lösungsstrategien weg von probierenden, kindgemäßen Strategien hin zu systematischen Lösungsverfahren, die eine vollständige Lösungsmenge liefern. Eine mathematisch kompetente Vorgehensweise, die für eine ausgebildete Lehrperson angemessen ist.

Ausgehend von der Kenntnis dieser Strukturen ist es möglich, sich selbst produktive Übungen auszudenken, denen lineare Gleichungssysteme zugrunde liegen. Die folgenden drei Beispiele (siehe Abb. 2.5), die Vorschlägen von Studierenden nachempfunden wurden, bringen zum Ausdruck, dass es möglich ist, derartige Aufgaben zu konstruieren.

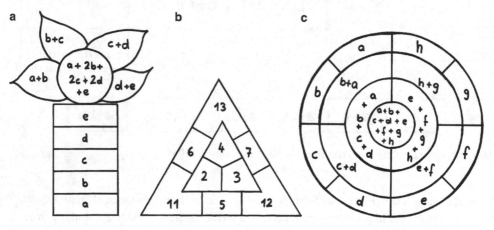

Abb. 2.5 Drei Beispiele für erfundene produktive Übungen

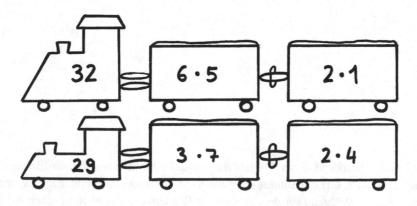

Die Zielzahl ist in der Lok. Sie entsteht aus der Summe der Produkte der Wagons.

Abb. 2.6 Beispiel ohne lineare Struktur

Es soll nicht verschwiegen werden, dass das eigene Erfinden von produktiven Aufgaben mit linearer Struktur durchaus eine Herausforderung darstellt. Im Beispiel (siehe Abb. 2.6) kommt weder eine allgemeine Regel zum Ausdruck noch eine lineare Struktur.

2.4.2   (Unter-)Vektorräume

Neben den Standardbeispielen R^2, R^3 sowie der Verallgemeinerung dem R^n, auf die an dieser Stelle nicht näher eingegangen wird, sind wieder die produktiven Übungen zentrale Beispiele. Alle Beispiele aus dem vorangehenden Unterabschnitt stellen gleichzeitig Beispiele für Vektorräume dar. Für jedes Beispiel ist dies beweispflichtig! Entscheidend für die lineare Struktur dieser Vektorräume in diesem Kontext sind weniger die vielen Vektorraumaxiome, sondern die drei Unterraumkriterien, weil bei den produktiven Übungen nur die Anordnung der Elemente im Vergleich zum R^n verschieden ist.

Dabei ist vor allem der Typ 1, zu dem z. B. die Zahlenmauern gehören, herauszustellen. Die lineare Struktur lässt sich in elementarer Form bereits in der Grundschule thematisieren, wie die folgenden Beispiele für die Klasse 2 bzw. Klasse 3 zeigen (siehe Abb. 2.7 und 2.8), die in Anlehnung an das Zahlenbuch entstanden sind. Rechne und vergleiche.

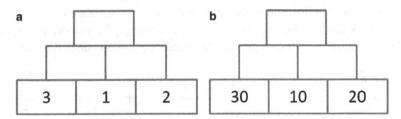

Abb. 2.7 Homogenität von Zahlenmauern. (Wittmann und Müller 2004, S. 39)

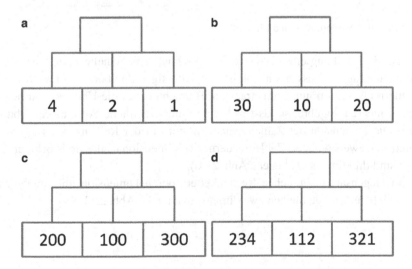

Abb. 2.8 Additivität von Zahlenmauern. (Wittmann und Müller 2005, S. 48)

Möglichkeiten auf mathematische Einsicht
Die Lineare Algebra vermag eine typische Aufgabenstellung der Grundschule erklären:
operative Veränderungen. Betrachtet man das operative Prinzip im Sinne Wittmanns, so
lautet es in seiner Zusammenfassung:

> Objekte erfassen bedeutet, zu erforschen, wie sie konstruiert sind und wie sie sich verhalten,
> wenn auf sie Operationen (Transformationen, Handlungen, ...) ausgeübt werden. Daher muß
> man im Lern- oder Erkenntnisprozeß in systematischer Weise
>
> 1. untersuchen, welche Operationen ausführbar und wie sie miteinander verknüpft sind,
> 2. herausfinden, welche Eigenschaften und Beziehungen den Objekten durch Konstruktion
>   aufgeprägt werden,
> 3. beobachten, welche Wirkungen Operationen auf Eigenschaften und Beziehungen der Ob-
>   jekte haben (was geschieht mit ... , wenn ... ?)

(Wittmann 1985, S. 9)

Gerade in Veranstaltungen wie „Didaktik der Arithmetik" wird thematisiert, wie sich
die Zielzahl etwa bei Zahlenmauern verändert, wenn man einen der Basissteine um eine
feste Zahl erhöht oder verringert. Aus Sicht der Linearen Algebra ist dies nichts anderes
als die Addition eines Vektors, wie am Beispiel einer Zahlenmauer illustriert werden kann.
Man erkennt, dass die Veränderung des Zielsteins unabhängig ist von der Belegung der
Kästchen zu Beginn, er wird immer um eine feste Zahl vergrößert (siehe Abb. 2.9).

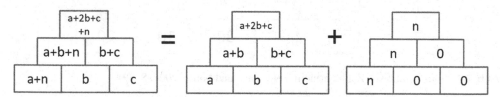

Abb. 2.9 Operative Veränderung und Linearität

Damit ist die Erhöhung eines Basissteins tatsächlich eine naheliegende Struktur und
rechtfertigt nachträglich, dass es sinnvoll ist, den zulässigen Zahlbereich zu wechseln und
Zahlenmauern als Vektorräume zu betrachten. Betrachtet man die Übungen mit den Begriffen der Linearen Algebra, so lässt sich eine unterschiedliche Struktur der Übungen
feststellen. Die Dimension der Zahlenmauern nimmt mit der Reihenzahl zu. So ist der
Vektorraum der zweistöckigen Zahlenmauern zweidimensional; die dreistöckigen Zahlenmauern sind dreidimensional (siehe Abb. 2.10).
Ganz im Gegensatz dazu stehen Rechenketten, deren Dimension mit zunehmender
Länge sich nicht ändert, sie bleiben zweidimensional (siehe Abb. 2.11).

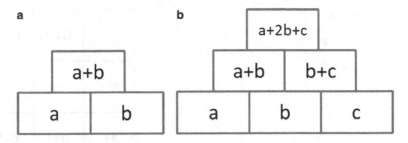

Abb. 2.10 a Zwei- und b dreidimensionale Zahlenmauern

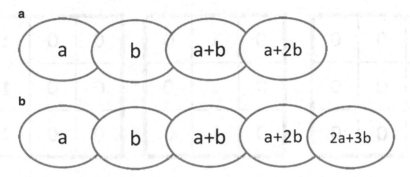

Abb. 2.11 Rechenketten unterschiedlicher Länge

Aus Sicht der Linearen Algebra bedeutet dies, dass die Struktur der beiden Aufgaben unterschiedlich ist. Strukturgleich sind (immer aus Sicht der Linearen Algebra!) die Ketten, die beim Format „Wer trifft die 50?" entstehen (siehe Abb. 2.12).

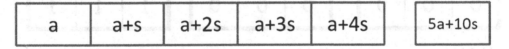

Abb. 2.12 „Wer trifft die 50?"

Diese Strukturgleichheit macht sich bei operativen Veränderungen bemerkbar. Es ist die Zahl der wählbaren Parameter. Während man etwa bei dreistöckigen Zahlenmauern drei Basissteine sinnvoll variieren kann, sind es bei Rechenketten nur zwei, nämlich die ersten beiden Startzahlen. Dies ermöglicht umgekehrt wieder eine vertiefte Einsicht in den abstrakten Begriff der Dimension.

Ein interessantes Beispiel stellen die Streichquadrate dar. Streichquadrate der Größe 3×3 haben folgende Gestalt (siehe Abb. 2.13).

Eine naheliegende Basis besteht aus den sechs „Vektoren" (siehe Abb. 2.14).

Rechnet man die Basiseigenschaften nach, stellt sich heraus, dass diese sechs Elemente zwar alle Streichquadrate erzeugen, jedoch nicht linear unabhängig sind. Man sieht es

Abb. 2.13 Streichquadrat

a+d	b+d	c+d
a+e	b+e	c+e
a+f	b+f	c+f

1	0	0
1	0	0
1	0	0

0	1	0
0	1	0
0	1	0

0	0	1
0	0	1
0	0	1

1	1	1
0	0	0
0	0	0

0	0	0
1	1	1
0	0	0

0	0	0
0	0	0
1	1	1

Abb. 2.14 Erzeugendensystem der Streichquadrate

am ehesten daran, dass die Summe der ersten drei Quadrate gleich der Summe der letzten drei Quadrate ist. Man kann auf ein Element verzichten, der Vektorraum der 3×3-Streichquadrate ist fünfdimensional. Auch hier stellt sich die Frage, wie sich die Dimension entwickelt, wenn die Streichquadrate größer bzw. kleiner werden. Das ist an dieser Stelle dem Leser überlassen.

Auf diese Weise liefern Begriffe und Beziehungen der Linearen Algebra einen Beitrag dazu, die obigen Übungstypen aus einer anderen Perspektive noch einmal anders zu verstehen.

Geht man zum zweiten Typ der hier betrachteten produktiven Übungen über, so stellt man ebenfalls fest, dass etwa die Summe zweier „Zauber-X" wieder ein Zauber-X ist oder die Summe zweier magischer Quadrate wieder ein magisches Quadrat ist, wenn man als Einträge alle Zahlen zulässt. Außerdem ist das skalare Vielfache eines Zauber-X wieder ein Zauber-X, analog für magische Quadrate – alles beweispflichtig. Damit bilden diese Strukturen ebenfalls einen Vektorraum. Im Hinblick auf das Verständnis bietet die lineare Struktur eine Möglichkeit, aus gegebenen Lösungen neue zu finden. Damit gehört die Bearbeitung magischer Quadrate der Übungen dieses zweiten Typs zu einem strukturierten Übungstyp, die Ergebnisse der einzelnen Aufgaben

> stehen in einem Zusammenhang und können sich gegenseitig unterstützen und korrigieren (Wittmann und Müller 1992, S. 179).

Betrachtet man magische Quadrate der Größe 3 × 3, so führen die Bedingungen, dass die Zeilensummen, die Spaltensummen und die Summe der Zahlen in den Diagonalen gleich sind auf ein Gleichungssystem mit 9 Unbekannten, das nach Motzer (2013) folgende Lösung hat (siehe Abb. 2.15).

Abb. 2.15 Alle magischen Quadrate

a+b	a+b+c	a-c
a+b-c	a	a-b+c
a+c	a-b-c	a+b

Diese Darstellung des magischen Quadrats als Lösung eines linearen Gleichungssystems führt auf die Darstellung, wie sie bereits im vorangehenden Aufgabentyp besprochen wurden: einzelne Kästchen werden mit Linearkombinationen von Variablen belegt. Damit liefert die Lineare Algebra den Zusammenhang zwischen den beiden Typen produktiver Übungen, die hier besprochen werden. Beim ersten Typ werden die Lösungen linearer Gleichungssysteme genutzt, beim zweiten Typ die linearen Gleichungssysteme in der Koordinatenform und es ist möglich, beide Typen ineinander überzuführen. Dies rechtfertigt rückblickend betrachtet dann auch den Wechsel der zulässigen Zahlbereiche von natürlichen Zahlen hin zu reellen Zahlen.

Selbstverständlich kann man etwa magische Quadrate mithilfe anderer algebraischer Strukturen untersuchen, die eher die möglichen Vertauschungen der Einträge in den Blick nehmen und den zugrundeliegenden Zahlbereich {1, 2, 3, 4, 5, 6, 7, 8, 9} unverändert lassen. Dies führt zu endlichen Gruppen, die an dieser Stelle nicht betrachtet werden und weist darauf hin, dass es ganz unterschiedliche Möglichkeiten gibt, Beispiele als algebraische Struktur zu verallgemeinern (Motzer 2013).

Zusammenfassend lässt sich sagen, dass die beiden hier besprochenen Typen produktiver Übungen gute, nichttriviale Beispiele für Vektorräume bzw. lineare Gleichungssysteme liefern. Diese Beispiele und die algebraische Sicht befruchten sich gegenseitig. Einerseits ist ein vertieftes Verständnis der Übungen möglich, andererseits erhalten die abstrakten Begriffe der Linearen Algebra Bedeutung über den Anschauungsraum hinaus. Im Rahmen der Veranstaltung werden sie gleichberechtigt neben dem Anschauungsraum R^2 bzw. R^3 behandelt. Dies kommt dadurch zum Ausdruck, dass sie sowohl in der Vorlesung, als auch auf den Übungsblättern als auch in der Abschlussklausur auftreten.

Um das Gefühl für lineare Strukturen weiter zu schärfen, sind produktive Übungen ohne lineare Struktur hilfreich. Dazu zählen z. B. Aufgaben, bei denen Einträge miteinander multipliziert oder Ziffern vertauscht werden. Als Beispiele dafür sollen an dieser Stelle die Mal-Plus-Häuser (Valls-Busch 2004) und multiplikative Zahlenmauern dienen (siehe Abb. 2.16).

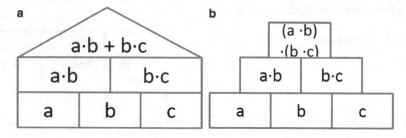

Abb. 2.16 Beispiele für nichtlineare Übungen. (Valls-Busch 2004)

Diese Übungsformen sind weder homogen noch additiv. Vergrößert man einen Basisstein um eine feste Zahl so ändert sich der Zielstein abhängig von Basissteinen. Gerade dieser Kontrast kann mit dazu beitragen, ein gutes Verständnis für lineare Strukturen zu entwickeln.

2.4.3 Lineare Abbildungen

Leider wird bisher kein tragfähiger Weg gesehen, um lineare Abbildungen zwischen produktiven Übungen zu thematisieren. Formal ist dies möglich, inhaltlich lassen sich weder Einsichten in die Übungsformen noch in die linearen Abbildungen gewinnen, sodass diese Strukturen an dieser Stelle nicht weiterverfolgt werden.

Als Anknüpfungspunkt zu den linearen Abbildungen wird auf Funktionen sowie Eigenschaften und Begriffe zurückgegriffen, die im Zusammenhang mit „Elementaren Funktionen" thematisiert werden, einer vorangehenden Veranstaltung. Führt man die Linearität lediglich abstrakt ein und nutzt als Beispiele ausschließlich Matrizen, bleibt der Begriff inhaltsleer. Als erster Bezug zu den elementaren Funktionen wird deutlich gemacht, dass Linearität bei Funktionen von $\mathbb{R}$ nach $\mathbb{R}$ eine unwesentliche Eigenschaft ist, man erhält nur Funktionen des Typs $f(x) = a \cdot x$, die Proportionalität. Daher ist klar, dass der Definitionsbereich und/oder der Wertebereich geändert werden müssen.

Für den Bezug zur Ausbildung der Studierenden wird die Geometrie genutzt, ein ganz traditioneller Zugang, wie er etwa in Filler (2011) gewählt wird. Die Drehung um den Ursprung, Spiegelung an einer Ursprungsgeraden und Projektion auf eine Ursprungsgerade sind zentrale Beispiele, weil sich diese Abbildungen gut erkennbar verketten lassen und man als Ergebnis immer wieder eine Abbildung dieses Typs erhält. Die Abbildungen lassen sich gut beobachten und die Abbildungseigenschaften sind infolgedessen gut charakterisierbar. Gleich zu Beginn gehört dazu die Frage nach der Bedeutung der Linearität. Wie lässt sich die Linearität an einer Skizze erklären? Die Visualisierung der Additivität der Spiegelung $\varphi(u + v) = \varphi(u) + \varphi(v)$ besteht in der angemessenen Deutung der folgenden Skizze (siehe Abb. 2.17).

Abb. 2.17 Additivität der Spiegelung

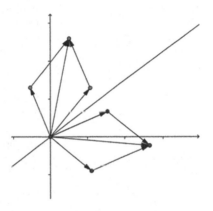

Eigenschaften und Begriffe von Funktionen aus der Analysis werden gezielt aufgegriffen, in der Geometrie interpretiert und mit den Begriffen der Linearen Algebra neu formuliert. Dass der Kern einer linearen Abbildung die Nullstellen umfasst, ist zwar auf Grund der Definition klar, wird in der Literatur im Normalfall nicht explizit thematisiert.

Herauszustellen ist die Relevanz von Darstellungsmatrizen. Die Berechnung erfordert die Anwendung der Beziehungen aus der Satzgruppe des Pythagoras sowie den Einsatz der trigonometrischen Funktionen. Mittelstufengeometrie wird auf natürliche Weise wiederholt. Mithilfe dieser Darstellungsmatrizen und deren Produkten liefert die Lineare Algebra ein Verfahren, um herzuleiten, dass etwa das Produkt zweier Spiegelungen, deren Schnittpunkt im Ursprung liegt, eine Drehung um den Ursprung ist. Derartige Beziehungen werden parallel dazu auf der geometrischen Ebene visualisiert. Besondere Punkte der Abbildungen wie Fixpunkte oder Nullstellen lassen sich zwar rechnerisch ermitteln, können jedoch immer auf der geometrischen Seite interpretiert werden. Damit vermag die Geometrie zu einem besseren Verständnis von Matrixeigenschaften beitragen und umgekehrt.

In der folgenden Abb. 2.18 wird überblicksartig zusammengestellt, wie die Beziehungen zwischen den mathematischen Teildisziplinen Elementare Funktionen und Geometrie,

Abb. 2.18 Beziehungen Elementare Funktionen – Lineare Algebra – Geometrie

	El. Funktionen	Lineare Algebra	Geometrie
Abbildungsvorschrift	Funktionsgleichungen	Darstellungsmatrizen	Zeichenvorschriften
Strukturverträglichkeit	Stetigkeit	Linearität	Nutzung von Zirkel & Lineal
Definitions-/Wertebereich	Intervalle in R	Untervektorräume	Ebenen und Geraden
Eindeutigkeitsbeziehungen	Am Graphen erkennbar	Injektivität an 0, Surjektivität am Rang erkennbar	
Umkehrfunktion	Termumformungen	Invertieren von Matrizen	
Nullstellen	diskret	Untervektorraum	Ursprung/Gerade
Besondere Punkte		Eigenwerte und Eigenvektoren	Fixpunkte und Fixgeraden
Verkettung	Einsetzen von Funktionstermen	Matrixmultiplikation	Es wird nacheinander abgebildet
Spezielle Verkettungen		Multiplikation der Darstellungsmatrizen	Verkettung von Drehungen, Spiegelungen, Projektionen
Spezielle Matrixeigenschaften		Idempotenz $A^2=A$ Involution $A^2=E$	Projektion Spiegelung

die den Studierenden im Studium begegnen, in der Linearen Algebra zusammenwirken. Diese Beziehungen werden explizit thematisiert und schwingen nicht einfach nur mit, um den Studierenden deutlich zu machen, wie die Veranstaltungen aufeinander aufbauen und sich wechselseitig bedingen.

2.4.4 Hauptachsentransformation

Die Hauptachsentransformation hat ihr Pendant in der Schulmathematik bei der Verschiebung von Funktionen, speziell von Parabeln. Während in der Schule Parabeln verschoben werden, bewirkt die Hauptachsentransformation eine Drehung des Koordinatensystems. Als Beispiele dienen ganz traditionell Ellipsen und Hyperbeln. Damit werden bewusst Themen angesprochen, bei denen die Verbindung zum Schulstoff und zu den bisherigen Veranstaltungen verlassen wird. Im Sinne der Standards für die Lehrerbildung (Empfehlungen von DMV et al. 2008) verweist das Thema auf weitere Vertiefungen und auf eine Erweiterung des Horizonts.

Als Abschluss des Kurses fasst dieses weiterführende Thema alle bisherigen zusammen und bietet darüber hinaus die Gelegenheit einen kleinen historischen Rückblick zu nehmen.

2.5   Gestaltung des Übungsbetriebs

2.5.1   Wahl der Aufgaben

Im Bereich der Grundschullehrerausbildung liegen gerade für die Anfängerveranstaltungen wie Arithmetik Konzepte vor, die dem Prozesscharakter der Mathematik Rechnung tragen. „Arithmetik als Prozess" (Müller et al. 2004) hat hier Maßstäbe gesetzt und dient immer wieder als Vorbild für weitere mathematische Teilgebiete. Präformale Vorgehensweisen, Nutzung von Veranschaulichungen und die Bearbeitung vieler Beispiele stellen zentrale Elemente dieser Konzeption dar. Anregungen für die Lineare Algebra, denen genau dieselben Ideen zugrunde liegen, finden sich wieder bei (Beutelspacher et al. 2011). Diese müssen jedoch angepasst werden auf das Lehramt Grundschule.

a. Es sei

$$U = \left\{ \lambda \cdot \begin{pmatrix} 2 \\ 1 \end{pmatrix} \middle| \lambda \in \mathbb{R} \right\}.$$

Zeichnen Sie die Menge in ein Koordinatensystem. Zeigen Sie, dass U ein Unterraum des $\mathbb{R}^2$ ist.

b. Wählen Sie zwei Vektoren aus dem $\mathbb{R}^2$, die nicht in U liegen.
Welche Aussagen können Sie für die Summe machen?
Liegt diese immer in U oder nicht?
Rechnen und zeichnen Sie mindestens 4 Beispiele, bis Sie ein Gefühl für das Ergebnis bekommen.

c. Betrachten Sie nun den Unterraum U der dreistöckigen Zahlenmauern, bei denen der mittlere Basisstein 0 ist.
Wählen Sie zwei Zahlenmauern, die nicht in U liegen.
Kann man diese so wählen, dass die Summe in U liegt?
Kann man sie so wählen, dass die Summe nicht in U liegt?
Geben Sie entweder Beispiele an oder zeigen Sie, dass die entsprechende Wahl der Zahlenmauern nicht möglich ist.

d. Wählen Sie eine Zahlenmauer aus U und eine nicht aus U.
Kann man diese so wählen, dass die Summe in U liegt?
Kann man diese so wählen, dass die Summe nicht in U liegt?
Geben Sie entweder Beispiele an oder zeigen Sie, dass die entsprechende Wahl der Zahlenmauern nicht möglich ist.

e. Nun geht es um die folgenden drei Aussagen über einen Unterraum U von V.
  i. $u, v \notin U \Rightarrow u + v \notin U$
  ii. $u, v \notin U \Rightarrow u + v \in U$
  iii. $u \notin U, v \in U \Rightarrow u + v \notin U$
  Übersetzen Sie diese Aussagen in eine für Sie zugängliche Sprache. Stellen Sie anhand der vorangegangenen Aufgabenteile eine Vermutung auf, ob die Aussagen wahr oder falsch sind und beweisen oder widerlegen Sie diese für einen beliebigen Untervektorraum U eines Vektorraums V.

Wie in Jaworski et al. (2011) werden Beispiele gerechnet. Auf der Basis des Beispiels wird argumentiert und verallgemeinert. Wie zu sehen ist, werden kleine Beweise in den Übungsbetrieb integriert und sind auch Teil der Abschlussklausur. Als Kontrast erfolgt die Verallgemeinerung direkt und nicht zeitversetzt, etwa im folgenden Semester.

2.5.2 Methodische Gestaltung der Übungsgruppen

Wie bereits oben ausgeführt, geht mit der inhaltlichen Neuorientierung eine organisatorische Änderung der Übungsgruppen einher. Ein besonderes Augenmerk wird dabei auf die Brücke zwischen den eher rechnerischen/geometrischen Aufgabenteilen und den abstrakten Strukturen der Linearen Algebra gelegt. Das von Jaworski et al. (2011) beschriebene Fokussieren der Studierenden auf die rechnerischen Teile der Linearen Algebra soll aktiv aufgegriffen und angesprochen werden. Insbesondere soll daher durch die methodische Gestaltung das Führen kleiner formaler Beweise nicht mehr umgangen werden können. Beutelspacher et al. (2011) stellen mit Bezug auf Barzel et al. (2014) die besondere Bedeutung kooperativer Lernformen nicht nur für die Schule, sondern auch für die Hochschule heraus. Es wird vorgeschlagen, etwa die Besprechung der wöchentlich zu bearbeitenden Hausaufgaben in unterschiedlichen Formen der Gruppenarbeit abzuhalten. Die Rolle des Übungsgruppenleiters verschiebt sich dabei hin zum Moderator von Lernprozessen. Mit einer derartigen Gestaltung von Übungsgruppen haben die Studierenden des Lehramts Grundschule auch in Mathematikveranstaltungen Erfahrung (Böttinger und Boventer 2016), und sie werden auch in der Linearen Algebra eingesetzt.

Aus den guten Erfahrungen aus der Veranstaltung „Arithmetik" besteht ein Ziel darin, mathematische Reflexion anzuregen (Böttinger und Boventer 2016), wobei auf die Definition von Schülke (2013, S. 52) Bezug genommen wird. Im Hinblick auf das mathematische Lernen versteht sie

„mathematische Reflexion" als eine kognitive Aktivität, einen Denkprozess im Sinne eines Standpunkt- bzw. Perspektivwechsels, auf dessen Grundlage Umdeutungsprozesse stattfinden.

Dabei muss das bereits bekannte mathematische Wissen neu oder bewusst durchdacht werden und dabei um- oder neu gedeutet werden. Es geht nicht um ein Wiederholen oder Erinnern bereits bekannter Inhalte. Daher ist die Voraussetzung für Reflexion immer der Bezug zu einem „menschlichen Gegenüber" (Schülke 2013, S. 52). Dieser Standpunktwechsel kann angeregt werden durch die aktive Auseinandersetzung mit Bearbeitungen anderer Studierenden. Da bei reinen „Tafellösungen", selbst oder gerade wenn sie von anderen Studierenden vorgestellt werden, regelmäßig beobachtet werden kann, dass Studierende weniger auf die präsentierte Lösung eingehen, sondern ihre eigene Lösung lediglich als zweite daneben stellen, wird gezielt methodisch versucht, diese Auseinandersetzung verstärkt in den Blick zu nehmen. Dazu sind Variationen der Schreibkonferenzen, wie sie im Deutschunterricht zum Einsatz kommen, geeignet. Ausgewählte Bearbeitungen, speziell Beweise, einer oder mehrerer Aufgaben werden auf großes Papier (Flipchart) geschrieben und auf verschiedenen Tische ausgelegt. Die Teilnehmer reflektieren jede Lösung, schreiben Kommentare und Fragen dazu und gehen weiter zur nächsten Lösung, die bereits von Studierenden kommentiert wurde.

Leitfragen:

- Kennzeichnen Sie Stellen, an denen der Beweis besonders überzeugend ist, auch warum.
- An welcher Stelle sehen Sie eine Lücke im Beweis?
- Ergänzen Sie diese, falls möglich, äußern Sie Ihre Unsicherheit oder stellen Sie eine Verständnisfrage.
- Beantworten oder kommentieren Sie Äußerungen, die Sie von anderen Studierenden vorfinden.

Zum Abschluss wird die vollständig kommentierte Bearbeitung besprochen, etwa in der Art eines Museumsgangs. Offene Fragen gehen nun aus den Kommentaren hervor, gute Beweisteile ebenfalls.

Durch die besondere Art des Umgangs mit fremden Bearbeitungen lernen die Studierenden, Fragen zu stellen und sich intensiver mit fremden Lösungen auseinander zu setzen. Sie sind gefordert, einen neuen Blick etwa auf einen Beweis zu nehmen, an dem sie selbst schon gearbeitet haben.

Die folgenden beiden Bilder (siehe Abb. 2.19) stellen Ausschnitte einer Schreibkonferenz dar. Es geht um die Aufgabe: Ist die Menge aller dreistöckigen Zahlenmauern, bei denen in der unteren Zeile eine 0 an irgendeiner Stelle steht, ein Unterraum aller Zahlenmauern?

Verbunden mit derartigen methodischen Elementen bleibt die Hoffnung, dass die Studierenden sich intensiver mit Beweisen auseinandersetzen und dazu Ideen anderer nutzen.

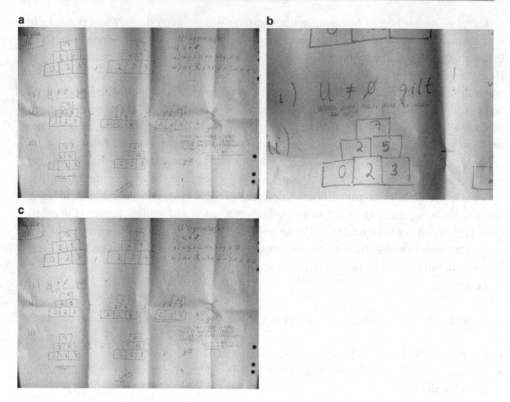

Abb. 2.19 Produkt einer Schreibkonferenz

2.6 Resümee

Die hier vorgestellte Veranstaltung Lineare Algebra ist im Hinblick auf die Anforderungen im Lehramt Grundschule neu durchdacht und konzipiert und mehrmals durchgeführt worden. Berücksichtigt sind bereits bekannte Zugänge wie die Entwicklung aus Linearen Gleichungssystemen heraus, die Betonung von Untervektorräumen und eine geänderte Sprachkultur. Ein herausragendes Merkmal besteht in der Aufnahme spezieller produktiver Übungen, denen eine lineare Struktur zugrunde liegt, sodass diese Strukturen noch einmal neu durchdacht werden können und umgekehrt zu einer vertieften Einsicht in die algebraischen Strukturen führen können. Darüber hinaus werden die Beziehungen zu vorangehenden Veranstaltungen (Elementare Funktionen und Geometrie) deutlich herausgestellt.

Ergänzt wird dieses Konzept durch eine besondere Gestaltung des Übungsbetriebs, die eine bessere Aktivierung der Studierenden im Blick hat. Dies zeigt, dass es möglich ist, auch für Studierende im Lehramt Grundschule eine auf die Anforderungen des Studiengangs zugeschnittene Lineare Algebra zu konzipieren.

Langfristig wäre es interessant genauer zu untersuchen, ob ein derartiger Zugang ein differenzierteres Verständnis linearer Strukturen ermöglichen kann.

Im Rahmen der regelmäßigen Evaluation hat sich gezeigt, dass die Studierenden den Bezug zu ihrem Studium gesehen haben, was für Mathematikveranstaltungen durchaus positiv zu bewerten ist.

Literatur

Alten, H.-W., Naini, A. D., Eick, B., Folkerts, M., Schlosser, H., Schlote, K.-H., Wesemüller-Kock, H., & Wußing, H. (2014). *4000 Jahre Algebra*. Berlin, Heidelberg: Springer Spektrum.

Artmann, B., & Törner, G. (1981). Bemerkungen zur Geschichte der linearen Algebra. *Der Mathematikunterricht, 2*, 59–67.

Barzel, B., Büchter, A., & Leuders, T. (2014). *Mathematik Methodik, Handbuch für die Sekundarstufe I und II*. Berlin: Cornelsen.

Beutelspacher, A. (2014). *Lineare Algebra. Eine Einführung in die Wissenschaft der Vektoren, Abbildungen und Matrizen* (8. Aufl.). Wiesbaden: Springer Spektrum.

Beutelspacher, A., Danckwerts, R., Nickel, G., Spies, G., & Wickel, G. (2011). *Mathematik neu denken, Impulse für die Gymnasiallehrerbildung an Universitäten*. Wiesbaden: Vieweg+Teubner.

Böttinger, C. (2016). *Lineare Algebra im Lehramt Grund-/ Haupt-/Realschule. Beiträge für den Mathematikunterricht*. Heidelberg: Gesellschaft für Didaktik der Mathematik.

Böttinger, C., & Boventer, C. (2016). Methodische Innovationen in der Veranstaltung „Arithmetik" für das Lehramt Grundschule, Beiträge zur KHDM-Arbeitstagung Paderborn. In A. Hoppenbrock, R. Biehler, R. Hochmuth & H.-G. Rück (Hrsg.), *Lehren und Lernen von Mathematik in der Studieneingangsphase* (S. 51–66). Wiesbaden: Springer.

Böttinger, C., & Gellert, A. (2010). Denken besonders begabter Kinder. In C. Böttinger, K. Bräuning, M. Nührenbörger, R. Schwarzkopf & E. Söbbeke (Hrsg.), *Mathematik im Denken der Kinder* (S. 245–272). Seelze: Kallmeyer.

DMV, GDM, & MNU (2008). Standards für die Lehrerbildung im Fach Mathematik. madipedia.de/images/2/21/Standards_Lehrerbildung_Mathematik.pdf. Zugegriffen: 1. März 2016.

Dorier, J.-L., Robert, A., Robinet, J., & Rogalski, M. (2000). The obstacle of formalism in linear algebra. In J.-L. Dorier (Hrsg.), *On the teaching of linear Algebra* (S. 85–127). Dordrecht, Boston, London: Kluwer Academic.

Filler, A. (2011). *Elementare Lineare Algebra – Linearisieren und Koordinatisieren*. Heidelberg: Springer Spektrum.

Fischer, A. (2006). *Vorstellungen zur linearen Algebra: Konstruktionsprozesse und -ergebnisse von Studierenden*. Dissertation Dortmund. https://eldorado.tu-dortmund.de/handle/2003/22202. Zugegriffen: 14. Mai 2017.

Floer, J., & Schipper, W. (1992). Zauberquadrate und Zahlenspinnen. Weitere Beispiele für entdeckendes Üben. Klasse 2–4. *Die Grundschulzeitschrift, 51*, 59–67.

Jaworski, B., Treffert-Thomas, S., & Bartsch, T. (2011). Linear algebra with a didactical focus. *Nieuwe Archief voor Wiskunde*. www.nieuwarchief.nl/serie5/pdf/naw5-2011-12-4-265.pdf. Zugegriffen: 26. Aug. 2014.

Käpnick, F. (2001). *Mathe für kleine Asse (Klassen 1 und 2)*. Berlin: Cornelsen.

Klein, F. (1924). *Elementarmathematik vom höheren Standpunkte*. Bd. 1. Berlin: Springer.

Motzer, R. (2013). *Magische Quadrate von der 1. Klasse bis zur linearen Algebra. Beiträge zum Mathematikunterricht*. Vorträge auf der 47. Tagung für Didaktik der Mathematik. (S. 672–675). www.mathematik.uni-dortmund.de/ieem/bzmu2013/Einzelvortraege/BzMU13-Motzer.pdf. Gesehen 09.04.2017.

Müller, G. N., Steinbring, H., & Wittmann, E. C. (Hrsg.). (2004). *Arithmetik als Prozess*. Seelze: Klett.

Schülke, C. (2013). *Mathematische Reflexion in der Interaktion von Grundschulkindern, Theoretische Grundlegung und empirisch interpretative Evaluation*. Münster: Waxmann.

Schwarz, B., & Herrmann, P. (2015). Bezüge zwischen Schulmathematik und Linearer Algebra in der hochschulischen Ausbildung angehender Mathematiklehrkräfte – Ergebnisse einer Dokumentenanalyse. *Mathematische Semesterberichte*, *62*(2), 195–217.

Staszewski, R., Strambach, K., & Völklein, H. (2009). *Lineare Algebra*. München: Oldenbourg.

Steinbring, H. (1995). Zahlen sind nicht nur zum Rechnen da! – Wie Kinder im Arithmetikunterricht strategisch-strukturelle Vorgehensweisen entwickeln. In G. N. Müller & E. C. Wittmann (Hrsg.), *Mit Kindern rechnen* (S. 225–239). Frankfurt am Main: Arbeitskreis Grundschule e. V..

Valls-Busch, B. (2004). Rechnen und Entdecken am Mal-Plus-Haus. *Die Grundschulzeitschrift*, *17*, 22–23.

Wittmann, E. C. (1985). Objekte – Operationen – Wirkungen: Das operative Prinzip in der Mathematikdidaktik. *Mathematik lehren*, *11*, 7–11.

Wittmann, E. C. (2003). Was ist Mathematik und welche pädagogische Bedeutung hat das wohlverstandene Fach auch für den Mathematikunterricht der Grundschule. In M. Baum & H. Wielpütz (Hrsg.), *Mathematik in der Grundschule – Ein Arbeitsbuch* (S. 18–41). Seelze: Kallmeyersche Verlagsbuchhandlung.

Wittmann, E. C., & Müller, N. (1992). *Handbuch produktiver Rechenübungen*. Bd. 2. Stuttgart: Klett.

Wittmann, E. C., & Müller, N. (2004). *Das Zahlenbuch, Mathematik im 2. Schuljahr*. Leipzig: Klett.

Wittmann, E. C., & Müller, N. (2005). *Das Zahlenbuch, Mathematik im 3. Schuljahr*. Leipzig: Klett.

Zur Stochastikausbildung im Primarstufenlehramt 3

Hans-Dieter Sill

Zusammenfassung

Der Beitrag beschäftigt sich mit einigen grundlegenden Problemen des Stochastikunterrichts in der Primarstufe. Es werden, soweit vorhanden, Module mit Inhalten aus der Stochastik an 14 ausgewählten lehrerbildenden Einrichtungen untersucht. Nach einer kritischen Betrachtung der KMK-Bildungsstandards zur Leitidee Daten und Zufall werden Besonderheiten des Stochastikunterrichts zusammengestellt. Anschließend werden Probleme diskutiert, die mit dem Zufallsbegriff zusammenhängen, insbesondere Probleme der Begriffe Zufallsexperiment, Zufallsversuch, Zufallsgerät und Zufallsgenerator. Im letzten Kapitel werden neue Vorschläge zur Verwendung und Entwicklung des Wahrscheinlichkeitsbegriffs unterbreitet.

3.1 Entstehung der Vorschläge

Die gemeinsame Kommission Lehrerbildung der Gesellschaften GDM, DMV, und MNU hat im Jahre 2008 Vorschläge für die fachliche und didaktische Ausbildung in den Lehrämtern für Grundschulen und weiterführende Schulen veröffentlicht. Diese Empfehlungen haben nach Einschätzung der Kommission in vielen Bundesländern und lehrerbildenden Einrichtungen Einfluss auf die Reformierung der Studiengänge gehabt. Auf Beratungen der Kommission in den Jahren 2011 und 2012 wurde über die Weiterentwicklung der Empfehlungen für den Grundschulbereich diskutiert. Im Mai 2012 beschloss die Kommission die Einrichtung einer Arbeitsgruppe zu diesem Zweck und empfahl als Handlungsfelder u. a. Erläuterungen zu den Empfehlungen im Sinne von Konkretisierun-

H.-D. Sill (✉)
Universität Rostock
Rostock, Deutschland
E-Mail: hans-dieter.sill@uni-rostock.de

© Springer Fachmedien Wiesbaden GmbH 2018
R. Möller und R. Vogel (Hrsg.), *Innovative Konzepte für die Grundschullehrerausbildung im Fach Mathematik*, Konzepte und Studien zur Hochschuldidaktik und Lehrerbildung Mathematik, https://doi.org/10.1007/978-3-658-10265-4_3

gen, einen Sammelband mit Best-Practice-Beispielen, Entwürfe für Prüfungsordnungen sowie die Ausrichtung einer Tagung. Als Mitglied der Arbeitsgruppe hat sich der Autor insbesondere mit der Ausbildung auf dem Gebiet der Stochastik (unter Stochastik wird die Zusammenfassung der Disziplinen Beschreibende Statistik, Explorative Datenanalyse, Wahrscheinlichkeitsrechnung und Mathematische Statistik verstanden) beschäftigt und dabei den Arbeitskreis Stochastik der GDM in die Entwicklung von curricularen Vorschlägen einbezogen.

Der Arbeitskreis hat in den Jahren 2001 und 2002 in Auswertung aller Pläne der Bundesländer einen Vorschlag für ein nationales Stochastikcurriculum für alle Schulstufen entwickelt (Arbeitskreis Stochastik der GDM 2003). Auf dieser Grundlage hat der Autor zusammen mit Rostocker Kollegen einen Vorschlag für Empfehlungen für Ziele und Inhalte der fachlichen Ausbildungen von Lehramtsstudierenden im Grundschulbereich erarbeitet, der auf den Empfehlungen des Arbeitskreises Stochastik für das Abschlussniveau in der Sekundarstufe I basiert. Dieser Vorschlag wurde auf zwei Arbeitskreissitzungen diskutiert, es gab dazu schriftlichen Stellungnahmen u. a. von Herrn Schupp und am 28.10.2012 beschloss der Arbeitskreis Stochastik die Annahme dieser Empfehlungen (s. Anhang).

3.2   Stochastikcurricula in der Lehrerbildung

Die Probleme in der Stochastikausbildung von Grundschullehrpersonen sind seit Langem bekannt. So stellen die Autoren eines Papiers zur Grundschullehrerausbildung für das Bildungsministerium in NRW im Jahre 1996 fest:

> Eine Sonderrolle spielt die Stochastik. Hier ist trotz aller Vorstellungen der Mathematikdidaktikerinnen und -didaktiker eine weitgehende faktische Abstinenz auf allen Schulstufen zu konstatieren, und bei den Studierenden sind insgesamt so gut wie keine Voraussetzungen vorhanden. ... Aber stochastisches Denken ist auch Teil der Allgemeinbildung, und seine Grundlagen sind in der Primarstufe zu legen bzw. zu pflegen. Daher benötigen Grundschullehramtsstudierende ein Mindestmaß an fachinhaltlichen (und fachdidaktischen) Kenntnissen in diesem Bereich (Bender et al. 1999, S. 308/309).

Eine ebenso kritische Situation bestand 1989 in den neuen Bundesländern. In der DDR gab es im Mathematikunterricht aller Schulstufen bis auf wenige Elemente der Beschreibenden Statistik keine stochastischen Inhalte und nur Lehrer für die Sekundarstufen erhielten eine fachliche stochastische Ausbildung und auch nur auf dem Gebiet der Wahrscheinlichkeitsrechnung.

Die Standards der gemeinsamen Kommission enthalten folgende Vorschläge für die Fachausbildung im Primarstufenbereich (s. Tab. 3.1).

Mit diesen Vorschlägen werden wesentliche Inhalte umrissen und es wird ein geeigneter Rahmen abgesteckt. Hervorzuheben ist aus meiner Sicht der weitgehende Verzicht auf abstrakte Begriffe, die Betonung inhaltlicher Aspekte durch die Forderungen nach Auswertungen, Interpretationen, Argumentationen und Modellierungsbetrachtungen, die

Tab. 3.1 Kompetenzen im Bereich Stochastik in den Standards der Lehrerbildung. (Empfehlungen von DMV et al. 2008, S. 8)

Bereiche	Die Studierenden
Beschreibende Statistik/ Datenanalyse	– planen statistische Erhebungen (Befragung, Beobachtung oder Experiment), führen sie durch und werten sie aus – lesen und erstellen grafische Darstellungen für uni- und bivariate Daten (z. B. Kreuztabelle) und bewerten deren Eignung für die jeweilige Fragestellung
	– bestimmen und verwenden uni- und bivariate Kennwerte (z. B. Mittelwerte, Streumaße, Korrelationen, Indexwerte) und interpretieren sie angemessen
Zufalls-modellierung	– modellieren mehrstufige Zufallsversuche durch endliche Ergebnismengen und nutzen geeignete Darstellungen (Baumdiagramm, Mehrfeldertafel)
	– unterscheiden Wahrscheinlichkeitsaspekte (frequentistisch, axiomatisch usw.) und beschreiben typische Verständnisschwierigkeiten im Umgang mit dem Zufallsbegriff – rechnen und argumentieren mit Wahrscheinlichkeiten
Neue Medien	– verwenden Tabellenkalkulation und statistische Software zur Darstellung und explorativen Analyse von Daten – simulieren Zufallsversuche computergestützt

Vorschläge zum Einsatz von Datensoftware sowie das Ausklammern kombinatorischer Elemente, die eine eigenständige Rolle Im Rahmen der Arithmetik spielen sollten.

Einige Formulierungen werfen allerdings Fragen auf, die einer genaueren Erläuterung und Diskussion bedürfen. Welche Mittelwerte, Streuungsmaße und Korrelationsmaße sind gemeint, was sind Probleme im Verständnis des Zufallsbegriffs oder was bedeutet Rechnen mit Wahrscheinlichkeiten? Mehrfeldertafeln sind ein Mittel der Beschreibenden Statistik und sollten anstelle von Kreuztabellen genannt werden. Es bleibt auch zu fragen, warum das Ermitteln von Erwartungswerten nicht aufgenommen wurde. Eine Bearbeitung und Konkretisierung der Empfehlungen halte ich auch angesichts der noch zu beschreibenden Probleme in der Grundschulliteratur für erforderlich.

Um einen Eindruck von der aktuellen Situation in der Lehrerbildung zu gewinnen, habe ich eine Stichprobe von Modulhandbüchern für die Grundschule an 14 lehrerbildenden Einrichtungen analysiert. Es handelt sich um folgende Einrichtungen: Uni Siegen, LMU München, PH Ludwigsburg, PH Heidelberg, PH Karlsruhe, Uni Regensburg, Uni Halle, TU Braunschweig, PH Weingarten, Uni Duisburg-Essen, Uni Koblenz-Landau, Uni Kassel, TU Dortmund, Uni Wuppertal. Die Auswahl erfolgte nach den Suchergebnissen von Google nach Eingabe von „Modulhandbuch Mathematik Grundschule". Es handelt sich also um keine zufällige Auswahl, aber es könnten die aktuellsten Curricula der Lehrerbildung sein. Ich habe nur die Fachmodule bzw. kombinierte Module Fachdidaktik untersucht und erhielt folgende Ergebnisse.

• In drei Einrichtungen gibt es keine Module oder Inhalte zur Stochastik.
• In sechs Einrichtungen sind Inhalte zur Stochastik in anderen Modulen enthalten, in vier allerdings nur in sehr geringem Maße.

• Ein Extramodul zur Stochastik gab es nur in fünf der 14 Einrichtungen im Umfang von 2 bis 4 SWS, teilweise in Kombination mit der fachdidaktischen Ausbildung.

An der Universität Rostock gibt es erst seit dem Studienjahr 2012/13 Inhalte zur Stochastik, und zwar im Rahmen des Moduls „Grundlagen des Mathematikunterrichts in der Grundschule 1" im 1. Semester. Von den sechs Leistungspunkten werden etwa drei dafür verwendet. In Rostock wird weiterhin ein Fortbildungskurs für Grundschullehrkräfte entwickelt, der seit dem Schuljahr 2012/13 jährlich in drei bis vier Kursen erprobt wird. Die Kurse laufen im Blended-Learning-Design mit vier ganztägigen Präsenzveranstaltungen und drei Arbeitsphasen über ein Schuljahr. Bei beiden Veranstaltungskonzepten wollten wir primär die fachlichen Grundlagen des Stochastikunterrichts sichern und sind dabei von den Empfehlungen des AK Stochastik ausgegangen. Es zeigte sich aber sehr bald, dass diese in der gegebenen Zeit im vollen Umfang nicht zu realisieren sind, da nur sehr wenige Vorkenntnisse bei den Studierenden und Lehrkräften vorhanden waren und große Probleme im fachlichen Verständnis selbst bei einfachen Fragen auftauchten. Als notwendig erwies sich insbesondere in der Lehrerfortbildung ein möglichst enger Bezug zur Umsetzung der fachlichen Inhalte in der Schule. Im genannten Grundlagenmodul der Lehrerausbildung ist dies aber nur in Ansätzen möglich. Als optimale Bedingung für die Lehrerausbildung erscheint mir deshalb eine Kombination von fachwissenschaftlicher und fachdidaktischer Ausbildung, wie sie an der TU Dortmund im Umfang von 6 LP konzipiert ist.

3.3   Stochastikunterricht in der Primarstufe

3.3.1   Stochastik in zentralen Planungsdokumenten

Wie die Analyse des Arbeitskreises Stochastik zu den im Schuljahr 2001/02 gültigen Lehrpläne für die Primarstufe in allen Bundesländern gezeigt hat, waren nur in acht Plänen Elemente der Beschreibenden Statistik und nur in zwei Plänen Elemente der Wahrscheinlichkeitsrechnung enthalten. Mit den Bildungsstandards für den Primarbereich von 2004 hat sich diese Situation grundlegend geändert. Eine Analyse aller Grundschullehrpläne der Bundesländer im Jahre 2012 (Kurtzmann und Sill 2012) ergab, dass alle Pläne Inhalte zur Beschreibenden Statistik und bis auf drei Bundesländer auch zur Wahrscheinlichkeitsrechnung enthalten, wobei zwei dieser drei Pläne noch vor Beschluss der Bildungsstandards in Kraft gesetzt wurden. Die Grundschullehrkräfte in allen Bundesländern stehen also vor der Aufgabe der Integrationen neuer Inhalte in den Unterricht, auf die sie in ihrer Ausbildung nur in wenigen Fällen vorbereitet wurden und teilweise heute noch nicht werden. Viele der Pläne lehnen sich eng an die Bildungsstandards an und enthalten damit auch die Probleme der Standards, auf die im Folgenden eingegangen werden soll.

Es gab bereits vor dem Beschluss der Bildungsstandards zahlreiche Vorschläge zur Aufnahme von stochastischen Inhalten in die Primarstufe (Engel 1966; Varga 1972; Heitele 1976; Winter 1976; Müller und Wittmann 1977; Lindenau und Schindler 1977; Fisch-

Tab. 3.2 Inhalte der KMK-Bildungsstandards für die Primarstufe zur Leitidee „Daten, Häufigkeit und Wahrscheinlichkeit". (KMK 2005)

Daten erfassen und darstellen	– in Beobachtungen, Untersuchungen und einfachen Experimenten Daten sammeln, strukturieren und in Tabellen, Schaubildern und Diagrammen darstellen – aus Tabellen, Schaubildern und Diagrammen Informationen entnehmen
Wahrscheinlichkeiten von Ereignissen in Zufallsexperimenten vergleichen	– Grundbegriffe kennen (z. B. sicher, unmöglich, wahrscheinlich) – Gewinnchancen bei einfachen Zufallsexperimenten (z. B. bei Würfelspielen) einschätzen

bein et al. 1978; Bohrisch und Mirwald 1988). So wurden Konzepte für geeignete Inhalte und die Gestaltung des Unterrichts entwickelt und teilweise erprobt. Müller und Wittmann haben 1977 ein Curriculum für die Primarstufe konzipiert und einleitend festgestellt:

> Nach dem Spiralprinzip ist es nicht sinnvoll, das Thema „Stochastik" bis in die Sekundarstufe aufzuschieben. Die Kinder sollen vielmehr bereits in der Grundschule Gelegenheit erhalten, sich mit stochastischen Phänomenen ihres Erfahrungsbereiches auseinanderzusetzen dabei intuitive Ideen zum Ordnen, Beschreiben und Erklären stochastischer Phänomene zu erwerben (Müller und Wittmann 1977, S. 237).

Der Entwicklung der aktuellen Bildungsstandards erfolgte in einer kleinen Gruppe aus je einem Vertreter eines Bundeslandes in einer vorgegebenen, sehr kurzen Zeit. Es wurden keine fachlichen oder fachdidaktischen Experten einbezogen und es gab auch keine Diskussion der Standards in der Lehrerschaft und der Fachdidaktik. So ist es nicht verwunderlich, dass die Standards eine Reihe von Problemen enthalten, die leider auch einen ungünstigen Einfluss auf die weitere Entwicklung in der Primarstufe genommen haben (siehe Tab. 3.2).

Die Probleme beginnen bei einigen begrifflichen Fragen. So bleibt offen, welche Rolle der Begriff „Häufigkeit" spielen soll, der in der Bezeichnung der Leitidee, aber nicht in den ihr zugeordneten inhaltsbezogenen Kompetenzen auftritt. Die Wörter „Diagramm" und „Schaubild" werden üblicherweise synonym verwendet. Die Wörter „sicher", „unmöglich" und „wahrscheinlich" sind für sich genommen keine Grundbegriffe der Wahrscheinlichkeitsrechnung. Die Beziehungen zwischen Wahrscheinlichkeit und Gewinnchancen bleiben unklar. Außerdem gehören die Begriffe „Ereignis" und „Zufallsexperiment" zur Ebene der theoretischen Modelle, die in der Primarstufe noch nicht erreicht werden kann. Auf einige der Probleme wird im Folgenden noch eingegangen.

Schwerwiegender ist aber, dass mit den Standards implizit eine einseitige Hervorhebung von Vorgängen im Glücksspielbereich erfolgt. Analysen von aktuellen Lehrbüchern, Unterrichtsmaterialien sowie Publikationen zur Fachdidaktik der Primarstufe bestätigen diese Vermutung. So ergab eine Analyse von 52 fachdidaktischen Publikationen, die nach 2004 erschienen sind, dass beim Arbeiten mit Wahrscheinlichkeiten bis auf sehr wenige Ausnahmen eine ausschließliche Beschränkung auf Vorgänge, bei denen Objekte geworfen, Glücksräder gedreht, Karten gezogen oder aus Behältern bzw. Beuteln Objekte zufällig ausgewählt werden.

Auch als eine Folge dieser einseitigen Ausrichtungen zeigten sich in der Literatur viele fachliche Überhöhungen, fehlende Bezüge zum Arbeiten mit Daten und leider auch viele fachlich bedenkliche Aussagen.

Eine Neubesinnung und Weiterentwicklung der Bildungsstandards ist aus meiner Sicht dringend erforderlich. Die aktuelle Entwicklung des Stochastikunterrichts weist Parallelen mit der Entwicklung des propädeutischen Geometrieunterrichts in der Primarstufe auf, der sich auch erst in einem längeren Prozess herausgeformt hat.

3.3.2 Besonderheiten eines Stochastikunterrichts

Nach Schupp (1979) sollte Stochastikunterricht in der Primarstufe durch folgende Leitprinzipien gekennzeichnet sein.

> Problem- und adressatenorientierte [...] Sequenzierung der Inhalte. Heranziehen praxisnaher Sachverhalte aus der Umwelt des Schülers. Möglichst frühe und intensive Verschränkung wahrscheinlichkeitstheoretischer und statistischer Betrachtungen (Schupp 1979, S. 300).

Davon ausgehend haben wir unseren Kurskonzepten folgende Prinzipien der Unterrichtsgestaltung zugrunde gelegt, die auf einer Sitzung des Arbeitskreises Stochastik der GDM vorgestellt wurden und Zustimmung fanden.

- Der Unterricht bewegt sich im Wesentlichen auf der Ebene der Phänomene, also realer Vorgänge.
- Es erfolgt keine explizite Formalisierung durch Begriffe bzw. Modelle wie Zufallsexperiment, Ereignis, Urne u. a. Es werden vor allem inhaltliche Vorstellungen und Prototypen zu wesentlichen Inhalten des Stochastikunterrichts in der Sekundarstufe I vermittelt.
- Das Wissen und Können im Anfertigen und Lesen grafischer Darstellungen wird vor allem im Rahmen des Sachrechnens und im Sachkundeunterricht gefestigt.
- Bei Betrachtungen zur Wahrscheinlichkeit von Ergebnissen werden neben Vorgängen aus dem Bereich der Glücksspiele vor allem Vorgänge in der Natur und dem Alltag untersucht.

Zu den inhaltlichen Besonderheiten des Stochastikunterrichts in der Primarstufe gehört, dass auch bei elementaren Sachverhalten oft sehr anspruchsvolle Aufgabenstellungen möglich sind, wie die folgenden Fragestellungen zeigen, die beim Würfeln mit einem Würfel auftreten können.

- Es wurde schon 10-mal nacheinander keine 6 geworfen. Ist beim 11. Wurf die Wahrscheinlichkeit für eine 6 größer als bisher, da ja alle Würfelergebnisse etwa gleich oft auftreten müssen? Dieses Problem hat in der Geschichte der Wahrscheinlichkeitsrechnung selbst Mathematikern Kopfzerbrechen bereitet. Aufgrund der Unabhängigkeit der einzelnen Würfe ist die Wahrscheinlichkeit für eine 6 auch beim 11. Wurf genauso groß wie vorher.

- Wie lange muss man im Durchschnitt auf die erste 6 warten, theoretisch könnte dies ja unendlich lange dauern? Zur Lösung des Problems kann der Erwartungswert einer geometrischen Verteilung berechnet werden, bei dem es sich um eine unendliche Reihe handelt, die den Grenzwert 6 hat. Im Durchschnitt ist jeder 6. Wurf also eine 6.

- Wie lange muss ich im Durchschnitt würfeln, bis alle Augenzahlen mindestens einmal aufgetreten sind? Der Erwartungswert für die mittlere Wurfzahl, der u. a. mit den Mittelwertregeln berechnet werden kann, beträgt 14,7.

- Nach 60 Würfen stellt man fest, dass man 19-mal eine 6 bekommen hat. Ist der Würfel in Ordnung? Zur Beantwortung dieser Frage muss ein Chi-Quadrat-Anpassungstest durchgeführt werden, aus dem sich ergibt, dass die Hypothese einer Gleichverteilung bei einer Irrtumswahrscheinlichkeit von 5 % nicht abgelehnt werden kann.

Die Beispiele zeigen, auf welche fachlichen Schwierigkeiten Grundschullehrkräfte stoßen können, wenn sie sich intensiver mit den Phänomenen rund um das in der Schule heute weit verbreitete Würfeln beschäftigen. Nicht nur aus diesem Grund sehen wir die aktuelle Dominanz der Glücksspielsituationen im Stochastikunterricht in der Primarstufe sehr kritisch und plädieren für andere Anwendungsbereiche zum Umgang mit Wahrscheinlichkeiten, die weiter unten vorgestellt werden.

Im Folgenden sollen eine Reihe von Problemen diskutiert werden, die in fachdidaktischer Literatur und in Schullehrbüchern der Primarstufe zu finden sind. Neben kritischen Bemerkungen werden auch konstruktive Vorschläge, allerdings oft nur in Ansätzen, unterbreitet. Die Ausführungen sollen zur Diskussion grundlegender Begriffe und Vorstellungen beitragen, die im Stochastikunterricht der Primarstufe ausgebildet werden sollten und damit Gegenstand der Lehreraus- und -fortbildung sein müssten.

3.4 Bemerkungen zu Problemen, die mit dem Zufallsbegriff verbunden sind

3.4.1 Zur Verwendung der Wörter „Zufall" und „zufällig" in der Umgangssprache und der Mathematik

In vielen Unterrichtsmaterialien und Publikationen zum Stochastikunterricht treten die Wörter „Zufall" bzw. „zufällig" einzeln oder in Wortkombinationen auf. So wird zum Beispiel oft gesagt, dass sich die Stochastik mit Zufallserscheinungen beschäftigt. Aufgrund der großen Vielfalt der Bedeutungen des Zufallsbegriffs im Alltag und auch in der

Mathematik, die im Folgenden angerissen werden sollen, ist seine Verwendung im Unterricht aber problematisch.

Die in der Umgangssprache auftretenden Bedeutungen gehören oft auch schon zum Sprachgebrauch von Schülerinnen und Schüler in der Primarstufe. Dabei geht es sowohl darum, was als Zufall bzw. zufällig bezeichnet wird, aber auch darum, was nicht als Zufall bzw. nicht als zufällig angesehen wird. Man kann u. a. folgende Bedeutungen unterscheiden.

1. Man spricht vom Zufall, wenn etwas eingetreten ist, das sehr selten vorkommt.
2. Man spricht vom Zufall, wenn etwas überraschend eingetreten ist, was nicht zu erwarten war.
3. Man spricht vom Zufall, wenn es mehrere Möglichkeiten gibt, die gleichwahrscheinlich sind.
4. Etwas, was man mit großer Wahrscheinlichkeit erwarten kann, wird nicht als zufällig bezeichnet.
5. Wenn etwas eingetreten ist, das man nicht vorhersehen konnte oder nicht beeinflussen kann, so wird es als zufällig bezeichnet.
6. Wenn etwas eingetreten ist, das man beeinflussen kann oder man Ursachen für das eingetretene Ergebnis kennt, wird es nicht als zufällig bezeichnet.

Zu den stochastischen Situationen, die im Unterricht betrachtet werden sollten, gehören z. B. der Weitsprung eines Schülers, das Schreiben einer Mathematikarbeit oder das Wachstum einer Kressepflanze. Bei diesen Situationen kann die Verwendung des Wortes „zufällig" aufgrund der genannten Bedeutungsvielfalt zu Vorstellungen führen, die nicht dem eigentlichen Sachverhalt entsprechen und ist deshalb nicht angebracht.

In der Mathematik treten die Wörter „Zufall" und „zufällig" bei den Fachbegriffen zufällige Auswahl, Zufallszahlen und Zufallsstichprobe auf, die auch Gegenstand des Mathematikunterrichts in der Sekundarstufe I sind. Die Verwendung dieser Begriffe entspricht den genannten umgangssprachlichen Verwendungen (3), (5) und (6).

3.4.2 Zur Verwendung von „Zufallsexperiment" bzw. „Zufallsversuch"

Die Begriffe „Zufallsexperiment" bzw. „Zufallsversuch" werden oft fälschlicherweise als Fachbegriffe der Wahrscheinlichkeitsrechnung angesehen. Sie sind aber zum theoretischen Aufbau dieser Wissenschaft nicht erforderlich und werden deshalb auch in vielen Fachbüchern nicht verwendet. Wenn dies trotzdem geschieht, handelt es sich um Begriffe auf der theoretischen Ebene, mit denen Vorgänge in zahlreichen Anwendungsbereichen, wie in der Medizin, der Landwirtschaft, der Technik, der Soziologie und weiterer Wissenschaften modellhaft erfasst werden sollen. In Schullehrbüchern, insbesondere in der Grundschule werden als Zufallsexperiment oder Zufallsversuch meist nur Beispiele aus dem Glücksspielbereich bezeichnet. Damit entsteht ein sehr einseitiges Bild bei den Lernenden, Stochastik heißt für viele, es wird gewürfelt.

Hinzu kommt, dass in der Regel keine Unterscheidung zwischen realen Vorgängen und ihrer mathematischen Modellierung erfolgt. Diese Vermischung von realem Vorgang und seiner modellhaften Beschreibung, die man auch oft in der Sekundarstufe I findet, ist kontraproduktiv für das Grundverständnis stochastischer Begriffe.

Gegen die Verwendung der Bezeichnung „Zufallsexperiment" spricht weiterhin, dass es sich dabei nicht um eine besondere Form eines Experimentes handelt. Der Begriff Experiment hat in den Naturwissenschaften einen klar umrissenen Inhalt. Experimente werden von Individuen geplant, durchgeführt und ausgewertet. Experimente dienen zur Überprüfung von wissenschaftlichen Hypothesen. Diese Eigenschaften haben Erscheinungen, die mit dem Begriff Zufallsexperiment bezeichnet werden, in der Regel nicht. In der Stochastik werden meist Vorgänge betrachtet, die man nicht als Experimente bezeichnen kann. Auch wenn die Kinder in der Grundschule noch nicht mit dem Wort Experiment vertraut sind, werden bei Verwendung des Wortes „Zufallsexperiment" fehlerhafte Vorstellungen für die künftige Entwicklung des Begriffes Experiment aufgebaut.

Und schließlich sprechen auch die zahlreichen und teilweise gegensätzlichen Bedeutungen des Wortes „Zufall" in der Umgangssprache gegen das Wort „Zufallsexperiment", da sie zu fehlerhaften Vorstellungen führen können.

Teilweise findet man in der Literatur eine Unterscheidung der Wörter „Zufallsversuch" (als ein einmaliger Vorgang) und „Zufallsexperiment" (als wiederholter Vorgang unter gleichen Bedingungen). Eine solche Unterscheidung ist in der fachwissenschaftlichen Literatur nicht üblich und in den Naturwissenschaften werden die Begriffe Versuch und Experiment in der Regel synonym verwendet.

Anstelle des Begriffs „Zufallsexperiment" sollte in der Primarstufe von Vorgängen mit mehreren möglichen Ergebnissen in Bezug auf ein Merkmal gesprochen werden. Dies ist ein Bestandteil einer Prozessbetrachtung stochastischer Erscheinungen, deren Kernelemente im Punkt 1 der Empfehlungen des Arbeitskreises Stochastik umrissen (s. Anhang) und ausführlich bei Sill (2010) dargestellt werden.

3.4.3 Zu den Wörtern „Zufallsgerät" und „Zufallsgenerator"

Der Begriff „Zufallsgerät", der ebenfalls kein Fachbegriff der Stochastik ist, wird in der Literatur meist für reale Dinge verwendet. Es werden dabei „symmetrische" Zufallsgeräte mit gleichwahrscheinlichen Ergebnissen wie Würfel, Münze, Glücksrad oder Urne und „asymmetrische" Zufallsgeräte mit nicht gleichwahrscheinlichen Ergebnissen unterschieden. Als asymmetrische Zufallsgeräte werden u. a. angegeben: Reißzwecken, Kronkorken, Quader und sogar auch Nutella-Brote. Analog zum Begriff „Zufallsexperiment" erfolgt bei den symmetrischen Zufallsgeräten meist keine Unterscheidung zwischen den realen Objekten und ihren gedanklichen Modellen. Bei einem realen Würfel sind die Augenzahlen keineswegs gleichwahrscheinlich, er kann vom Tisch fallen oder „auf Kippe" liegen.

Ich halte es für günstiger, nicht von „Zufallsgeräten" zu sprechen, wenn man die realen
Objekte meint. Man kann sie direkt als Würfel, Münze usw. bezeichnen oder als Ober-
begriff das Wort „Spielgeräte" verwenden. Wenn von einem Würfel als „Zufallsgerät"
gesprochen wird, sollte damit ein idealer Würfel gemeint sein, bei dem alle Seiten die
gleiche Wahrscheinlichkeit haben und beim Werfen stets genau eine Seite oben liegt.
Ein solcher idealer Würfel kann auch als Laplace-Würfel bezeichnet werden. Mit diesen
Sprechweisen ist eine bessere Verständigung im Unterricht möglich, wenn man Realität
und Modell unterscheiden will.

Oft werden die Begriffe „Zufallsgerät" und „Zufallsgenerator" synonym verwendet.
Dies ist aber nicht günstig, da der Begriff „Zufallsgenerator" in der Fachwissenschaft und
in Anwendungsgebieten als Abkürzung für Zufallszahlengenerator verwendet wird. Damit bezeichnet man Verfahren, mit denen Zufallszahlen erzeugt werden können. Man kann
physikalische Zufallszahlengeneratoren und auf mathematischen Algorithmen beruhen-
de Pseudozufallszahlengeneratoren unterscheiden. In dieser Bedeutung sollte der Begriff
„Zufallsgenerator" auch im Stochastikunterricht verwendet werden und gehört damit zum
Themenkreis der Simulation.

3.4.4   Zu den Begriffen „Ereignis" und „zufälliges Ereignis"

In Unterrichtsvorschlägen wird teilweise das Ziel verfolgt, Schülern die Begriffe Ergebnis,
Ergebnismenge und Ereignis zu vermitteln. In der Fachwissenschaft wird zum axiomatischen Aufbau der Wahrscheinlichkeitsrechnung ein nicht definierbarer Grundbegriff benötigt, der eine Verallgemeinerung der in der Realität vorhandenen möglichen Ergebnisse
eines Vorgangs bzw. der Menge dieser Ergebnisse darstellt. Dazu gibt es in der Fachliteratur unterschiedliche Bezeichnungen, wie Ergebnis, zufälliges Ereignis, Elementarereignis
oder atomares Ereignis. Man kann also zunächst feststellen, dass die Wörter „Ergebnis" und „Ereignis" in der Fachwissenschaft nicht einheitlich verwendet und auch nicht
explizit definiert werden. Die Menge aller Ergebnisse (oder zufälligen Ereignisse, Elemen-
tarereignisse, ...), die alternativ zur Bezeichnung der Ergebnisse als nicht definierbarer
Grundbegriff angesehen werden kann, wird z. B. Ergebnismenge, Menge der Elementa-
rereignisse, Ereignisraum, Grundmenge oder Grundraum genannt. Im weiteren Aufbau
der Theorie wird dann eine Menge von Teilmengen der Ergebnismenge (Ereignisraum,
Grundmenge, ...) mit einer bestimmten Struktur gebildet und z. B. als Ereignisfeld oder
Ereignisalgebra bezeichnet. Im Fall endlicher oder abzählbar unendlicher Ergebnismengen wird die Menge aller Teilmengen (die Potenzmenge) der Ergebnismenge verwendet.
Ein Element des Ereignisfeldes wird dann meist als Ereignis oder zufälliges Ereignis bezeichnet.

Im Zusammenhang mit den Begriffen „Ergebnis" und „Ereignis" findet man in der
Literatur teilweise unübliche und missverständliche Formulierungen wie etwa: „Ein Ereignis tritt ein, wenn der Ausgang des Versuchs die Bedingungen des Ereignisses erfüllt."
oder „Die Kinder sollen erfahren und erkennen, dass es zufällige Ereignisse gibt, deren

Ausgang nicht angegeben werden kann ... " Mit diesen unüblichen Formulierungen wird der Unterschied von dem was abläuft (der Vorgang) und dem was nach Ablauf des Vorgangs eingetreten ist (das Ergebnis) nicht deutlich. Auch solche Wortschöpfungen wie „Zufallsergebnis" oder „Ergebnisse zufälliger Ereignisse" sind nicht sinnvoll.

Unter dem Wort „Ereignis" wird heute allgemein ein besonderer, nicht alltäglicher Vorgang, ein Vorfall oder ein Geschehnis verstanden. Deshalb kann es zu Verständnisschwierigkeiten kommen, wenn im Stochastikunterricht von „Ereignissen" für ganz alltägliche Vorkommnisse wie das Ergebnis von Münzwürfen gesprochen wird.

Aus all diesen Gründen sollte im Stochastikunterricht der Primarstufe auf den Fachbegriff „Ereignis" verzichtet und nur von „Ergebnissen" gesprochen werden. Bei einer Prozessbetrachtung werden mögliche Ergebnisse eines Vorgangs immer nur in Bezug auf ein interessierendes Merkmal angegeben. So kann z. B. beim Werfen eines Würfels das Merkmal betrachtet werden, dass eine gerade Zahl gewürfelt wird. Die dazugehörigen Ergebnisse lauten dann „Es wurde eine gerade Zahl gewürfelt" und „Es wurde keine gerade Zahl gewürfelt".

3.5 Bemerkungen zu Problemen, die mit dem Wahrscheinlichkeitsbegriff verbunden sind

3.5.1 Zu den Wörtern „unmöglich" und „sicher"

Wie schon in den Bildungsstandards werden die Wörter „unmöglich", und „sicher" (für sich genommen) in fälschlicher Weise als Grundbegriffe der Stochastik bezeichnet. In der Fachwissenschaft gibt es lediglich die Begriffe unmögliches Ereignis bzw. sicheres Ereignis für Ereignisse mit der Wahrscheinlichkeit 0 bzw. 1. Ein Ereignis mit der Wahrscheinlichkeit 0 ist dabei nicht unmöglich, sondern kann durchaus eintreten. Ein Beispiel ist, dass beim Drehen eines Glücksrades der Zeiger genau auf der Grenze zwischen zwei Feldern zu stehen kommt. Solche Betrachtungen, in denen es um überabzählbare Ergebnismengen geht, in diesem Fall um geometrische Wahrscheinlichkeiten, können kein Gegenstand des Primarstufenunterrichts sein. Die Wörter „unmöglich" und „sicher" sollten immer im Zusammenhang mit der Beschreibung der Wahrscheinlichkeit von möglichen Ergebnissen eines Vorgangs verwendet werden.

Teilweise wird das Wort „sicher" mit „wahr" und das Wort „unmöglich" mit „falsch" interpretiert. Neben wahren und falschen Aussagen gäbe es Aussagen, deren Wahrheitsgehalt man noch nicht einschätzen kann, welche aber mit einer gewissen Wahrscheinlichkeit jedoch zu wahren Aussagen werden können. Diese Konnotationen der Wörter sind nicht sinnvoll, da zum Beispiel auch die Aussagen „Das Ergebnis ist unmöglich" oder „Die Chancen für das Ergebnis stehen 1 : 1." wahr sein können.

In der gesichteten Literatur wurden oft nicht die durchaus möglichen Abstufungen der adverbialen Bestimmungen „unmöglich" bzw. „sicher" betrachtet. Es ist durchaus sinnvoll, bereits in der Grundschule entsprechend dem üblichen Sprachgebrauch der Kinder

z. B. davon zu sprechen, dass ein Ergebnis ziemlich sicher, fast sicher, sehr sicher oder ganz sicher ist. Analog kann ein Ergebnis auch fast unmöglich oder völlig unmöglich sein.

3.5.2   Zur Ausbildung des Begriffs „Wahrscheinlichkeit"

Zu den Wörtern „wahrscheinlich" und „Wahrscheinlichkeit"
Das Wort „wahrscheinlich" ist kein Fachbegriff der Wahrscheinlichkeitsrechnung. Man spricht nicht davon, dass ein Ereignis wahrscheinlich ist, sondern dass es eine bestimmte Wahrscheinlichkeit hat. In der Umgangssprache wird das Wort „wahrscheinlich" in der Bedeutung von „mit ziemlicher Sicherheit", also im Sinne von „sehr wahrscheinlich" verwendet (Ich werde wahrscheinlich morgen kommen heißt, dass ich ziemlich sicher morgen komme.). Deshalb ist es fachlich und umgangssprachlich nicht korrekt, wenn auf einer Wahrscheinlichkeitsskala alle Wahrscheinlichkeiten zwischen 0 und 1 mit dem Wort „wahrscheinlich" verbalisiert werden. Wenn erste Aussagen zur Wahrscheinlichkeit von Ergebnissen formuliert werden, sollte aber an die umgangssprachliche Bedeutung von „wahrscheinlich" durchaus angeknüpft werden, um die mathematischen Bedeutungen in die vorhandenen Vorstellungen und sprachlichen Formulierungen im Alltag einzubetten.

Das Wort „Wahrscheinlichkeit" ist nach unseren Erfahrungen auch bereits im Sprachgebrauch einiger Kinder enthalten. Sie können durchaus mit der Formulierung etwas anfangen, dass eine Wahrscheinlichkeit groß oder klein ist. Aus fachlicher Sicht ist der Begriff Wahrscheinlichkeit ein Grundbegriff im axiomatischen Aufbau der Wahrscheinlichkeitsrechnung. Das bedeutet, dass er nicht mit mathematischen Mitteln definiert werden kann. Um bei den Schülern einen Wahrscheinlichkeitsbegriff auszubilden, der mit seinen Bedeutungen und Anwendungen in den Wissenschaften vereinbar ist, muss ein längerer Entwicklungsprozess über mehrere Phasen konzipiert werden.

Ziel des Entwicklungsprozesses ist es, ein umfangreiches Netz von Gedanken und Vorstellungen zum Wahrscheinlichkeitsbegriff auszubilden. Dazu sind unterschiedliche Formulierungen und Kontexte erforderlich. In der Primarstufe sollten keine Formulierungen und Gedankengänge verwendet werden, die mit denen in späteren Entwicklungsphasen nicht verträglich sind.

Ein in der Grundschulliteratur häufig auftretender Begriff ist der der Eintrittswahrscheinlichkeit, der oft synonym zum Begriff „Wahrscheinlichkeit" verwendet wird. Obwohl als Kurzfassung für die Formulierung „Wahrscheinlichkeit des Eintretens eines Ergebnisses" der Begriff Eintrittswahrscheinlichkeit durchaus naheliegend ist, sollte er aus folgenden Gründen trotzdem vermieden werden. Es handelt sich um keinen Fachbegriff und auch in der Sekundarstufe wird dieser Begriff in der Regel nicht verwendet. Aus inhaltlicher Sicht geht es in der Stochastik nicht nur um die Wahrscheinlichkeit für das Eintreten eines (künftigen) Ereignisses, sondern auch um die Wahrscheinlichkeit für ein bereits eingetretenes Ereignis.

Die Wahrscheinlichkeit für ein künftiges Ereignis kann aus Sicht einer Person als Grad der Sicherheit interpretiert werden, mit der die Person das Eintreten des Ereignisses erwarten kann. Dies ist sicher gemeint, wenn von „Eintrittserwartung eines Ereignisses" gesprochen wird, aber auch dies sollte nicht verabsolutiert werden. Wahrscheinlichkeiten existieren auch objektiv, das heißt unabhängig von der Einschätzung einer Person.

Wahrscheinlichkeitsaussagen als Vorhersagen künftiger Ergebnisse
Die Interpretation einer Wahrscheinlichkeit als subjektives Erwartungsgefühl für das Eintreten eines möglichen Ergebnisses beim künftigen Verlauf eines Vorgangs kann der Ausgangspunkt für die Entwicklung des Wahrscheinlichkeitsbegriffs beim Kinde sein. Als Vorgänge aus der Erfahrungswelt von Schülerinnen und Schülern, bei denen sinnvolle Vorhersagen künftiger Ergebnisse möglich wären, sind u. a. die Wetterentwicklung, Vorgänge im persönlichen Leben oder in der Klasse geeignet. Mögliche Aufgabenstellungen für Vorhersagen mit Wahrscheinlichkeitscharakter sind:

• Welches Wetter werden wir wahrscheinlich morgen haben?
• Wie lange brauchst du heute wahrscheinlich für deine Hausaufgaben?
• Wie viele Kinder werden morgen wahrscheinlich in der Klasse sein?

Dabei sollte dann herausgestellt werden, dass „wahrscheinlich" gleichbedeutend zu „sehr wahrwahrscheinlich" ist. Die Vorhersagen der Kinder hängen von den Informationen und Kenntnissen ab, die sie zu den betreffenden Vorgängen haben. Wenn zum Beispiel ein Kind den Wetterbericht gehört hat, kann es genau nur Vorhersagen für das morgige Wetter machen. Bei der Prognose der benötigten Zeit für die Hausaufgaben hat die Fähigkeit zur Selbsteinschätzung und zur Einschätzung der Anforderung der Aufgaben Einfluss auf die genannte Zeit, die das Kind für am wahrscheinlichsten hält. Auch bei der Vorhersage der wahrscheinlichen Anzahl der Kinder am nächsten Tag können Kenntnisse über einzelne Mitschüler die Antworten beeinflussen. Die Kinder können bei diesem Einstieg erleben, dass Vorhersagen meist unsicher sind, man dies mit dem Wort „wahrscheinlich" ausdrücken kann und man oft angeben kann, was die Wahrscheinlichkeit eines Ergebnisses beeinflusst.

Vergleichen der Wahrscheinlichkeit zweier Ergebnisse
Nach dem Anknüpfen an die umgangssprachliche Verwendung des Wortes „wahrscheinlich" kann gefragt werden, welches von zwei möglichen Ergebnissen „wahrscheinlicher" ist. Damit wird in einer weiteren Phase der Ausbildung des Wahrscheinlichkeitsbegriffs sein komparativer Aspekt angesprochen. Zum Vergleich der Wahrscheinlichkeit von zwei Ergebnissen gibt es u. a. folgenden Möglichkeiten.

1. Vorstellen des künftigen Verlaufs eines Vorgangs, der den Schüler betrifft

Du machst einen Weitsprung. Was ist wahrscheinlicher?

A: Du kommst über 2 m.
B: Du kommst nicht über 2 m.

2. Anwenden von Kenntnissen aus dem Alltag

Alle Schüler singen ein Lied für dich. Was ist wahrscheinlicher?

A: Alle singen ein Geburtstagslied.
B: Alle singen ein Weihnachtslied.

3. Schlüsse aus Daten zum Umfeld der Schüler

Im Kunstunterricht der Klasse 2b wurde eine Umfrage zur Lieblingsfarbe in der Klasse gemacht, deren Ergebnisse den Schülerinnen und Schülern bekannt sind. Die Kunstlehrerin will der Mathelehrerin der Klasse 2b die Lieblingsfarbe der Schülerinnen und Schüler mitteilen. Welche Aussage von ihr ist wahrscheinlicher?

A: Die Lieblingsfarbe in der 2b ist rot.
B: Die Lieblingsfarbe in der 2b ist blau.

Verbale Schätzung von Wahrscheinlichkeiten
In einer nächsten Phase der Entwicklung des Wahrscheinlichkeitsbegriffs sollte man das Arbeiten mit einer Wahrscheinlichkeitsskala einführen. Spätestens an dieser Stelle muss das Wort „Wahrscheinlichkeit" im Unterricht verwendet werden. Durch das Arbeiten mit der Skala wird eine anschauliche und erweiterbare Vorstellung vom Wahrscheinlichkeitsbegriff ausgebildet. Dazu gibt es in der Literatur zahlreiche Vorschläge, die aber teilweise mit Problemen verbunden sind, die vor allem die Skalierung betreffen. Man findet folgende Vorschläge in der Literatur:

• Es wird als Begriff für das ganze (offene) Intervall die Bezeichnung „wahrscheinlich (möglich)" verwendet. Dies ist aufgrund der Bedeutungen des Wortes „wahrscheinlich" nicht sinnvoll.
• Für die Teilintervalle von größer 0 bis unter 0,5 und über 0,5 bis unter 1 werden die Bezeichnungen „weniger wahrscheinlich" und „eher wahrscheinlich" verwendet. Dies ist als erste Annäherung an qualitative Wahrscheinlichkeitsangaben durchaus geeignet.

- Es werden drei Teilintervalle mit den Bezeichnungen „wahrscheinlich", „unwahrscheinlich" und „möglich" verwendet. Dabei tritt das Problem auf, dass Ergebnisse, die wahrscheinlich oder unwahrscheinlich sind, auch als möglich bezeichnet werden können.
- Mit den verbalen Beschreibungen kleine, mittlere und große Wahrscheinlichkeit kann die Wahrscheinlichkeitsskala in annähernd drei gleich große eingeteilt werden.

Ein besonderes Problem ist die Bezeichnung des Mittelpunktes der Skala. Es ist in vielen Fällen sinnvoll, diesen Punkt zu beschriften, um die öfter auftretende Wahrscheinlichkeit $\frac{1}{2}$, etwa beim Wurf einer Münze, darstellen zu können. Zur Bezeichnung dieses Punktes sind Wörter wie „möglich" oder „wahrscheinlich" nicht geeignet, da sie ein bestimmtes Intervall angeben.

Eine Möglichkeit ist die Angabe der Chancen für das Ergebnis in der Form 1 : 1 oder, wie es auch durchaus üblich ist mit „fifty-fifty". Da viele Schülerinnen und Schüler bereits den Prozentbegriff aus dem Alltag kennen, ist auch eine Bezeichnung mit 50 % bzw. 50 %ige Wahrscheinlichkeit möglich. In Worten kann die Wahrscheinlichkeit auch so ausgedrückt werden: „Die Chancen für das Eintreten oder Nichteintreten des Ereignisses sind gleich groß."

Eine enaktive Darstellung einer Wahrscheinlichkeitsskala ist in einfacher Weise mit einem Schülerlineal möglich, das in vertikaler Lage gehalten wird und auf dem die Wahrscheinlichkeiten zum Beispiel mithilfe einer Wäscheklammer markiert werden. Zu einem schnellen Vergleich der Ergebnisse in der Klasse können die Lineale hochgehalten werden. Es sollte beachtet werden, dass die auf dem Lineal vorhandene Skala bei der Markierung von Wahrscheinlichkeiten nicht beachtet wird, da der Nullpunkt der Skala auf dem Lineal oft nicht am Anfang des Lineals beginnt und je nachdem wie das Lineal gehalten wird, die Zentimeterskala von unten nach oben oder von oben nach unten gehen kann. Deshalb ist es am besten, wenn man möglichst die Rückseite des Lineals verwendet, auf der keine Skala zu sehen ist. Günstig ist auch die Verwendung eines Pappstreifens anstelle des Lineals. Es hat sich bewährt, die Grenzfälle „unmöglich" und „sicher" dadurch zu kennzeichnen, dass die Klammer von unten bzw. von oben an dem Lineal bzw. dem Pappstreifen befestigt wird.

Für die zeichnerische Darstellung einer solchen Skala ist es günstig, eine Strecke in vertikaler Lage zu verwenden, auf der die Wahrscheinlichkeiten der Ergebnisse durch Striche gekennzeichnet werden. Die vertikale Lage der Strecke ist der horizontalen Lage vorzuziehen, da so auf die spätere Verwendung der y-Achse für die Angabe von Wahrscheinlichkeiten vorbereitet wird, wenn Wahrscheinlichkeitsverteilungen graphisch dargestellt werden. Ein weiterer Vorteil der senkrechten Darstellung ist, dass dann die Wahrscheinlichkeitsaussagen einfacher neben der Skala notiert werden können.

Mögliche Aufgaben zu Vorgängen aus dem Alltag der Schüler sind:

- Wie wahrscheinlich ist es, dass du heute ein Brot in einem Bäckergeschäft bekommst?
- Wie wahrscheinlich ist es, dass ein Kind unserer Schule im Dezember Weihnachten feiert?

Wahrscheinlichkeiten unbekannter Zustände

Es gibt in der Fachwissenschaft zwei gegensätzliche Auffassungen zu inhaltlichen Aspekten des Wahrscheinlichkeitsbegriffs. Nach der sogenannten klassischen oder objektiven Auffassung hat die Angabe von Wahrscheinlichkeiten nur Sinn bei (zumindest theoretisch) beliebig oft wiederholbaren Vorgängen. Wahrscheinlichkeit wird als ein Häufigkeitsmaß aufgefasst. Für Vorgänge, die in einer bestimmten Form nur einmal ablaufen können, wie ein Fußballspiel oder ein Pferderennen mache es keinen Sinn von Wahrscheinlichkeiten zu sprechen. Auch eine Vermutung oder eine Hypothese besitzt keine Wahrscheinlichkeit, sie ist entweder wahr oder falsch.

Im Gegensatz dazu sind die Anhänger einer anderen Auffassung, die auch als bayesianisch bezeichnet wird, der Meinung, dass es sinnvoll ist, auch bei einmaligen Vorgängen und bei Vermutungen über einen unbekannten Zustand von der Wahrscheinlichkeit eines Ergebnisses oder Zustandes zu sprechen. Die Bezeichnung bayesianisch bezieht sich auf Thomas Bayes (1701–1761) den Namensgeber des Satzes von Bayes, der eine zentrale Rolle in dieser Wahrscheinlichkeitsauffassung spielt.

Beispiel

Wenn ein Kind Fieber bekommt, so ist das ein Zeichen für eine Erkrankung, die aber zunächst meist unbekannt ist. Je nach den weiteren Symptomen sind für die Eltern bestimmte Erkrankungen mehr oder weniger wahrscheinlich. Eine größere Sicherheit über den Krankheitszustand ergibt sich erst nach Untersuchungen eines Arztes. Seine Diagnose sagt aus, welche Krankheit für ihn am wahrscheinlichsten ist.

Weitere Beispiele für diese stochastischen Situationen aus dem Lebensumfeld von Grundschülerinnen und Grundschülern sind die Suche nach dem Verursacher eines Schadens (Wer war das?), die Suche nach den Ursachen eines Defektes an einem Gerät (Woran kann das liegen?) oder auch Vermutungen über eingepackte Geschenke (Was könnte das wohl sein?). Solche Denkweisen sind bei vielen beruflichen Tätigkeiten von großer Bedeutung, wie beim Suchen der Täterin, des Täters durch eine Kriminalistin, einen Kriminalisten, beim Untersuchen eines defekten Autos oder eines PCs durch einen Monteur oder auch beim Suchen nach Ursachen für die überraschend schlechte Leistung einer Schülerin, eines Schülers in einer Arbeit durch eine Lehrperson.

Aus Sicht der Prozessbetrachtung sind beide Auffassungen je nach dem Kontext der Anwendung von Wahrscheinlichkeiten sinnvoll. Dazu kann man zwei Arten von Vorgängen unterscheiden. Zum einen sind es Vorgänge, die noch nicht angefangen haben bzw. deren Ablauf noch andauert, wie z. B. das Werfen eines Würfels, das Wachstum von Getreideähren, das Wetter oder die Entwicklung des Krankenstandes in der Klasse. Bei diesen Vorgängen existiert für alle möglichen Ergebnisse eine Wahrscheinlichkeit, die unabhängig von dem Menschen ist, der diese Vorgänge untersucht. Die Wahrscheinlichkeiten der Ergebnisse sind in vielen Fällen nicht bekannt. Sie können aufgrund von Erfahrungen geschätzt oder in Experimenten näherungsweise bestimmt werden. Diese subjektiven Schätzungen der oft unbekannten (objektiven) Wahrscheinlichkeit sind umso besser, je mehr Kenntnisse oder Informationen die Person über den Vorgang und seine Bedingungen hat.

Eine zweite Gruppe von Vorgängen bilden solche, die bereits abgelaufen sind (Die Würfel sind gefallen.), deren Ergebnisse (die Augenzahl, die Krankheit, die Täterin, der Täter) aber nicht oder nur teilweise bekannt sind. Der Mensch (die Schülerin, der Schüler, die Ärztin, der Arzt, die Kriminalistin, der Kriminalist), der das eingetretene aber unbekannte Ergebnis nach Ablauf des Vorgangs bestimmen möchte, kann bestimmte Vermutungen äußern. Es macht Sinn, diesen Vermutungen über das eingetretene Ergebnis eine bestimmte Wahrscheinlichkeit zuzuordnen, etwa wie sicher ist sich die Ärztin, der Arzt, dass die Krankheit K vorliegt. Diese Wahrscheinlichkeiten sind aber immer an den Kenntnis- und Informationsstand des betreffenden Menschen gebunden. Liegen ihm z. B. neue Informationen vor (bei einem Arzt etwa nach einer Blutuntersuchung), kann sich die Wahrscheinlichkeit seiner Vermutungen (Hypothesen über den unbekannten Zustand) ändern. Dies kann dann auch dazu führen, dass man sich sicher ist, welcher Zustand eingetreten ist.

Beispiel

Es gibt drei Behälter mit Kugeln. Im ersten Behälter sind nur weiße Kugeln, im zweiten Behälter sind nur rote Kugeln und im dritten Behälter ist die Hälfte der Kugeln rot und die andere Hälfte weiß. Aus einem der Behälter werden zwei Kugeln gezogen und dir gezeigt, du weißt aber nicht, aus welchem Behälter sie gezogen wurden. Schätze die Wahrscheinlichkeit, dass aus dem ersten Behälter, dem zweiten Behälter oder dem dritten Behälter gezogen wurde. Markiere deine Schätzung auf einer Wahrscheinlichkeitsskala.

a. Beide Kugeln sind weiß.
b. Beide Kugeln sind rot.
c. Eine Kugel ist weiß und die andere ist rot.

Im Fall a) und b) kann man jeweils einen Behälter ausschließen. Werden dann weitere Kugeln der gleichen Farbe gezogen, erhöht sich ständig die Wahrscheinlichkeit für einen Behälter mit Kugeln der gleichen Farbe. Sobald aber eine andere Farbe auftritt, kann es nur der dritte Behälter gewesen sein, was im Fall c) sofort feststeht.

Wahrscheinlichkeiten und Chancen

Anstelle von Wahrscheinlichkeit wird im Alltag auch oft von Chancen gesprochen. Zwischen beiden Begriffen gibt es enge Beziehungen. Wenn die Wahrscheinlichkeit für ein Ergebnis groß ist, sind auch die Chancen für das Eintreten dieses Ergebnisses groß und umgekehrt. In der Literatur, insbesondere auch in Schulbüchern werden diese Begriffe oft synonym verwendet, was aber fachlich nicht richtig ist. Dies ist bereits bei der Angabe der Wahrscheinlichkeit 0,5 durch die Chancen 1 : 1 (oder fifty-fifty) ersichtlich, das Verhältnis 1 : 1 ist nicht gleich 0,5. Chancen können deshalb auch nicht auf einer Wahrscheinlichkeitsskala dargestellt werden, wie es teilweise geschieht.

Unter den Chancen (engl. odds) eines Ereignisses A versteht man den Quotienten aus der Wahrscheinlichkeit für das Ereignis A und der Wahrscheinlichkeit des Gegenereignisses von A. Die Chancen eines Ereignisses A werden oft mit O(A) bezeichnet und es gilt:

$$O(A) = \frac{P(A)}{P(\overline{A})}.$$

Im Falle gleichwahrscheinlicher Ergebnisse sind die Chancen für ein Ereignis A das Verhältnis der Anzahl der für A günstigen zu den für A ungünstigen Möglichkeiten. Aus den Chancen als Verhältnis für eine Ergebnis A kann die Wahrscheinlichkeit von A berechnet werden und umgekehrt.

Beispiele

1. Beim Würfeln betragen die Chancen 1 : 5 für die Augenzahl 6 und 5 : 1 für keine 6.
2. Betragen die Chancen für ein Ergebnis A 3 : 5, so gilt für seine Wahrscheinlichkeit P(A) = 3/8.
3. Ist für ein Ergebnis A die Wahrscheinlichkeit P(A) = 5/8, so sind die Chancen für A gleich 5 : 3.

Strebt P(A) gegen 1, so strebt O(A) gegen unendlich. Strebt P(A) gegen 0, so strebt O(A) auch gegen 0. Ist O(A) = O(B), so ist auch P(A) = P(B).

Mit der Angabe von Chancen als Verhältnis kann im Stochastikunterricht in der Primarstufe die Wahrscheinlichkeit eines Ereignisses quantitativ charakterisiert werden, ohne dass dazu der Bruchbegriff benötigt wird. Es ist außerdem oft viel einfacher, das Verhältnis von günstigen zu ungünstigen Ergebnissen zu erkennen als das Verhältnis der günstigen Ergebnisse zu allen Ergebnissen.

Beispiele

1. Sind auf einem Glücksrad mit 8 gleichgroßen Feldern 3 rote und 5 grüne vorhanden und ist Rot die Gewinnfarbe, so kann ohne Verwendung von Brüchen festgestellt werden, dass die Chancen für einen Gewinn 3 : 5 stehen.
2. In einem Behälter liegen schwarze und weiße Kugeln. Wenn du eine weiße Kugel ziehst, gewinnst du. Aus welchem Behälter würdest du ziehen? Begründe deine Entscheidung. (Neubert 2012, S. 95 f.)

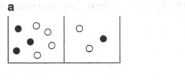 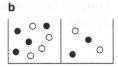

Behälter 1   Behälter 2   Behälter 1   Behälter 2

Chancen für eine weiße Kugel: Chancen für eine weiße Kugel:

   4 : 3   2 : 1   4 : 4   2 : 2

Bei der Aufgabe a) können folgende Überlegungen angestellt werden:

- Für Behälter 1 stehen die Chancen für das Ziehen einer weißen Kugel
  4 : 3, das ist nur etwas besser als 1 : 1 (fifty-fifty). Bei Behälter 2 sind die Chancen für
  das Ziehen einer weißen Kugel doppelt so groß wie für das Ziehen einer schwarzen
  Kugel. Also muss man Behälter 2 wählen.
- Bei Aufgabe b) ist erkennbar, dass die Chancen in beiden Fällen gleich groß sind.

3.6   Zusammenfassende Bemerkungen

Insgesamt ergibt sich, dass sowohl in der Lehrerbildung als auch in der Schule noch er-
hebliche Anstrengungen erforderlich sind, um eine gründliche und fundierte Aus- und
Fortbildung und einen sinnvollen Stochastikunterricht durchzuführen. Bevor weitere konkrete Aktivitäten und Unterrichtvorschläge entwickelt werden, sollte zunächst eine Phase
der Diskussion grundlegender Probleme erfolgen. Dabei muss man sich von dem in vieler Hinsicht problematischen Inhalt der Bildungsstandards lösen und ein neues fundiertes
Konzept für den Stochastikunterricht in der Primarstufe entwickeln, das dann Grundlage für eine Weiterschreibung der Bildungsstandards ist. Dabei kommt den Arbeitskreisen
Grundschule und Stochastik der GDM eine besondere Verantwortung zu. Ich rege eine gemeinsame Tagung von Mitgliedern dieser beiden Arbeitskreise zum Stochastikunterricht
in der Primarstufe an.

A   Anhang

Empfehlungen für die Stochastikausbildung von Lehrkräften an Grundschulen
(Empfehlungen des Arbeitskreises Stochastik der Gesellschaft für Didaktik der Mathematik, angenommen auf der Herbsttagung am 28.10.2012)

   Damit angehende Grundschullehrerinnen und Grundschullehrer sachkompetent Stochastik unterrichten lernen, hält es der Arbeitskreis Stochastik für erforderlich, dass in der
ersten Ausbildungsphase Studierende die folgenden fachbezogenen Kompetenzen erwerben können.

A.1   1. Kompetenzen im Erkennen und Analysieren von Erscheinungen mit Zufallscharakter

Die Studierenden

- kennen Kontexte und Bedeutungen der Verwendung des Zufallsbegriffs in der Umgangssprache und in der Mathematik,
- können Erscheinungen in der Natur, der Gesellschaft und dem Denken, in denen der Zufall eine Rolle spielt, erkennen und analysieren, indem sie folgende Überlegungen anstellen:
  1. Betrachtung eines einzelnen Vorgangs unter Verwendung folgender Fragen:
     a. Welcher Vorgang läuft ab?
     b. Welches Merkmal interessiert mich bzw. wird betrachtet?
     c. Welche Ergebnisse des Vorgangs sind bezüglich dieses Merkmals möglich? Welche Faktoren haben Einfluss auf das Eintreten der Ergebnisse?
  2. Betrachtung mehrfacher Wiederholungen des Vorgangs, dabei Gewinnen von Aussagen über die Häufigkeit bzw. die Wahrscheinlichkeit von Ergebnissen,
  3. Betrachtungen zu Zusammenhängen zwischen Einflussfaktoren und den Wahrscheinlichkeiten von Ergebnissen,
- können diese Überlegungen sowohl im Zusammenhang mit der Analyse von Daten als auch bei der Ermittlung und Interpretation von Wahrscheinlichkeiten anwenden.

A.2   2. Kompetenzen in der Planung, Durchführung und Auswertung statistischer Untersuchungen

Die Studierenden/die Lehrkräfte

- können Fragen stellen, die sich mithilfe von statistischen Untersuchungen beantworten lassen,
- beherrschen grundlegende Vorgehensweisen und bei der Planung einer statistischen Untersuchung, insbesondere kennen sie
- kennen Probleme der Auswahl einer Stichprobe und können eine solche in einfachen Fällen durch zufällige Auswahl gewinnen,
- kennen ausgewählte Probleme der Erstellung von Fragen und können zu einfachen Sachverhalten geeignete Fragen entwickeln,
- kennen exemplarisch mögliche Fehler bei der Planung von statistischen Untersuchungen,
- können sicher Strichlisten und Häufigkeitstabellen für eindimensionale Daten anfertigen sowie relative Häufigkeiten berechnen,
- kennen sicher folgende Möglichkeiten zur grafischen Darstellung von eindimensionalen Daten: Kreisdiagramm, Streckendiagramm (Stabdiagramm), Streifendiagramm

(Balken- oder Säulendiagramm), Liniendiagramm (Kurvendiagramm, Streckenzug, Polygonzug) und Bilddiagramm (Piktogramm),

- können angemessene grafische Darstellungen für Daten auswählen und erstellen, wobei sie auch geeignete Software verwenden,
- können vorliegende grafische Darstellungen lesen und interpretieren,
- kennen fehlerhafte grafische Darstellungen,
- können sicher das arithmetische Mittel einer Häufigkeitsverteilung bestimmen, interpretieren und dessen angemessene Verwendung beurteilen,
- verstehen qualitativ das Problem der Streuung, können sicher die Spannweite interpretieren und kennen exemplarisch weitere Streuungsmaße,
- kennen folgende Mittel und Methoden der Explorativen Datenanalyse und können sie in geeigneten einfachen Fällen sicher anwenden und mit den Mitteln und Methoden der klassischen beschreibenden Statistik vergleichen: Stamm-Blätter-Diagramm (Stängel-Blätter-Diagramm), Boxplot, Zentralwert (Median), Viertelwerte (Quartile), Vierteldifferenz,
- kennen exemplarisch Probleme der Gruppierung von Daten und können in einfachen Fällen eine Klassenbildung vornehmen, das arithmetische Mittel näherungsweise berechnen und Histogramme erstellen,
- können auf der Grundlage von Daten Schlussfolgerungen und Prognosen qualitativ herleiten und bewerten, insbesondere nach Beziehungen zwischen der Ausprägung der Bedingungen und der Verteilung der Daten suchen, begründete Vermutungen aufstellen, neue Fragen formulieren und dazu entsprechende neue Untersuchungen planen.

A.3   3. Kompetenzen in der Ermittlung und Interpretation von Wahrscheinlichkeiten

Die Studierenden/die Lehrkräfte

- haben sichere Kenntnisse zum komparativen Aspekt des Wahrscheinlichkeitsbegriffs und können sie in realen Sachkontexten anwenden,
- können Wahrscheinlichkeiten für wiederholbare reale Vorgänge in der Natur oder der Gesellschaft sicher interpretieren, insbesondere als Prognose für den Grad der Möglichkeit des Eintretens von Ergebnissen und als Prognose für erwartete Häufigkeiten bei mehrfacher Wiederholung des Vorgangs unter vergleichbaren Bedingungen,
- können exemplarisch die Verwendung von Wahrscheinlichkeiten als Grad der Sicherheit einer Person, die als Aussagen (Hypothesen) über einen eingetretenen aber unbekannten Zustand geäußert werden und die von den Kenntnissen der Person sowie von Informationen über den Zustand abhängen, interpretieren,
- können Beziehungen zwischen realen zufälligen Erscheinungen und dazu vorliegenden Daten (z. B. relative Häufigkeiten, arithmetisches Mittel) und Begriffen und Zusam-

menhängen auf der Modellebene (z. B. Zufallsexperiment, Ereignis, Wahrscheinlich-
keitsraum, Urne, Erwartungswert) herstellen,

- können den Erwartungswert bei einer vorliegenden Wahrscheinlichkeitsverteilung einer diskreten Zufallsgröße berechnen und sachbezogen interpretieren,
- können Berechnungen im Modell der Gleichwahrscheinlichkeit durchführen,
- können die Wahrscheinlichkeit bei zusammengesetzten (mehrstufigen) Vorgängen mithilfe von Baumdiagrammen und Pfadregeln berechnen, kennen den Begriff der stochastischen Unabhängigkeit von Ereignissen und können ihn interpretieren,
- erwerben ein inhaltliches Verständnis für den Begriff „bedingte Wahrscheinlichkeit",
- können mit simulierten erwarteten absoluten Häufigkeiten Wahrscheinlichkeiten, insbesondere bedingte Wahrscheinlichkeiten ermitteln und interpretieren,
- lernen exemplarisch Sachkontexte kennen, bei denen eine Simulation mithilfe von
Zufallszahlen sinnvoll ist und können Experimente mit Zufallsgeneratoren bzw. Zufallszahlen planen, durchführen und auswerten.

Literatur

Arbeitskreis Stochastik der GDM (2003). Empfehlungen zu Zielen und zur Gestaltung des Stochastikunterrichts. *Stochastik in der Schule*, *23*(3), 21–26.

Bender, P., Beyer, D., Brück-Binninger, U., Kowallek, R., Schmidt, S., Sorger, P., Wielpütz, H., &
Wittmann, E. Ch (1999). Überlegungen zur fachmathematischen Ausbildung der angehenden
Grundschullehrerinnen und -lehrer. *Journal für Mathematik-Didaktik*, *20*(4), 301–310.

Bohrisch, G. & Mirwald, E. (1988). *Zu Möglichkeiten des Einbeziehens von elementaren Aufgabenstellungen kombinatorischen oder stochastischen Charakters in die mathematische Bildung und
Erziehung der Schüler unterer Klassen*. Dissertation. Erfurt: Pädagogische Fakultät.

DMV, GDM, & MNU (2008). Standards für die Lehrerbildung im Fach Mathematik. *Mitteilungen
der Gesellschaft für Didaktik der Mathematik*, *85*, 4–14.

Engel, A. (1966). Propädeutische Wahrscheinlichkeitstheorie. *Der Mathematikunterricht*, *12*(4), 5–
20.

Fischbein, E., Pampu, J., & Minzat, I. (1978). Einführung in die Wahrscheinlichkeit auf der
Primärstufe. In H.-G. Steiner (Hrsg.), *Didaktik der Mathematik* (S. 140–160). Darmstadt: Wissenschaftliche Buchgesellschaft.

Heitele, D. (1976). *Didaktische Ansätze zum Stochastikunterricht in Grundschule und Förderstufe*.
Dissertation. Dortmund: Pädagogische Hochschule Ruhr.

KMK (Kultusministerkonferenz) (2005). *Bildungsstandards im Fach Mathematik für den Primarbereich (Jahrgangsstufe 4)*. Beschluss der Kultusministerkonferenz vom 15.10.2004. www.kmk.
org/fileadmin/Dateien/veroeffentlichungen_beschluesse/2004/2004_10_15-Bildungsstandards-
Mathe-Primar.pdf. Zugegriffen: 14. Mai 2017.

Kurtzmann, G., & Sill, H. D. (2012). Vorschläge zu Zielen und Inhalten stochastischer Bildung in
der Primarstufe sowie in der Aus- und Fortbildung von Lehrkräften. In M. Ludwig (Hrsg.),
Beiträge zum Mathematikunterricht 2012 (S. 1005–1008). Münster: WTM.

Lindenau, V., & Schindler, M. (1977). *Wahrscheinlichkeitsrechnung in der Primarstufe und Sekundarstufe I*. Bad Heilbrunn: Klinkhardt.

Müller, G., & Wittmann, E. C. (1977). *Der Mathematikunterricht in der Primarstufe. Ziele, Inhalte, Prinzipien, Beispiele* (3. Aufl.). Braunschweig: Vieweg.

Neubert, B. (2012). *Leitidee: Daten, Häufigkeit und Wahrscheinlichkeit* (1. Aufl.). Offenburg: Mildenberger, K.

Schupp, H. (1979). Stochastik in der Sekundarstufe I. In D. Volk (Hrsg.), *Kritische Stichwörter zum Mathematikunterricht* (S. 297–309). München: Fink.

Sill, H. D. (2010). Zur Modellierung zufälliger Erscheinungen. *Stochastik in der Schule, 30*(3), 2–13.

Varga, T. (1972). Logic and probability in the lower grades. *Educ Stud Math, 4*(3), 346–357.

Winter, H. (1976). Erfahrungen zur Stochastik in der Grundschule (Klasse 1–6). *Didaktik der Mathematik, 1*, 22–37.

Zum Erwerb, zur Messung und zur Förderung studentischen (Fach-)Wissens in der Vorlesung „Arithmetik für die Grundschule" – Ergebnisse aus dem KLIMAGS-Projekt

4

Jana Kolter, Werner Blum, Peter Bender, Rolf Biehler, Jürgen Haase, Reinhard Hochmuth und Stanislaw Schukajlow

Zusammenfassung

Kompetenzorientierte LehrInnovation im „MAthematikstudium für die GrundSchule" ist zugleich Name und Ziel im Projekt KLIMAGS. Im Projekt wurden u. a. Leistungstests zur Kompetenzerfassung im Bereich der Arithmetik entwickelt und eingesetzt. Im Zusammenspiel mit ergänzenden Befragungen kann nachgezeichnet werden, mit welchen Wissensständen zur Arithmetik Studierende an die Hochschule kommen, wie sich das Fachwissen im ersten Studienjahr entwickelt, welches Lernverhalten praktiziert wird und welche Aspekte offenbar besonders lernförderlich sind. In diesem Beitrag

J. Kolter (✉) · W. Blum
Universität Kassel
Kassel, Deutschland
E-Mail: jana.kolter@gmx.de

W. Blum
E-Mail: blum@mathematik.uni-kassel.de

P. Bender · R. Biehler · J. Haase
Universität Paderborn
Paderborn, Deutschland
E-Mail: bender@math.upb.de

R. Biehler
E-Mail: biehler@math.uni-paderborn.de

R. Hochmuth · S. Schukajlow
Universität Hannover
Hannover, Deutschland
E-Mail: hochmuth@idmp.uni-hannover.de

S. Schukajlow
E-Mail: schukajlow@uni-muenster.de

© Springer Fachmedien Wiesbaden GmbH 2018
R. Möller und R. Vogel (Hrsg.), *Innovative Konzepte für die Grundschullehrerausbildung im Fach Mathematik*, Konzepte und Studien zur Hochschuldidaktik und Lehrerbildung Mathematik, https://doi.org/10.1007/978-3-658-10265-4_4

möchten wir den in KLIMAGS eingesetzten Test vorstellen, Befunde bezüglich Lernverhalten, Lernerfolgen und ihren Bedingungen vorstellen und schließlich Schlüsse für
die Hochschullehre ziehen.

4.1 Mathematische Ausbildung von Lehrkräften

Das Professionswissen von Lehrkräften der Mathematik ist seit einigen Jahren im Fokus
mehrerer nationaler und internationaler Studien (insbesondere COACTIV, MT21, TEDS-
M, TEDS-FU). Dabei finden sich in verschiedenen Konzeptualisierungen unterschiedliche
Schwerpunktsetzungen und Ausschärfungen. Allen gemein ist (in Anlehnung an Shulman 1986; vgl. auch Bromme 1992), dass sie fachbezogenes Wissen als einen zentralen
Aspekt professioneller Lehrerkompetenz beschreiben. Die hohe Relevanz des fachbezogenen Wissens der Lehrperson für die Mathematikleistungen der unterrichteten Schülerinnen und Schüler wurde in COACTIV auch empirisch belegt (Kunter et al. 2011). Prediger
(2013) betont, dass es in der Universität nicht nur um das Erlernen der später zu ver-
mittelnden Stoffe gehen soll, sondern das Ziel der mathematischen Fachausbildung die
„Mathematische Fundierung didaktischen Handelns" (Prediger 2013, S. 153) einschließt.
Dieser in einer Diskussion um die Gymnasiallehrerausbildung formulierte Anspruch lässt
sich unserer Meinung nach direkt auf angehende Grundschullehrpersonen übertragen. Sie
setzen sich zwar mit vermeintlich einfacherem Stoff auseinander, vermitteln aber in den
ersten Schuljahren essentielle mathematische Grundlagen, auf denen die gesamte weitere Schullaufbahn der Lernenden fußt. Dass angehende Grundschullehrpersonen, die
Mathematik als Fach studieren, in Leistungstests signifikant schlechter abschneiden als
angehende Lehrpersonen anderer Schulformen – auch in „grundschulrelevanten" Inhaltsbereichen (Blömeke et al. 2010c; Döhrmann 2012), zeigt auch empirisch, dass diese Art
von Mathematik eben nicht „jeder kann" und dass im Bereich der Grundschullehrerbildung noch einiges verbessert werden kann und sollte.

Dozierende bemängeln immer wieder, dass Studierende mit zu geringen Mathema-
tikfachkenntnissen aus der Schule an die Hochschule kommen. Unter anderem hat dies
zu einer Fülle an Vor- und Brückenkursprogrammen geführt (für eine Zusammenfassung
siehe Bausch et al. 2014), die helfen sollen, Schulwissen „aufzufrischen", Lücken im
Stoff zu schließen und erste Erfahrungen mit der abstrakteren Umgehensweise mit der
Mathematik an Universitäten zu gewinnen. Diese Kurse sind häufig ein freiwilliges Angebot, sodass die Ausgangsleistungsstände zu Beginn eines Semesters von Jahr zu Jahr
und von Person zu Person sehr unterschiedlich sein können. Was den angehenden Grundschullehrpersonen vermittelt werden soll, liegt hauptsächlich in Händen der Universitäten,
die zwar an die Landesgesetzgebung gebunden sind, in diesem Rahmen aber viel Spiel-
raum für die Ausgestaltung des Curriculums und erst recht der einzelnen Veranstaltungen
haben. Verbindliche nationale Bildungsstandards wie für die Schule, in denen explizit in-
haltsbezogene und prozessbezogene Kompetenzen in verschiedenen Anforderungsniveaus
ausformuliert sind (KMK 2004, 2005a, 2005b, 2012; konkretisiert in Blum et al. 2006 für

die Sekundarstufe I bzw. in Walther et al. 2008 für die Grundschule) gibt es in dieser Form nicht. Die „Standards für die Lehrerbildung" (DMV et al. 2008) geben zwar umfangreiche Empfehlungen für Inhaltskataloge, die sich auf fachliche und fachdidaktische Aspekte beziehen, und greifen die prozessbezogenen Kompetenzen implizit auf, wenn z. B. vom Kennen verschiedener Darstellungsformen, vom Lösen von Problemen, vom Kennen und Verwenden von Argumentationsformen usw. für bestimmte Fachinhalte die Rede ist (DMV et al. 2008, S. 152). Sie explizieren die allgemeinen Kompetenzen aber nicht weiter und insbesondere nicht auf verschiedenen kognitiven Niveaus.

In Anlehnung an die Beschreibung der prozessbezogenen Kompetenzen in den Bildungsstandards (zurückgehend auf Niss 2003; auch verwendet bei PISA, z. B. OECD 2013) wurde in KLIMAGS ein Kompetenzraster für Lehrinhalte des Grundschulstudiums aufgestellt, beginnend mit dem Inhaltsbereich Arithmetik. Dieses Raster formuliert die sechs prozessbezogenen Kompetenzen in drei Anforderungsbereichen aus, die uns – auch in Hinblick auf das Berufsziel, Mathematik lehren zu wollen – für Studierende angemessen erscheinen. Das Ziel dieses Rasters ist es, eine effiziente Einschätzung bzgl. Kompetenzanforderungen von (Lern- und Test-) Aufgaben zu ermöglichen. Die wesentlichen Merkmale der Anforderungsniveaus sind (geringfügig abweichend je prozessbezogener Kompetenz):

- Niveau 0: Grundanforderungen, klientelspezifisch voraussetzbar (hier z. B. Verwenden von Standardsymbolen, Grundoperationen, Rechnen in $\mathbb{Z}$ sowie mit einfachen Brüchen, ...).
- Niveau 1: Routineverfahren/-wege oder Routineargumentationen wiedergeben oder anwenden.
- Niveau 2: mehrschrittige Verfahren/Argumentationen wiedergeben oder anwenden; Ansätze Dritter nachvollziehen und anwenden; Fehler in gegebenen Argumentationen oder Rechnungen identifizieren.
- Niveau 3: komplexe Strategien/Modelle/Wege finden und nutzen, Ansätze Dritter nachvollziehen, bewerten, Fehler identifizieren und ggf. korrigieren; Verfahren vergleichen; Inhalte oder Argumentationsstränge auf verschiedenen sprachlichen Niveaus formulieren; Vorgehensweisen verallgemeinern.

Eigentlich sollten auch Anfänger des Grundschulstudiums Aufgaben (mit dem Studiengang entsprechenden Inhalten) auf den Niveaus 0 bis 2 schon vor Aufnahme des Studiums allein mithilfe von Schulwissen lösen können. Aus Erfahrung wissen wir allerdings, dass dies recht häufig nicht der Fall ist. Weiter wird erwartet, dass nach Besuch einer entsprechenden Vorlesung und der Auseinandersetzung mit den entsprechenden mathematischen Inhalten auch Aufgaben auf den höheren Niveaus gelöst werden können.

4.2   Aspekte des Mathematiklernens an der Hochschule

4.2.1   Einstellungen zur Mathematik und zu deren Studium

Studierende kommen nicht als „tabulae rasae" an eine Hochschule, vielmehr sind sie durch schulische und alltägliche Erlebnisse geprägt. Sie haben von Beginn an Erwartungen und Ansichten, wie sie Mathematik einschätzen und wie gut sie sich darin fühlen. Diese individuellen Einstellungen bezüglich Mathematik wurden in verschiedenen Studien mit den erbrachten Mathematikleistungen in Bezug gesetzt. Da wir mit Pflichtfachstudierenden arbeiten (die sich zum Großteil auch als „nur" solche empfinden), möchten wir unsere Aufmerksamkeit im vorliegenden Beitrag der Ängstlichkeit bezüglich Mathematik, dem mathematischen Selbstkonzept und der Selbstwirksamkeitserwartung sowie dem fachbezogenen Interesse widmen.

Bei der mathematikbezogenen Ängstlichkeit fokussieren wir bewusst nicht auf Prüfungsangst, sondern auf eine Emotion, die „generelles Unwohlsein" gegenüber der Mathematik beschreibt: Die Vorstellung, Mathematik zu betreiben – oder wie in unserem Fall, betreiben zu müssen – löst innere Unruhe und Bedrücktheit aus; die Betroffenen fühlen sich verunsichert, sobald von ihnen eine Auseinandersetzung mit Mathematik verlangt wird, und stehen ihr aufgrund dieser Unsicherheit eher ablehnend gegenüber. Ma (1999) konnte in einer Metaanalyse mittlere Korrelationen zwischen solcher Ängstlichkeit und Mathematikleistungen nachweisen. Die kausale Richtung von Zusammenhängen zwischen Emotionen und Leistung, sowohl mathematikspezifisch wie unspezifisch, wird kontrovers diskutiert, die Befundlage ist uneindeutig und man vermutet Wechselwirkungen. Als unstrittig wird angesehen, dass Emotionen, in unserem Falle die Ängstlichkeit, „über ihre Wirkung auf Motivation, Problemlöseverhalten und den Einsatz kognitiver Ressourcen wiederum Einfluss auf individuelle Leistungen" nehmen (Götz et al. 2004).

Das Selbstkonzept drückt die Auffassungen einer Person über sich aus und ist multidimensional. Wir beschränken uns auf eine Facette des akademischen Selbstkonzepts, das mathematische Selbstkonzept, welches eine kognitiv-evaluierende („ich bin gut in Mathematik") und eine affektive Komponente („ich mag Mathematik") beinhaltet (zu einer ausführlichen Beschreibung des Selbstkonzeptkonstrukts siehe z. B. Möller und Trautwein 2009). Es zeigt sich in einer Metaanalyse zu Untersuchungen mit Schülerinnen und Schülern eine mittlere Korrelation (r = 0,43) mit Leistung (Hattie 2008). Bei Schülerinnen und Schülern der gymnasialen Oberstufe konnten Köller et al. (2006) nicht nur mittlere Korrelationen, sondern auch einen signifikanten Einfluss des mathematischen Selbstkonzepts (Ende Klasse 10) auf die spätere Mathematikleistung (Klasse 12) nachweisen.

Selbstwirksamkeitserwartung ist z. B. bei Schwarzer und Jerusalem (2002) definiert als die „subjektive Gewissheit, neue oder schwierige Anforderungssituationen auf Grund eigener Kompetenz bewältigen zu können" (Schwarzer und Jerusalem 2002, S. 35). Hierbei sind explizit Situationen gemeint, die nicht mit Routinen abzuarbeiten sind, sondern zum Beispiel „echte" Problemlöseprozesse. Selbstwirksamkeitserwartungen nehmen Einfluss auf das Lernverhalten (beispielsweise Erhöhung der Anstrengungsbereitschaft oder

der Selbstregulation) und haben, wenn auch eher geringe, Vorhersagekraft auf Leistungen (zusammenfassend Zimmermann 2000).

Interesse ist ein Teil der fachbezogenen Motivation. Wir orientieren uns hier an der Münchner Schule und begreifen es als eine „Person-Gegenstand-Relation" (Krapp 1992), in unserem Falle also somit als die Beziehung zwischen den einzelnen Studierenden und der Mathematik. In Untersuchungen mit Schülerinnen und Schülern zeigt Fachinteresse kleine bis mittlere Korrelationen mit Leistung, allerdings wirkt es häufig eher indirekt zum Beispiel durch Mediationsprozesse über Lernformen mit einem höheren Elaborationsgrad (Schiefele et al. 2003; für einen Überblick siehe Schukajlow und Krug 2014). Für die Übertragbarkeit dieses Befundes auf die Hochschulmathematik sprechen die Ergebnisse von Eilerts (2009), die mittlere Korrelationen zwischen fachbezogenem Interesse und Mathematikleistung bei Lehramtsstudierenden (aller Schulformen) feststellte, sowie von Kolter et al. (2015).

4.2.2 Lernverhalten

Der Begriffstaxonomie von Friedrich und Mandl (1992) folgend, konzentrieren wir uns im vorliegenden Beitrag auf ausgewählte Lernstrategien der kognitiven (hier: Elaborieren, Memorisieren und Organisieren) und der metakognitiven Ebene (hier: Überwachen und Anstrengen). Lernstrategien beschreiben das beim Lernen angewandte Vorgehen und stehen schon lange im Fokus der Lehr-Lern-Forschung. Dabei muss zwischen (theoretischem) Strategiewissen und (tatsächlicher) Strategienutzung unterschieden werden. Krapp (1993) betont, dass insbesondere das Auswählen und korrekte Anwenden adäquater Lernstrategien relevant für den Lernerfolg seien (vgl. auch Artelt 2006 sowie Rach und Heinze 2013). Diese Unterscheidung gilt es auch bei der Erhebung von Lernstrategien zu beachten. Effiziente „Massenbefragungsinstrumente", wie zum Beispiel die von uns eingesetzten Fragebögen, liefern Selbstberichte von Studierenden, so wie diese ihr Lernen wahrnehmen und einschätzen. Diese Angaben können z. T. abweichen von Einschätzungen unabhängiger Beobachter, die den tatsächlichen Strategieeinsatz möglichst objektiv zu beschreiben versuchen (zur generellen Schwierigkeit der Erhebung von Lernstrategien siehe Artelt 1999 oder Schukajlow und Leiss 2011).

Der Zusammenhang zwischen Leistung und Lernstrategien ist noch nicht eindeutig geklärt. Viele Studien an Schülerinnen und Schülern belegen einen positiven Zusammenhang, andere konstatieren nur schwache oder sogar negative Zusammenhänge (zusammenfassend Schukajlow und Leiss 2011). Für das Lernen an der Hochschule sind die Befunde einheitlicher: Rach und Heinze (2013) wiesen nach, dass Lernformen mit einem höheren Elaborationsgrad (hier konkret: Selbsterklärungen) positiven Einfluss auf die Mathematikleistung von Bachelor- bzw. Gymnasiallehramtsstudierenden haben. Eilerts (2009) zeigte, dass im Mathematikstudium für Lehrämter (über alle Schulformen) sowohl kognitive als auch metakognitive Lernstrategien mit Leistung korrelieren und dass der Einfluss der kognitiven Strategien in einer Regressionsanalyse signifikant wird ($\beta^2 = 0{,}13$, $p = 0{,}025$).

Eine genauere Unterteilung der kognitiven Lernstrategien wurde von ihr allerdings nicht vorgenommen.

Den Lernstrategien, insbesondere den verständnisorientierten, kommt in der Hochschule also eine große Bedeutung für das Lernen und den Lernerfolg zu. Vogel (2001) konnte in Fragebogenuntersuchungen keine Unterschiede zwischen den Lehramtsstudierenden verschiedener Schulformen finden. Im Rahmen einer Lerntagebuchstudie stellte sie allerdings fest, dass die Grundschullehramtskandidaten weniger aktive und elaborierte Lernformen und mehr Wiederholungs- und Organisationsstrategien einsetzen als Studierende des Realschullehramts.

4.3   Ziele des KLIMAGS-Projekts

KLIMAGS (Projektleiter: Peter Bender, Rolf Biehler, Werner Blum, Reinhard Hochmuth, Mitarbeiterinnen und Mitarbeiter: Jürgen Haase und Jana Kolter, assoziierter Wissenschaftler Stanislaw Schukajlow) ist ein Projekt im Rahmen des Kompetenzzentrums Hochschuldidaktik Mathematik (finanziert durch die Volkswagenstiftung, die Stiftung Mercator und die Universitäten Kassel, Paderborn und Lüneburg, www.khdm. de). Zentraler Inhalt des KLIMAGS-Projekts ist die Beforschung von Grundschullehramtsstudierenden während ihres ersten Studienjahres an den Universitäten in Kassel und Paderborn, speziell in den Fachveranstaltungen zur Geometrie und zur Arithmetik; auf letztere wird im vorliegenden Beitrag der Fokus gerichtet.

Die zentralen Fragestellungen des Projektes sind:

1. Welches fachbezogene Wissen bringen Studienanfänger des Grundschullehramts von der Schule mit?
2. Wie entwickelt sich das fachbezogene Wissen von Grundschulstudierenden im Verlauf der ersten Studiensemester?
3. Wie lässt sich der fachbezogene Kompetenzerwerb der Grundschulstudierenden effizient unterstützen?

Um Indizien für günstiges Lernverhalten auf Seiten der Studierenden herauszuarbeiten und um Möglichkeiten auf der Dozierendenseite für einen möglichst (noch) lernförderliche(re)n Lehrbetrieb auszuloten, wurde in KLIMAGS ein Mehrkohortendesign eingesetzt. Ein Studierendenjahrgang beider Universitäten wurde im Wesentlichen mit den „normalen", langjährig erprobten Veranstaltungen unterrichtet und in einem zweiten Studierendenjahrgang wurden neue Elemente implementiert. Diese betreffen zum einen die Organisation des Übungsbetriebs, auch mit einer besseren Qualifizierung der Tutoren (siehe dazu Haase et al. in diesem Band), und zum anderen die Integration metakognitiver Elemente und exemplarischer didaktischer Bezüge in die Vorlesung (Krawitz et al. 2014). Beide Kohorten nahmen zu mehreren Zeitpunkten im Studienverlauf an Erhebungen von Leistung, Einstellungen und Lernverhalten teil, sodass generelle Aussagen über Lernen von Studierenden und mögliche Prädiktoren für Lernerfolg getroffen und die Auswirkungen der Innovationen im Kohortenvergleich auf den verschiedenen Ebenen nachvollzogen werden können (genauere Informationen zum Forschungsdesign bei Haase et al. 2015).

Zentrale Ziele der Projektarbeit waren bzw. sind die ...

... Entwicklung eines Kompetenzrasters zur kompetenzorientierten Klassifizierung von Lernaufgaben und Testitems (siehe Abschn. 4.1),

... Entwicklung von kompetenzorientierten Testitems und schließlich von Leistungstests zur Messung des Fachwissens in der Arithmetik (siehe Abschn. 4.4) und in der Geometrie,

... Identifizierung günstiger oder hinderlicher Einstellungen und Verhaltensweisen der Studierenden (siehe Abschn. 4.6),

... Entwicklung und Implementierung von Lehrinnovationen (dies wird hier nicht thematisiert, siehe dazu u. a. den Tagungsbandbeitrag von Jürgen Haase et al. in diesem Band),

... Evaluierung der implementierten Innovationen in Bezug auf Umsetzbarkeit und Umsetzung (ebenfalls nicht hier angesprochen, siehe dazu z. B. Beitrag von Haase et al. in diesem Band) und in Bezug auf die Unterstützung studentischen Lernens (siehe dazu Krawitz et al. 2014).

4.4   Der KLIMAGS-Leistungstest Arithmetik

4.4.1   Anspruch und Vorgehen bei der Instrumentenentwicklung

Um Leistungsstände und Lernerfolge der Studierenden bezüglich der „Arithmetik in der Grundschule" feststellen zu können, haben wir im Projekt zunächst einen Leistungstest entwickelt. Dieser ist inhaltlich an den Themenschwerpunkten der beiden Vorlesungen (in Kassel „Arithmetik in der Grundschule" im ersten Semester; in Paderborn „Elemente der Arithmetik für die Grundschule" im zweiten Semester) ausgerichtet worden, enthält aber auch etliche Items, die aus der Schule (eigentlich) bekanntes arithmetisches Vorwissen abfragen. Mit „Fachsemester" bezeichnen wir das Semester, in dem die Arithmetikfachvorlesung gehört wird, mit „Folgesemester" das darauffolgende Semester, in dem andere Fach- und Didaktikveranstaltungen der Mathematik besucht werden.

Die inhaltlichen Schwerpunkte sind die Positionssysteme und darin neben der Zahldarstellung die Operationen und Teilbarkeitsregeln, Primzahlen, Teiler- und Vielfachenmengen, Relationen sowie die Zahlbereiche mit Bruchzahlen und ganzen Zahlen. Die Items wurden mehrheitlich für KLIMAGS neu entwickelt, einige Items bzw. Itemideen wurden aus den Instrumenten anderer Projekte (TEDS-M, vgl. Blömeke et al. 2010a, 2010b, und Learning Mathematics for Teaching (LMT), vgl. Arbor 2008) oder aus Schulbüchern adaptiert. Neben der inhaltlichen Ausfächerung ist uns eine kompetenzorientierte Messung der Leistungen der Studierenden ein großes Anliegen. Um ein Instrument zu schaffen, das im Sinne der prozessbezogenen Kompetenzen verschiedene Anforderungen an die

Studierenden stellt, wurden alle Items mithilfe der entwickelten hochschulspezifischen Kompetenzbeschreibungen in einem Expertenrating in ihren Anforderungsniveaus klassifiziert. In „unterbesetzten" Kompetenzbereichen wurden Items nachentwickelt.

Nach einer Präpilotierung und einem Pilotierungsdurchlauf mit vielen Parallelversionen von Itemideen wurden die Testitems (im offenen, halboffenen und geschlossenen Format) ausgewählt und Testhefte anhand von vier Auswahlkriterien zusammengestellt:

1. die empirischen Itemwerte nach Rasch-Modellierung aus der Pilotierung,
2. eine möglichst breite Abdeckung der prozessbezogenen Kompetenzen,
3. limitierte Testzeit (für Vor- und Nachtest je 40 min) und
4. inhaltliche Ausgewogenheit und eine gewisse „Fairness" bezüglich der Vortestitems: Natürlich muss ein gewisses Maß an bereichsspezifischem Vorwissen (und bereits vor dem Studium hergestellten Transferleistungen) erhoben werden, dennoch sind einige Vorlesungsinhalte von den Abiturienten nicht zu erwarten und sollten unseres Erachtens – um übermäßige Frustration zu vermeiden – im Vortest nicht abgefragt werden.

4.4.2 Kompetenzmessung im Leistungstest

Wie oben beschrieben, wurde bei der Zusammenstellung der Tests auf eine möglichst breite Abdeckung der sechs prozessbezogenen Kompetenzen, auch auf verschiedenen Niveaustufen, geachtet. An dieser Stelle möchten wir einige Phänomene kommentieren, die sich im Rahmen der Testkonstruktion gezeigt haben:

1. Bei nur wenigen Items findet sich eine Kompetenzanforderung im Modellieren. Dies liegt zum einen daran, dass der große Bereich der mathematischen Anwendungen in einer eigenen Veranstaltung zu einem späteren Zeitpunkt des Studiums behandelt wird und daher in der Arithmetikvorlesung eher eine Nebenrolle spielt (obgleich natürlich der nachgewiesenen Bedeutsamkeit von Realitätsbezügen beim Mathematiklernen in den Veranstaltungen Rechnung getragen wird). Zum anderen wird wegen der limitierten Testzeit auf den Einsatz von komplexeren realitätsbezogenen Testaufgaben verzichtet.
2. Bei vier Items wurde „keine" Kompetenzanforderung festgestellt. Hier handelt es sich um Items, die nur arithmetische Operationen (z. B. schriftliches Multiplizieren im Dezimalsystem) oder Grundwissen abfragen und die entweder als schon für das erste Anforderungsniveau zu elementar angesehen wurden (deren Erfassung uns wegen ihres Grundlagencharakters gleichwohl wichtig war) oder als reines Faktenwissen eingestuft wurden. Dieses ist zwar auch bedeutsam, aber nicht mit dem Konzept der prozessbezogenen Kompetenzen greifbar.
3. Bei vielen Items werden einige Kompetenzen auf dem „Niveau 0" klassifiziert, was aber nicht gleichzusetzen ist mit dem Nichtvorhandensein einer Kompetenzanforderung. Ähnlich wie in 2. haben wir bei vielen Items Bausteine aus dem Bereich des

Faktenwissens oder elementarer Operationen als Bearbeitungs- bzw. Lösungsbestand-
teile identifiziert, die zwar zu trivial sind, um eine „Würdigung" bei der Klassifizierung
der Kompetenzniveaus zu erhalten, die aber dennoch essentiell sind und zu einer Fehl-
lösung der Aufgabe führen können.

Spezifische Aussagen über die Leistungsstände der Studierenden in den einzelnen
Kompetenzbereichen lassen sich auf quantitativer Ebene anhand der Tests nicht treffen,
da für die Bearbeitung fast jedes Items mehrere prozessbezogene Kompetenzen benötigt
werden und somit eine trennscharfe Auswertung nicht möglich ist. Qualitative Analysen
legen nahe, dass in allen Kompetenzbereichen Schwierigkeiten auftreten und auch Leis-
tungssteigerungen während des ersten Studienjahres stattfinden (siehe Abschn. 4.6 sowie
Krämer und Bender 2013).

Der empirische Zusammenhang zwischen den a priori klassifizierten Kompetenzniveaus der Items (hier als Summe aller vergebenen Niveaustufen operationalisiert) und der
festgestellten Schwierigkeit (WLE-Parameter des Items nach Rasch-Skalierung) ist mit
einer bivariaten Korrelation von $r = 0{,}501$ ($p < 0{,}001$) signifikant gegeben. Daraus lässt
sich folgern, dass eine höhere Kompetenzanforderung auch tatsächlich mit einem höheren
Schwierigkeitsgrad der Aufgabe zusammenhängt; gleichzeitig kann dies als ein Hinweis
darauf verstanden werden, dass die Klassifizierung der Aufgaben nach Kompetenzniveaus
angemessen erfolgt ist.

4.4.3   Testdesign und Testgüte

Mit dem oben beschriebenen Vorgehen wurden insgesamt 52 Items ausgewählt, die zunächst auf Testblöcke aufgeteilt wurden:

- Vortestteil S1: 15 Items, die mit Schulwissen lösbar sind oder direkt daran anschließen
  und Vorwissen für die Themen der Vorlesung beinhalten.
- Nachtestteil S2: 15 Items, die entweder mit Schulwissen lösbar sind oder auf Inhal-
  te der Vorlesung zurückgreifen. Hier wurden auch Inhalte abgefragt, die wir für den
  Vortestteil als „unfair" eingestuft hatten, wie beispielsweise den Umgang mit nichtde-
  zimalen Positionssystemen.
- Zwei Rotationsblöcke A und B: Jeweils 11 Items, die sowohl Vorwissen im Sinne von
  S1 als auch einfachere Vorlesungsinhalte abtesten. Damit erfordern sie Kenntnisse und
  Fähigkeiten, die wir nur im Nachtest „sicher" erwarten können, die aber bereits im
  Vortest von einigen Studienanfängern durch besonderes Vorwissen oder durch Transferleistungen beherrscht werden können. Die beiden Testblöcke A und B sind so aus
  11 Itempaaren aus je zwei Parallelitems (i. d. R. Veränderung des Zahlenmaterials)
  zusammengestellt worden, dass sie in Inhalt und a priori klassifizierten Kompetenzanforderungen gleich sind.

Gegeben ist die folgende Menge von Kugeln:

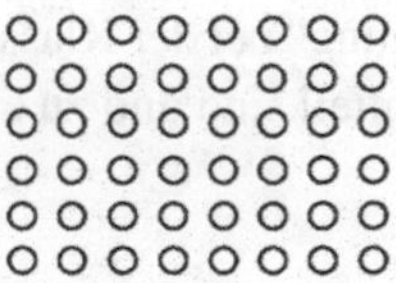

O O O O O O O O
O O O O O O O O
O O O O O O O O
O O O O O O O O
O O O O O O O O
O O O O O O O O

Bündeln Sie die Kugeln vollständig im 5er-System. Zeichnen Sie dazu alle
entsprechenden Bündel ein. Geben Sie anschließend die Anzahl der Kugeln im
Fünfersystem an.

Es sind (_____)$_5$ Kugeln.

Abb. 4.1 Beispielitem des Nachtests

Abb. 4.1 zeigt ein Beispielitem des Testteils S2, das also nur im Nachtest eingesetzt
wurde, um typische Vorlesungsinhalte zu überprüfen. Die Klassifizierung gemäß dem
Kompetenzraster ergibt hier eine Anforderung bzgl. „Darstellen" auf Niveau 2: Eine (für
die Studierenden nach der Vorlesung) bekannte Darstellung soll erzeugt und anschließend
in eine andere, ebenfalls bekannte Form der Zahldarstellung übersetzt werden. Zwar sind
beide Darstellungen für sich elementar, die erforderliche Übersetzungsleistung bewirkt
aber die Einstufung auf Niveau 2. Die anderen Kompetenzen werden auf Niveau 0 eingestuft, da es sich hier um direkt zugängliche Grundbegriffe („Bündeln") und -verfahren
(„Einzeichnen") handelt, die wohl schon seit der Grundschule bekannt sind, und da keine
weiteren Begründungen oder Erläuterungen gefordert sind.

Die vier Testteile sind in einem Rotationsdesign angeordnet, um eine gemeinsame Skalierung (Rasch-Skalierung mit ConQuest) beider Messzeitpunkte (MZP) zu ermöglichen
(siehe Abb. 4.2).

Nach den Auswertungen der ersten Testkohorte erreicht der Leistungstest Reliabilitäten
von 0,80 (WLE sowie EAP/PV). Die Interrater-Reliabilität wurde anhand von Zweitko-
dierungen an etwa einem Viertel der Testhefte bestimmt und liegt mit Cohens Kappa von
$\kappa \geq 0{,}76$ über alle Items im guten bis sehr guten Bereich. Am Ende des jeweiligen Folgesemesters haben die Studierenden einen weiteren Leistungstest zur Arithmetik bearbeitet,
mit dem die Nachhaltigkeit des Lernerfolgs aus dem Fachsemester festgestellt werden

Abb. 4.2 Testdesign

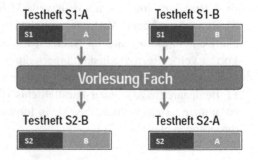

sollte. Neben der „reinen" Behaltensleistung spielen hier sicherlich auch die Einflüsse aus parallelen Veranstaltungen, insbesondere der „Didaktik der Arithmetik", eine Rolle. Der Follow-Up-Test besteht aus 12 Items, die identisch aus dem Vortest oder Nachtest übernommen wurden. Aus den Rotationsblöcken wurden keine Items wiederholt, sodass der zeitliche Abstand der letzten Bearbeitung für jedes Item für jede Testperson gleich war. Die Schätzung der Leistungsparameter erfolgte ebenfalls mit einer Raschskalierung, dafür wurden die empirischen Itemschwierigkeiten aus der gemeinsamen Skalierung des Vor- und Nachtests als Ankerwerte vorgegeben.

4.5 Untersuchungsdesign

4.5.1 Forschungsfragen

Der vorliegende Beitrag widmet sich im Wesentlichen der zweiten Leitfrage des KLI-MAGS-Projekts:

Wie entwickelt sich das fachbezogene Wissen (hier nur: Arithmetik) von Grundschulstudierenden im Verlauf der ersten Studiensemester?

Darunter verstehen wir zunächst die deskriptive Feststellung von Lernentwicklungen im Semester der Lehrveranstaltung zum Bereich Arithmetik und deren Nachhaltigkeit im Folgesemester. Dazu werden, ebenfalls auf der quantitativen Analyseebene, Zusammenhänge mit bzw. Einflüsse von bestimmtem Lernverhalten während des Semesters und Einstellungen gegenüber der Mathematik auf die Lernentwicklung betrachtet. Aus den theoretischen Ausführungen im zweiten Kapitel ergeben sich hierzu gewisse Erwartungen. So sollten positive Einstellungen und ein aktives, auf Verstehen ausgerichtetes Lernverhalten positiv mit Leistung zusammenhängen bzw. diese begünstigen, während bei eher negativen Einstellungen oder einem Lernverhalten, das auf Auswendiglernen ausgerichtet ist, eher negative Zusammenhänge zu vermuten sind. Ganz konkret möchten wir in diesem Beitrag die folgenden quantitativ ausgerichteten Forschungsfragen beantworten:

1. Wie entwickelt sich das Arithmetikfachwissen im Verlauf des Semesters, in dem die Vorlesung stattfindet, und wie nachhaltig sind dann die Lerneffekte? Welche Einstellungen zeigen die Studierenden zu verschiedenen Zeitpunkten im Studium in Bezug auf Mathematik ...
   1. ... und (wie stark) hängen diese mit Leistung zusammen?
   2. ... und können diese einen Varianzanteil der Leistungen bzw. der Leistungsveränderungen erklären?
2. Welches Lernverhalten zeigen die Studierenden im Fachsemester ...
   1. ... und (wie stark) hängt es kurz- und langfristig mit Leistung zusammen?
   2. ... und kann es einen Varianzanteil der Leistungen bzw. der Leistungsveränderungen erklären?

3. Welches Lernverhalten zeigen die Studierenden im Fachsemester . . .
    1. . . . und (wie stark) hängt es kurz- und langfristig mit Leistung zusammen?
    2. . . . und kann es einen Varianzanteil der Leistungen bzw. der Leistungsveränderungen erklären?

4.5.2 Rahmenbedingungen der Untersuchung

Die Untersuchung erstreckt sich über die beiden Standorte Kassel und Paderborn, woraus sich einige strukturelle Besonderheiten ergeben. In Kassel hören die Studierenden die „Arithmetik für die Grundschule" laut Regelstudienplan im ersten Semester. In Paderborn sind die „Elemente der Arithmetik für Grundschule" im zweiten Studiensemester vorgesehen. Die Studierenden haben in ihrem ersten Semester bereits die Fachvorlesung „Elemente der Geometrie" gehört und sind somit keine „Anfänger" mehr. In beiden Universitäten sind die Studierenden verpflichtet, in nicht unerheblichem Umfang die Mathematik und ihre Didaktik zu studieren, wenn sie sich für das Lehramt an Grundschulen immatrikulieren. Es gibt also eine ganze Reihe von „unfreiwilligen" Teilnehmerinnen und Teilnehmern. Beide Dozenten sind studierte Mathematiker, die seit Jahrzehnten in der Mathematikdidaktik arbeiten; sie lesen die jeweilige Veranstaltung bereits seit mehreren Jahren, haben Aufbau, Methodik und Vermittlung ihrer Arithmetiklehre „nach bestem Wissen und Gewissen" immer weiterentwickelt und optimiert. Ergebnis ist an beiden Standorten eine didaktisch aufbereitete Fachvorlesung, die durch eine an Lehr-Lern-Befunden orientierte Vermittlung der Inhalte (u. a. Versuch der permanenten kognitiven Aktivierung der Teilnehmerinnen und Teilnehmer, Gelegenheit zur Sinnkonstruktion, Arbeiten mit und an Grundvorstellungen) und durch einen engen Bezug auf das Berufsziel der Klientel, das Grundschullehramt, gekennzeichnet ist.

Die je zweistündige Vorlesung wird ergänzt durch den Übungsbetrieb aus Tutorien und häuslichen Übungsaufgaben, die kommentiert und im Tutorium besprochen werden. Ein Unterschied besteht in der Gestaltung der Selbstlernzeiten; während in Kassel eine wöchentliche Bearbeitung und Einzelabgabe häuslicher Übungsaufgaben verpflichtend und notwendige Voraussetzung für eine Klausurzulassung ist, ist die Aufgabenbearbeitung in Paderborn freiwillig. Die Bearbeitung der Forschungsfragen erfolgt standortübergreifend, da die unterschiedlichen Rahmenbedingungen zwar ggf. absolute Ausschläge einzelner Merkmale beeinflussen können (siehe dazu Haase et al. 2015), Auswirkungen auf die analysierten Zusammenhänge bzw. Wechselwirkungen zwischen den Konstrukten aber nicht zu erwarten sind.

4.5.3 Instrumente

Neben dem in Abschn. 4.4 ausführlich beschriebenen Leistungstest haben wir den Studierenden an jedem der drei Messzeitpunkte (Genaueres siehe unten) eine allgemeine

Tab. 4.1 Skalen und Reliabilitäten

Skala	Items	Beispielitem	
Ängstlichkeit in Bezug auf Mathematik (unveröffentlichte Skala aus dem PALMA-Projekt, dazu: Pekrun et al. 2004)	3	Wenn ich an das Mathe-Studium denke, bin ich beunruhigt.	>0,86
Mathematisches Selbstkonzept (in Anlehnung an Hoffmann et al. 1997)	3	Ich bin für Mathematik begabt.	>0,86
Selbstwirksamkeitserwartung in Bezug auf Mathematik (in Anlehnung an Schwarzer und Jerusalem 1999)	4	Ich bin überzeugt, dass ich mathematische Fertigkeiten, die gelehrt werden, beherrschen kann.	>0,78
Interesse an Mathematik (nach Rheinberg und Wendland 2000)	6	Ich mache für Mathe mehr, als für die Uni unbedingt nötig ist.	>0,72
Lernstrategie Elaborieren (alle Lernstrategieskalen in Anlehnung an den LIST-Fragebogen von Wild und Schiefele 2004)	5	Neues in Mathematik versuche ich besser zu verstehen, indem ich Verbindungen zu Dingen herstelle, die ich schon kenne.	>0,76
Lernstrategie Memorisieren	4	Wenn ich für Mathematik lerne, lerne ich so viel wie möglich auswendig.	>0,63
Lernstrategie Organisieren	4	Ich mache mir Zusammenfassungen der wichtigsten Inhalte als Gedankenstützen.	>0,68
Lernstrategie Anstrengung	8	Ich strenge mich auch dann an, wenn mir der Stoff überhaupt nicht liegt.	>0,90

Befragung vorgelegt. Die verwendeten Skalen (siehe Tab. 4.1) sind angelehnt an den Fragebogenkatalog des LIMA-Projekts (www.lima-pb-ks.de) und entstammen etablierten Instrumenten. Sie wurden von uns z. T. lediglich auf die konkrete Zielgruppe (z. B. Studierende statt Schülerinnen und Schüler) oder auf das Fach (Fokussierung von „Lernen" auf „Mathematik-Lernen") modifiziert. Für die Erhebung wurden sechsstufige Likert-Skalen (1 = stimmt überhaupt nicht … 6 = stimmt genau) eingesetzt.

Zum ersten Messzeitpunkt waren die Prompts je auf das „Lernen von Mathematik" ausgerichtet, zu den Messzeitpunkten 2 und 3 wurde noch stärker auf das „Lernen von Mathematik im Zusammenhang mit den aktuellen Lehrveranstaltungen" fokussiert. Zum Messzeitpunkt 2 wurde zudem erfragt, wie oft die Studierenden die Fachvorlesung und die Übungen besucht haben, die den Rahmen für die hier vorgestellte Untersuchung bildeten.

Da an beiden Universitäten mit der Immatrikulation in den Grundschulstudiengang eine Mathematikpflicht besteht, haben wir die Studierenden im Rahmen der ersten Erhebung auf einer zusätzlichen 6-stufigen Likert-Skala (1 = sicher nicht bis 6 = völlig sicher) einschätzen lassen, ob sie bei einer Wahlmöglichkeit auch Mathematik als Studienfach gewählt hätten.

Abb. 4.3 Erhebungsdesign

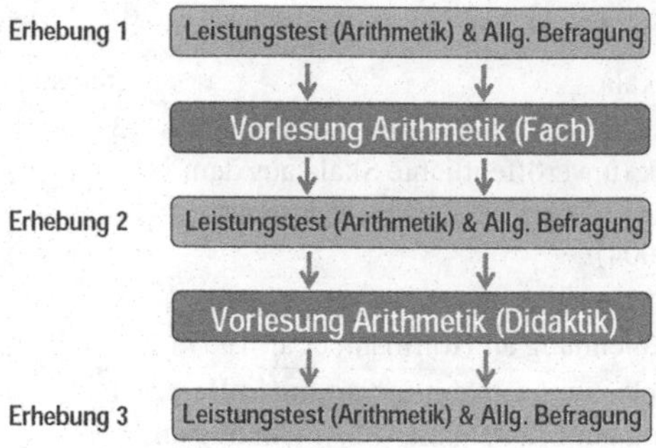

Erhebung 1 — Leistungstest (Arithmetik) & Allg. Befragung

Vorlesung Arithmetik (Fach)

Erhebung 2 — Leistungstest (Arithmetik) & Allg. Befragung

Vorlesung Arithmetik (Didaktik)

Erhebung 3 — Leistungstest (Arithmetik) & Allg. Befragung

4.5.4 Stichprobe und Erhebung

In diesem Beitrag analysieren wir die Daten des ersten KLIMAGS-Jahrganges, also die der Kohorte ohne Lehrinnovation. Wie in Abschn. 4.2 bereits beschrieben, durchlaufen die Kasseler und die Paderborner Studierenden den rechts abgebildeten Erhebungsplan je um ein Semester versetzt im ersten und zweiten bzw. im zweiten und dritten Studiensemester.

Die genauen Erhebungszeitpunkte sind die erste (Erhebung 1) und letzte (Erhebung 2) Vorlesungswoche des Arithmetikfachsemesters sowie die letzte Vorlesungswoche des Folgesemesters (Erhebung 3; vgl. Abb. 4.3).

Im Längsschnittdesign hatten wir stark mit dem bekannten Problem der Stichproben-Mortalität zu kämpfen. An allen drei Messzeitpunkten haben nur 49 Studierende vollständig teilgenommen. Diese bilden die empirische Grundlage für die hier vorgestellte Analyse. Sie unterscheiden sich in Bezug auf ihre Vorleistungen, den demografischen Hintergrund und die Einstellungsmerkmale nicht von der Gesamtstichprobe (je T-Test gegen festen Wert).

Der Anteil der Kasseler Studierenden macht etwa drei Viertel aus, ca. 80 % sind weiblich. 93 % der Studierenden haben die allgemeine Hochschulreife, etwa 15 % hatten Mathematikleistungskurs in der Oberstufe. Es handelt sich um Ersthörer, die zuvor noch keine Arithmetikveranstaltung besucht haben. Die Studierenden waren sehr häufig bei Vorlesungen und häufig bei den Übungen anwesend: Je eine Person gab an, selten (1–4 Mal) bzw. manchmal (5–8 Mal) in der Vorlesung gewesen zu sein. 41 Personen (84 %) geben an, immer (= 13 Mal) anwesend gewesen zu sein, 6 Personen haben nur wenige Vorlesungen verpasst (9–12 Mal anwesend). Die Übungen haben zwei Personen nur selten, eine Person manchmal besucht, 30 Personen waren immer anwesend und 16 Personen haben nur wenige Termine versäumt.

Bezüglich der Freiwilligkeit des Mathematikstudiums zeigt sich ein ernüchterndes Bild: Der Mittelwert liegt bei 3,0 (SD 1,73), nur 18 der 49 der Studierenden kreuzten eine „tendenzielle Freiwilligkeit" über dem theoretischen Mittelwert von 3,5 an, über ein Viertel der Teilnehmer teilte eine absolute Ablehnung mit.

4.6 Ergebnisse

4.6.1 Leistung und Einstellungen

Zur Beantwortung der Fragen 1 und 2 stellen wir in Tab. 4.2 zunächst die Mittelwerte (M) und Standardabweichungen (SD) der verschiedenen Konstrukte zusammen. Später werden diese in Hinblick auf Korrelationen und Wirkungen (Regressionsanalysen) mit den Leistungswerten untersucht.

Abb. 4.4 zeigt die Leistungsentwicklung zwischen den Messzeitpunkten grafisch. Der Lernzuwachs während des Fachsemesters um über eine Standardabweichung ist hochsignifikant. Leider treten im Folgesemester Vergessenseffekte auf, sodass der langfristige Lernzuwachs zwischen erstem und drittem Messzeitpunkt zwar mit $T(48) = 4{,}288$, $p < 0{,}001$, $d = 0{,}57$ noch signifikant ist und eine mittlere Effektstärke hat, den kurzfristigen Erfolg aber deutlich relativiert.

Mit T-Tests wurden die Entwicklungen zwischen den Messzeitpunkten auf Signifikanz geprüft, die Ergebnisse sowie die jeweilige Effektstärke (Cohens d) sind in Tab. 4.3 zusammengefasst.

Beim mathematischen Selbstkonzept lassen sich keine signifikanten Unterschiede zwischen den Messzeitpunkten ausmachen. Erfreulich ist, dass die Ängstlichkeit in Bezug

Tab. 4.2 Skalenmittelwerte von Leistung und Einstellung

Skala	Erhebung 1		Erhebung 2		Erhebung 3	
	M	SD	M	SD	M	SD
Leistung (Arithmetik)	457	82	550	95	507	94
Ängstlichkeit bzgl. Mathematik	3,79	1,38	3,94	1,53	3,09	1,46
Mathematisches Selbstkonzept	2,62	0,77	2,52	0,89	2,67	0,81
Selbstwirksamkeitserwartung (Mathe)	3,50	0,79	3,20	1,03	3,60	0,98
Interesse an Mathematik	3,25	0,81	2,96	0,96	3,05	0,89

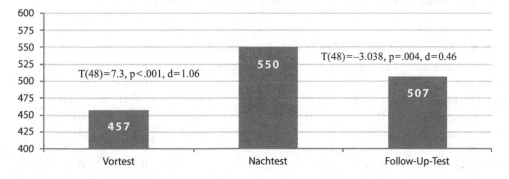

Abb. 4.4 Leistung zu drei Messzeitpunkten

Tab. 4.3 T-Tests, Unterschiede zwischen den Messzeitpunkten

Konstrukt	Im Fachsemester			Im Folgesemester		
	T(48)	p	d	T(48)	p	d
Ängstlichkeit	1,10	n. s.	0,10	−4,60	<0,001	0,57
Math. Selbstkonzept	−1,01	n. s.	0,12	1,16	n. s.	0,17
Selbstwirksamkeits-erwartung	−3,06	0,004	0,33	3,43	0,001	0,40
Interesse	−3,17	0,003	0,33	1,53	n. s.	0,11

auf die Mathematik und das Mathematikstudium im Verlauf der Zeit abnimmt und sich die Selbstwirksamkeitserwartung nach einem „Dämpfer" im Fachsemester ebenfalls wieder stabilisiert.

Das Interesse an Mathematik nimmt im Verlauf des Fachsemesters deutlich ab und bleibt dann stabil. Unser Erklärungsansatz ist, dass die Studierenden zum ersten Messzeitpunkt gewisse Vorstellungen und Erwartungen an Mathematik aus der Schule mitbringen und dann an der Hochschule mit anderer Mathematik konfrontiert sind bzw. dass die Studierenden, die sich auf eine spezifische „Grundschulmathematik" freuen, ggf. durch die formalen und inhaltlichen Ansprüche zunächst abgeschreckt werden.

Zur Ausdifferenzierung der Forschungsfrage 2 sollen nun die erhobenen Konstrukte auf einer Zusammenhangsebene (bivariate Korrelationen) und auf einer Wirkungsebene (Regressionsanalysen) untersucht werden. In Tab. 4.4 stellen wir die Korrelationen zwischen den erhobenen Konstrukten messzeitpunktintern dar (z. B. Leistung 1 mit Ängstlichkeit 1/Leistung 2 mit Interesse 2 usw.).

Wir werden nicht alle Werte einzeln diskutieren, möchten aber auf einige Besonderheiten aufmerksam machen und – mit aller gebotenen Vorsicht – versuchen, aus den Veränderungen der Korrelationen und unter Berücksichtigung der zeitlichen Abfolge Deutungen zu entwickeln. Wie oben bereits beschrieben, können sich die Studierenden zum Messzeitpunkt 1 mit ihren Aussagen nur auf die Mathematik beziehen, die sie aus der Schule kennen bzw. die sie in der Hochschule erwarten. Daher möchten wir bewusst mehr auf die Korrelationen zu den Messzeitpunkten 2 und 3 fokussieren.

Tab. 4.4 Korrelationen zwischen Leistung und Einstellungen

Korrelationen mit Leistung	Vortestleistung		Nachtestleistung		Follow-Up-Testleistung	
	r	p	r	p	r	p
Ängstlichkeit	−0,43	0,002	−0,31	0,031	−0,51	<0,001
Math. Selbstkonzept	0,37	0,010	0,25	0,089	0,49	0,001
Selbstwirksamkeits-erwartung	0,00	n. s.	0,29	0,040	0,33	0,025
Interesse an Mathematik	0,09	n. s.	0,13	n. s.	0,29	0,046

- Zum ersten Messzeitpunkt korreliert Leistung mit Ängstlichkeit bzgl. Mathematik und mit dem Mathematischen Selbstkonzept. Die Höhe der Korrelationen ist vergleichbar, die Richtungen sind – was plausibel ist – gegensätzlich. Beide Korrelationen bleiben auch zu den Messzeitpunkten 2 und 3 von Bedeutung. Bei der zweiten Erhebung fallen die Zusammenhänge allerdings nicht so stark aus. Das interpretieren wir folgendermaßen: Zum Messzeitpunkt 2 liegt die Lehrveranstaltung nicht lang zurück, ggf. haben die Studierenden schon mit der Klausurvorbereitung angefangen und haben noch nicht viele der Inhalte vergessen. Unter diesen Voraussetzungen fallen die Leistungsunterschiede zwischen z. B. den Ängstlichen und den Nichtängstlichen nicht so hoch aus, da „alle gut im Thema sind". Zum letzten Messzeitpunkt ist das Bild sehr deutlich; hier äußern die schwachen Studierenden eine hohe Ängstlichkeit in Bezug auf ihr Mathematikstudium, Leistungsstarke sind zugleich von ihren Fähigkeiten überzeugt.
- Die Selbstwirksamkeitserwartung passt im Verlauf des Studiums immer besser mit der tatsächlichen Leistung zusammen. Sicherlich lernen die Studierenden im Verlaufe der ersten Semester, sich (besser) einzuschätzen, und vor allem kennen sie ab dem zweiten Erhebungszeitpunkt die Anforderungen, denen sie sich in der Universität stellen, und die Probleme, bei denen sie „selbst wirksam werden" müssen.
- Das Fachinteresse korreliert zu Beginn nicht mit der Leistung, nähert sich aber mit der Zeit an. Studierende, die sich zum Ende des zweiten Semesters „noch" für mathematische Inhalte interessieren, sind auch diejenigen mit den guten Leistungen.

Zwischen der zum ersten Messzeitpunkt erhobenen „Freiwilligkeit" und den Mathematikleistungen lassen sich mit $r = 0,315$, $p = 0,027$ (MZP 1) und $r = 0,514$, $p < 0,001$ (MZP 3) Zusammenhänge feststellen. Diejenigen, die „von Anfang an" eher freiwillig Mathematik studieren, haben also die besseren Vorleistungen und gehören auch nach dem ersten Studienjahr zu den besseren Studierenden. Zum zweiten Messzeitpunkt hängt die Leistung – vermutlich durch die erst kurz zurückliegende Veranstaltung und im Hinblick auf die kurz bevorstehende Klausur – nicht signifikant mit der Freiwilligkeit zusammen.

Mit linearen Regressionen wollen wir nun die Wirkung der verschiedenen Einstellungen auf die abhängigen Variablen „Leistung im Nachtest" bzw. „Leistung im Follow-Up-Test" feststellen. Als unabhängige Variable(n) wählen wir zunächst die zuvor erbrachte(n) Leistung(en), d. h. für den Nachtest geht die Vortestleistung ein, für den Follow-Up-Test werden Vortest- und Nachtestleistung als Wirkungsfaktoren berücksichtig. Außerdem werden die jeweiligen Einstellungsmerkmale als unabhängige Variablen angenommen, die zum Messzeitpunkt 2, also nach dem Fachsemester, angegeben wurden. Die Daten des Messzeitpunkts 1 drücken gewisse Erwartungen an das Studium aus und wären insofern auch mögliche Einflussfaktoren. Wir möchten uns aber auf die Erhebung im Messzeitpunkt 2 konzentrieren, da die Studierenden hier ihre Einschätzungen in Bezug auf das real erlebte Mathematikstudium angeben, was wir als stichhaltiger einstufen als die zuvor vorhandenen Vermutungen.

Als stärkster Prädiktor für die Nachtestleistung sowie für die Follow-Up-Testleistung erweist sich die Mathematikleistung im Vortest, die gewissermaßen die Eingangsvor-

Tab. 4.5 Ergebnisse linearer Regressionen zu Leistung und Einstellungen

	Wirkung auf Leistung im Nachtest			Wirkung auf Leistung im Follow-Up-Test		
	β	p	R^2	β	p	R^2
Ängstlichkeit (MZP 2)	−0,09	n. s.	0,25	−0,30	0,028	0,43
Vortestleistung	0,45	0,004		0,34	0,020	
Nachtestleistung	–	–	–	0,17	n. s.	
Math. Selbstkonzept (MZP 2)	−0,00	n. s.	0,24	0,33	0,014	0,44
Vortestleistung	0,49	0,002		0,31	0,035	
Nachtestleistung	–	–	–	0,20	n. s.	
Selbstwirksamkeitserwartung (MZP 2)	0,13	n. s.	0,26	0,15	n. s.	0,38
Vortestleistung	0,44	0,002		0,43	0,003	
Nachtestleistung	–	–	–	0,174	0,207	
Interesse an Mathematik (MZP 2)	0,06	n. s.	0,24	0,23	0,055	0,41
Vortestleistung	0,48	0,001		0,46	0,001	
Nachtestleistung	–	–	–	0,18	n. s.	

aussetzung der Studierenden ist. Für die Nachtestleistung können wir darüber hinaus keine Einflussfaktoren ausmachen. Auf den kurzfristigen Lernerfolg haben die individuellen Einstellungen keine Auswirkung. Für die Vorhersage der Follow-Up-Leistung lassen sich hingegen deutliche Auswirkungen der Einstellungen und Emotionen feststellen. Ängstlichkeit in Bezug auf Mathematik wirkt sich negativ auf das Wissen aus, im Gegenzug begünstigt ein positives mathematisches Selbstkonzept die Leistungsfähigkeit. Selbstwirksamkeitserwartung wirkt nicht auf die Leistung. Der Befund, dass Interesse am Fach etwa 5 % der Varianz der Leistung nach dem ersten Studienjahr erklärt, ist nur schwach signifikant (siehe Tab. 4.5).

4.6.2 Lernverhalten: Zusammenhänge und Wirkungen auf Leistung

Bezüglich der Lernstrategien konzentrieren wir uns auf die Daten des Messzeitpunkts 2, da hier das Verhalten während des Fachsemesters beschrieben wird. In Bezug auf die selbstberichteten im Semester eingesetzten Lernstrategien liegen alle Angaben im Mittel über dem theoretischen Mittelwert von 3,5, das bedeutet, alle Strategien werden eher angewendet, als dass sie nicht angewendet werden (vgl. Tab. 4.6). Da für die Lernstrategien „Organisieren" und „Überwachen" sowie den Besuch der Übungsgruppen in unseren Untersuchungen weder Zusammenhänge mit noch Auswirkungen auf Leistungen festgestellt werden konnten, werden diese Aspekte des Lernverhaltens nicht weiter berücksichtigt.

In der nachfolgenden Tab. 4.7 stellen wir Korrelationen dar, die sich auf das Lernverhalten während der Fachvorlesung beziehen und dieses in Zusammenhang mit den

Tab. 4.6 Skalenwerte

Skala	M	SD
Lernstrategie Elaborieren	3,99	1,00
Lernstrategie Memorisieren	4,12	1,03
Lernstrategie Organisieren	4,30	0,99
Lernstrategie Anstrengung	4,87	0,74
Lernstrategie Überwachen	3,79	0,99

jeweiligen Leistungsparametern bringen. Wir vergleichen also eine Vortestleistung (Oktober 2011) mit dem danach stattfindenden Lernverhalten, eine Nachtestleistung zum gleichen Zeitpunkt (Februar 2012) mit den hier aufgeführten Konstrukten und eine Follow-Up-Testleistung, die im Juli 2012 ca. 5 Monate nach der Angabe des Lernverhaltens erfasst wurde.

In Bezug auf Forschungsfrage 3.1 können wir anhand der vorgestellten Korrelationen die folgenden Aspekte festhalten:

- Die Studierenden mit schon guter Leistung im Vortest kommen häufig zu den Fachvorlesungen, während diejenigen, die weniger die Vorlesung besuchen, im Vortest eher zu den Schwächeren zählten. Die Nachtestleistung korreliert deutlich, aber nicht so stark wie die des Vortests mit der Anwesenheit in der Vorlesung. Im Follow-Up-Test sehen wir einen starken Zusammenhang zwischen Leistung und Vorlesungsbesuch, hier deutet sich eine gute „Langzeitwirkung" des Lernens in der bzw. durch die Vorlesung an.

- Generell zeigt sich in Bezug auf die Lernstrategie „Memorisieren" ein negativer Zusammenhang mit Leistung. Allerdings beobachten wir einen „Knick" in der Stärke der Korrelationen. Die Studierenden, die im Vortest schon zu den Schwächeren gehören, lernen im Semester besonders viel auswendig. Im Nachtest ist die Korrelation nicht signifikant, die Leistungsstarken und die Leistungsschwachen schätzen ihr Lernverhalten bezüglich Memorisation gleichermaßen hoch oder niedrig ein. Die langfristigen Zusammenhänge mit Leistung fallen stark aus: Wer im Fachsemester viel auswendig gelernt hat, gehört im Follow-Up-Test zu den Schwächeren des Jahrgangs bzw. diejenigen, die auch nach einem Semester die Inhalte noch (besser als die anderen) beherrschen, sind nicht die Auswendiglerner.

Tab. 4.7 Korrelationen von Leistung und Lernverhalten

	Vortestleistung		Nachtestleistung		Follow-Up-Testleistung	
	r	p	r	p	r	p
Lernstrategie Elaborieren	0,27	0,061	0,32	0,019	0,41	0,002
Lernstrategie Memorisieren	−0,34	0,016	−0,20	n. s.	−0,42	0,001
Lernstrategie Anstrengung	0,07	n. s.	0,17	n. s.	0,13	n. s.
Besuchte Vorlesungen	0,38	0,007	0,31	0,021	0,48	< 0,001

- Der letztgenannte Zusammenhang spiegelt sich auch bei der Lernstrategie „Elaborieren" wieder. Ein verständnisorientiertes Lernen, das darauf ausgerichtet ist, Zusammenhänge innerhalb des Lernstoffs zu entdecken, hängt schon kurzfristig signifikant mit der erbrachten Leistung zusammen. Besonders „lohnend" ist es aber – und wegen der zeitlichen Abfolge möchten wir hier eine Kausalität vermuten – in Bezug auf das langfristige Behalten mathematischer Inhalte und das Leistungsvermögen auch mit einem Semester zeitlichem Abstand.

Zur Beantwortung der Forschungsfrage 3.2 betrachten wir in Tab. 4.8 wiederum mithilfe linearer Regressionen, welche Auswirkungen das laut Selbstberichten während des Fachsemesters angewandte Lernverhalten auf die Nachtest- bzw. Follow-Up-Testleistung hat. Als unabhängige Variable werden wieder zusätzlich zum jeweiligen Lernverhalten die Vorleistungen aufgenommen.

Die höchste Erklärungskraft auf die abhängige Variable hat in allen Modellen jeweils die Vortestleistung (Varianzaufklärungsanteil β^2 liegt im Mittel bei etwa 20 %). Das verwundert nicht und fügt sich ein in die Befunde etlicher Untersuchungen, wonach das Vorwissen der beste Prädiktor für das Nachwissen ist (Prenzel et al. 2006). In Bezug auf die kurzfristige Leistung im Nachtest stellen wir zusätzlich mindestens auf 10 %-Niveau signifikant jeweils positive Wirkungen des elaborierenden Lernens ($\beta^2 = 5{,}2$ %) sowie der Lernstrategie „Anstrengung" ($\beta^2 = 7{,}6$ %) fest. Auf das längerfristig vorhandene Wissen wirkt sich stark die Anwesenheit in den Vorlesungen aus ($\beta^2 = 11{,}6$ %). In Bezug auf die Lernstrategien wird der bereits bei den Korrelationen gewonnene Eindruck bestätigt: Während das Elaborieren, mit etwa gleicher Varianzaufklärung wie bei der Nachtestleistung, positiv Einfluss auf die Follow-Up-Testleistung nimmt ($\beta^2 = 6{,}5$ %), bringt das

Tab. 4.8 Ergebnisse linearer Regressionen zu Leistung und Lernverhalten

	Wirkung auf Leistung im Nachtest			Wirkung auf Leistung im Follow-Up-Test		
	β	p	R^2	β	p	R^2
Elaborieren (MZP 2)	0,23	0,078	0,29	0,25	0,043	0,42
Vortestleistung	0,43	0,002		0,45	0,001	
Nachtestleistung	–	–	–	0,12	n. s.	
Memorisieren (MZP 2)	−0,05	n. s.	0,24	−0,27	0,031	0,43
Vortestleistung	0,47	0,001		0,40	0,005	
Nachtestleistung	–	–	–	0,18	0,168	
Anstrengung (MZP 2)	0,28	0,029	0,32	0,07	0,584	0,37
Vortestleistung	0,47	<0,001		0,48	0,001	
Nachtestleistung	–	–	–	0,18	0,193	
Besuchte Vorlesungen	0,16	n. s.	0,26	0,34	0,007	0,46
Vortestleistung	0,43	0,003		0,38	0,006	
Nachtestleistung	–	–	–	0,14	n. s.	

Memorisieren nicht nur keine Vorteile, es lässt sich sogar eine negative Wirkung attestieren ($\beta^2 = 7{,}2\,\%$).

Ein gemeinsames Modell (multiple lineare Regression) der oben aufgeführten Konstrukte (inkl. Berücksichtigung der Vorleistung(en)) liefert mit $R^2 = 0{,}364$ für die Nachtestleistung keine nennenswert höhere Varianzaufklärung als die jeweiligen Einzelbetrachtungen. Für die Follow-Up-Testleistung erklären die Konstrukte gemeinsam $R^2 = 0{,}549$. Als signifikante Faktoren treten hier neben der Vortestleistung insbesondere das Memorisieren ($\beta^2 = 9{,}1\,\%$, $p = 0{,}035$) mit negativem Einfluss und die Teilnahme an den Vorlesungen ($\beta^2 = 11{,}4\,\%$, $p = 0{,}006$) mit positivem Einfluss in den Vordergrund.

4.7 Zusammenfassung und Ausblick

Das KLIMAGS-Projekt der Universitäten Kassel, Paderborn und Lüneburg beforscht in einem über mehrere Jahre angelegten Forschungsdesign das Lehren und Lernen an der Universität im Bereich der Mathematikausbildung für Primarstufenlehrpersonen. Im Projekt wurde ein klientelspezifisches Instrument zur Messung der Mathematikleistung auf der inhaltlichen und auf der prozessbezogenen Ebene entwickelt. In einem ersten Studierendenjahrgang wurden in Kassel und Paderborn längsschnittliche Daten (drei Messzeitpunkte über zwei Semester, vollständige Daten von $N = 49$ Testpersonen) zu u. a. Leistungen, Einstellungen und Lernstrategien erhoben, die im vorliegenden Beitrag dargelegt wurden. Der Beitrag beleuchtet eines der globalen Interessengebiete des Projekts, nämlich wie sich die Mathematikleistung am Studienbeginn entwickelt und wie sie mit Einstellungen sowie Lernstrategien zusammenhängt bzw. welche Einflüsse zwischen ihnen bestehen.

Einschränkend möchten wir darauf hinweisen, dass die Stichprobengröße mit $N = 49$ recht klein ist. Das kann dazu führen, dass Befunde für Korrelations- oder Regressionskoeffizienten nicht signifikant werden und schränkt in der Verlängerung dieses Gedankens die Bandbreite der sinnvoll anzuwendenden Verfahren ein. Wechselwirkungen und Mediationsprozesse zwischen den Variablen (z. B. könnte Selbstwirksamkeitserwartung auf Lernstrategien und dann Lernstrategien auf Leistung wirken) können wir mit den gewählten Verfahren nicht überprüfen. Bei einer größeren Stichprobe bestünde die Möglichkeit, z. B. mit Pfadmodellen nachzufassen. Auf diese Weise könnten die gefundenen plausiblen und zu anderen Untersuchungen passenden Ergebnisse abgesichert und weitergeführt werden. Im Folgenden werden die in Abschn. 4.6 dargelegten zentralen Befunde noch einmal kurz zusammengefasst:

Studierende steigern ihr Wissen im Verlauf eines Semesters bzgl. der präsentierten Vorlesungsinhalte mit sehr hoher Effektstärke, leider ist der Leistungsrückgang im Folgesemester ebenfalls recht hoch (erste Forschungsfrage). Trotz dieses Abfallens der Leistungswerte „nach der Klausur" sind die langfristigen Lerneffekte signifikant.

Wenn Studierende entscheiden dürften, ob sie Mathematik als Fach studieren möchten, würde weit mehr als die Hälfte dieses Studienfach nicht wählen. Diejenigen, die eher freiwillig Mathematik studieren, haben die besseren Vorleistungen und gehören nach einem Jahr zu den Leistungsstärkeren. Für den kurzfristigen Lernerfolg zum Klausurzeitpunkt am Ende des Fachsemesters spielt die Freiwilligkeit aber keine direkte Rolle.

Im Bereich der mathematikbezogenen Einstellungen finden wir negative Korrelationen zwischen Ängstlichkeit und Leistung sowie positive Korrelationen von Leistung mit mathematischem Selbstkonzept, Selbstwirksamkeitserwartung und Interesse (Forschungsfrage 2.1). Die Zusammenhänge sind zum Studienbeginn noch diffus und kristallisieren sich erst im Verlauf des Studiums deutlich heraus, erst zum dritten MZP werden alle Korrelationen signifikant. Besonders stark sind die Zusammenhänge der Leistungen mit Ängstlichkeit und mathematischem Selbstkonzept. Genau für diese Konstrukte konnten wir, zumindest für den Follow-Up-Test, mithilfe linearer Regressionen unter Kontrolle der Vorleistungen auch kausale Einflüsse (je mit einer Aufklärung von etwa 10 % der Varianz der Follow-Up-Leistung) der jeweiligen Einstellung auf die Leistung nachweisen (Forschungsfrage 2.2). Daraus lässt sich für Lehrveranstaltungen neben allen inhaltlichen Erwägungen auch als Ziel ableiten, dass versucht werden sollte, Ängstlichkeit gegenüber der Mathematik abzubauen und das mathematische Selbstkonzept der Studierenden zu stärken. Wie genau so etwas geschehen kann, können wir an dieser Stelle nicht klären. Bekannt ist, dass zur Genese der kognitiven Komponente („ich bin gut in Mathematik") des Selbstkonzepts letztlich Leistungsvergleiche auf verschiedenen, insbesondere bezüglich sozialen, Bezugsnormen herangezogen werden (Möller und Trautwein 2009), sodass es schwierig werden dürfte, alle Studierenden eines Jahrgangs entsprechend zu unterstützen. Die affektive Komponente („ich mag Mathematik") lässt sich u. a. mithilfe von Erfolgserlebnissen fördern (Pekrun et al. 2002). Wie diese für verschiedene Klientele beschaffen sein und wie sie erreicht werden können, wird in neueren Studien vorgeschlagen, muss aber weiter untersucht werden (Buff 2014).

Im Bereich des Lernverhaltens finden wir Resultate, die sich recht nahtlos an die u. a. von Rach und Heinze (2013) geforderte Orientierung hin zu Lernformen mit höherem Elaborationsgrad anschließen. Auf einer Zusammenhangsebene (Forschungsfrage 3.1) ergeben sich in Bezug auf das kurzfristige Lernergebnis (Abfrage des im Semester praktizierten Lernverhaltens und Leistungsmessung am Semesterende) mittlere positive Korrelationen zwischen Leistung und Elaborieren sowie zur Anzahl der besuchten Vorlesungen. In Bezug auf das langfristige Lernergebnis (im Semester praktiziertes Lernverhalten und Leistungsmessung ein Semester später) werden diese Befunde deutlich stärker; Elaborieren und die Anwesenheit in der Vorlesung weisen starke Korrelationen zur Follow-Up-Testleistung auf. Ebenfalls signifikant wird nun ein mittlerer negativer Zusammenhang zwischen memorisierendem Lernen mit der langfristigen Lernleistung. Auf der Wirkungsebene (Forschungsfrage 3.2) finden wir leicht unterschiedliche Ergebnisse für den kurzfristigen Lernerfolg einerseits und den langfristigen Lernerfolg andererseits: Direkt auf die (Nachtest-)Leistung wirken sich die Lernstrategien „Elaborieren" und „Anstrengen" aus, d. h. verständnisorientiertes Lernen und die Bereitschaft, sich mit umfangreicheren und schwierigeren Inhalten auseinanderzusetzen, begünstigen die Leistung am Semesterende. Langfristig verliert die Anstrengung ihren Einfluss, auf die Follow-Up-Leistung zeigt sie keine Wirkung mehr. Noch stärker als in der kurzfristigen Betrachtung wirkt sich nun das Elaborieren aus und die Anwesenheit in der Vorlesung zeigt ebenfalls signifikante positive Einflüsse auf die spätere Leistung. Für das kurzfristige Lernergebnis noch ohne Einfluss, erweist sich das Memorisieren für die Follow-Up-Testleistung als negativer Einflussfaktor: Wer im Fachsemester vieles auswendig lernt, kann zwar kurzfristig die Leistung abrufen, langfristig bleibt aber recht wenig davon bestehen. Gewiss sind für die sichere Beherrschung von Operationen und Verfahren Übungen mit dem Ziel der Automatisierung unabdingbar. Es hat sich aber gezeigt, dass ein reines Auswendiglernen der Algorithmen nicht langfristig zu mathematischer Kompetenz führt. Auch beim Lernen und Automatisieren von Rechenverfahren bedarf es also offenbar eines gewissen Verständnisses dessen, was man tut, mit welchem Ziel man es tut und warum man es tun darf.

Neben den Vorteilen für das eigene Lernen ist das Aneignen von Lernstrategien insbesondere für Studierende des Lehramts wichtig, da sie diese im späteren Beruf an die Schüler weitervermitteln sollen (Sarasin 1995). Die Vermittlung von Lernstrategien erweist sich als schwierig (für Grundschullehrpersonen siehe z. B. Strobel und Faust 2006), grundsätzlich können sie aber durchaus erlernt werden. Renkl (2009) gibt eine Übersicht von Anforderungen und Gelingensfaktoren eines Lernstrategietrainings. Dabei nennt er das Aufzeigen der Unzulänglichkeiten bisheriger Strategien, kognitives Modeling (Vormachen) der neuen Strategien, Metakognition über Sinn, Grenzen und Möglichkeiten der neuen Strategien, Üben in einfachen (zum Erwerb) und schwierigen (zur Festigung) Kontexten sowie die Längerfristigkeit der Intervention. Alle diese Aspekte sind in der Universität grundsätzlich realisierbar, erfordern allerdings erstens ein hohes Maß an Zusammenarbeit zwischen Dozentinnen und Dozenten verschiedener Veranstaltungen, auch mit den zugehörigen Tutorinnen und Tutoren und damit sicherlich einen gewissen Mehraufwand sowie zweitens Zeiträume im Rahmen der Lehrveranstaltungen.

Die dargelegten Befunde sprechen deutlich dafür, dass im Hinblick auf die Leistung der Studierenden, insbesondere langfristig, verständnisorientiertes und möglichst „angstfreies" Lernen stattfinden sollte. Vor dem Hintergrund, dass viele der Studierenden im Grundschullehramt Mathematik nur zwangsweise studieren und dieses Fach nicht freiwillig wählen würden, stellt das die Lehrenden vor eine besondere Herausforderung. Soll die Vermittlung der Inhalte möglichst effektiv und nachhaltig sein, muss über Möglichkeiten nachgedacht werden, im Rahmen der Veranstaltungen an den Einstellungen gegenüber der Mathematik (Abbau von Ängsten, Stärkung des Selbstkonzepts) zu arbeiten und effiziente Lernstrategien auf- bzw. auszubauen.

Literatur

Arbor, A. (2008). Learning Mathematics for Teaching. Mathematical Knowledge for Teaching (MKT) Measures. Mathematics released Items 2008. University of Michigan. http://www. umich.edu/~lmtweb/files/lmt_sample_items.pdf. Zugegriffen: 25. Jan. 2018.

Artelt, C. (1999). Lernstrategien und Lernerfolg – Eine handlungsnahe Studie. *Zeitschrift für Entwicklungspsychologie und Pädagogische Psychologie, 31*(2), 86–96.

Artelt, C. (2006). Lernstrategien in der Schule. In H. Mandl & H. F. Friedrich (Hrsg.), *Handbuch Lernstrategien* (S. 337–351). Göttingen: Hogrefe.

Bausch, I., Biehler, R., Bruder, R., Fischer, P. R., Hochmuth, R., Koepf, W., Schreiber, S., & Wassong, T. (Hrsg.). (2014). *Mathematische Vor- und Brückenkurse: Konzepte, Probleme und Perspektiven.* Wiesbaden: Springer.

Blömeke, S., Kaiser, G., & Lehmann, R. (Hrsg.). (2010a). *TEDS-M 2008: Professionelle Kompetenz und Lerngelegenheiten angehender Primarstufenlehrkräfte im internationalen Vergleich.* Münster: Waxmann.

Blömeke, S., Kaiser, G., & Lehmann, R. (Hrsg.). (2010b). *TEDS-M 2008: Professionelle Kompetenz und Lerngelegenheiten angehender Mathematiklehrkräfte für die Sekundarstufe I im internationalen Vergleich.* Münster: Waxmann.

Blömeke, S., Kaiser, G., Döhrmann, M., Suhl, U., & Lehmann, R. (2010c). Mathematisches und mathematikdidaktisches Wissen angehender Primarstufenlehrkräfte im internationalen Vergleich. In S. Blömeke, G. Kaiser & R. Lehmann (Hrsg.), *TEDS-M 2008: Professionelle Kompetenz und Lerngelegenheiten angehender Primarstufenlehrkräfte im internationalen Vergleich* (S. 195–251). Münster: Waxmann.

Blum, W., Drüke-Noe, C., Hartung, R., & Köller, O. (2006). *Bildungsstandards Mathematik: konkret. Sekundarstufe I: Aufgabenbeispiele, Unterrichtsanregungen, Fortbildungsideen.* Berlin: Cornelsen Scriptor.

Bromme, R. (1992). *Der Lehrer als Experte: Zur Psychologie professionellen Wissens.* Bern: Huber.

Buff, A. (2014). Enjoyment of learning and its personal antecedents: testing the change-change assumption of the control-value theory of achievement emotions. *Learning and Individual Differences, 31*, 21–29.

DMV, GDM, & MNU (2008). Standards für die Lehrerbildung im Fach Mathematik. *Mitteilungen der DMV, 16*, 149–159.

Döhrmann, M. (2012). TEDS-M 2008: Qualitative Unterschiede im mathematischen Wissen angehender Primarstufenlehrkräfte. In W. Blum, R. Borromeo Ferri & K. Maaß (Hrsg.), *Mathematikunterricht im Kontext von Realität, Kultur und Lehrerprofessionalität. Festschrift für Gabriele Kaiser* (S. 230–237). Wiesbaden: Springer Spektrum.

Eilerts, K. (2009). *Kompetenzorientierung in der Mathematik-Lehrerausbildung: empirische Untersuchungen zu ihrer Implementierung.* Paderborner Beiträge zur Lehrerbildung, Bd. 14. Zürich: LIT.

Friedrich, H. F., & Mandl, H. (1992). Lern- und Denkstrategien – ein Problemaufriss. In H. Mandl & H. F. Friedrich (Hrsg.), *Lern- und Denkstrategien – Analyse und Intervention* (S. 3–54). Göttingen: Hogrefe.

Götz, T., Pekrun, R., Zirngibl, A., Jullien, S., Kleine, M., vom Hofe, R., & Blum, W. (2004). Leistung und emotionales Erleben im Fach Mathematik. Längsschnittliche Mehrebenenanalysen. *Zeitschrift für Pädagogische Psychologie, 18*(3/4), 201–212.

Haase, J., Kolter, J., Bender, P., Biehler, R., Blum, W., Hochmuth, R., & Schukajlow, S. (2015). Das KLIMAGS-Projekt – Evaluation fachmathematischer Vorlesungen im Lehramtsstudium Mathematik Grundschule. In A. Hoppenbrock, R. Biehler, R. Hochmuth & H. G. Rück (Hrsg.), *Lehren und Lernen von Mathematik in der Studieneingangsphase* (S. 531–547). Wiesbaden: Springer.

Hattie, J. (2008). *Visible learning: a synthesis of over 800 meta-analyses relating to achievement.* London: Routledge.

Hoffmann, L., Häußler, P., & Peters-Haft, S. (1997). *An den Interessen von Jungen und Mädchen orientierte Physikunterricht.* Kiel: IPN.

KMK (2004). *Bildungsstandards im Fach Mathematik für den Mittleren Schulabschluss.* Beschluss vom 04.12.2003. http://www.kmk.org/fileadmin/Dateien/veroeffentlichungen_beschluesse/2003/2003_12_04-Bildungsstandards-Mathe-Mittleren-SA.pdf. Zugegriffen: 31. Mai 2017.

KMK (2005a). *Bildungsstandards im Fach Mathematik für den Hauptschulabschluss.* Beschluss vom 15.10.2004. http://www.kmk.org/fileadmin/Dateien/veroeffentlichungen_beschluesse/2004/2004_10_15-Bildungsstandards-Mathe-Haupt.pdf. Zugegriffen: 31. Mai 2017.

KMK (2005b). *Bildungsstandards im Fach Mathematik für den Primarbereich.* Beschluss vom 15.10.2004. http://www.kmk.org/fileadmin/Dateien/veroeffentlichungen_beschluesse/2004/2004_10_15-Bildungsstandards-Mathe-Primar.pdf. Zugegriffen: 31. Mai 2017.

KMK (2012). *Bildungsstandards im Fach Mathematik für die Allgemeine Hochschulreife.* Beschluss vom 18.10.2012. http://www.kmk.org/fileadmin/Dateien/veroeffentlichungen_beschluesse/2012/2012_10_18-Bildungsstandards-Mathe-Abi.pdf. Zugegriffen: 31. Mai 2017.

Köller, O., Trautwein, U., Lüdtke, O., & Baumert, J. (2006). Zum Zusammenspiel von schulischer Leistung, Selbstkonzept und Interesse in der gymnasialen Oberstufe. *Zeitschrift für Pädagogische Psychologie, 20*(1/2), 27–39.

Kolter, J., Liebendörfer, M., & Schukajlow, S. (2015). Mathe nein Danke? Interesse im und am Mathematikstudium von Grundschullehramtsstudierenden mit Pflichtfach. In A. Hoppenbrock, R. Biehler, R. Hochmuth & H. G. Rück (Hrsg.), *Lehren und Lernen von Mathematik in der Studieneingansphase* (S. 567–583). Wiesbaden: Springer.

Krämer, J., & Bender, P. (2013). Welche Fehler machen, welche Schwierigkeiten haben und welche Ideen entwickeln Studierende des Grundschullehramts beim Bearbeiten eines Arithmetik-Leistungstests? Oder: Was kodierte Nullen und Einsen nicht verraten. In G. Greefrath, F. Käpnick & M. Stein (Hrsg.), *Beiträge zum Mathematikunterricht 2013* (S. 552–555). Münster: WTM.

Krapp, A. (1992). Das Interessekonstrukt – Bestimmungsmerkmale der Interessehandlung und des individuellen Interesses aus der Sicht einer Person-Gegenstands-Konzeption. In A. Krapp & M. Prenzel (Hrsg.), *Interesse, Lernen, Leistung* (S. 297–329). Münster: Aschendorff.

Krapp, A. (1993). Lernstrategien: Konzepte, Methoden und Befunde. *Unterrichtswissenschaft, 21*(4), 291–311.

Krawitz, J., Achmetli, K., Kolter, J., Blum, W., Bender, P., Biehler, R., Haase, J., Hochmuth, R., & Schukajlow, S. (2014). Verbesserte Lehre für Grundschullehramtsstudierende – Ergebnisse aus dem KLIMAGS-Projekt. In J. Roth & J. Ames (Hrsg.), *Beiträge zum Mathematikunterricht 2014* (S. 659–662). Münster: WTM.

Kunter, M., Baumert, J., Blum, W., Klusmann, U., Krauss, S., & Neubrand, M. (2011). *Professionelle Kompetenz von Lehrkräften. Ergebnisse des Forschungsprogramms COACTIV.* Münster: Waxmann.

Ma, X. (1999). A meta-analysis of the relationship between anxiety toward mathematics and achievement in mathematics. *Journal for Research in Mathematics Education, 30*, 520–540.

Möller, J., & Trautwein, U. (2009). Selbstkonzept. In E. Wild & J. Möller (Hrsg.), *Pädagogische Psychologie* (S. 179–204). Heidelberg: Springer.

Niss, M. (2003). Mathematical competencies and the learning of mathematics: the Danish KOM project. In A. Gagatsis & S. Papastravridis (Hrsg.), *3rd mediterranean conference on mathematical education* (S. 115–124). Athen: The Hellenic Mathematical Society.

OECD (2013). *PISA 2012 assessment and analytical framework. Mathematics, reading, science, problem solving and financial literacy*. Paris: OECD-Publishing.

Pekrun, R., Götz, T., Titz, W., & Perry, R. P. (2002). Academic emotions in students' self-regulated learning and achievement: a program of qualitative and quantitative research. *Educational Psychologist, 37*(2), 91–105.

Pekrun, R., Götz, T., vom Hofe, R., Blum, W., Jullien, S., Zirngibl, A., Kleine, M., Wartha, S., & Jordan, A. (2004). Emotionen und Leistungen im Fach Mathematik: Ziele und erste Befunde aus dem „Projekt zur Analyse der Leistungsentwicklung in Mathematik" (PALMA). In J. Doll & M. Prenzel (Hrsg.), *Bildungsqualität von Schule: Lehrerprofessionalisierung, Unterrichtsentwicklung und Schülerförderung als Strategien der Qualitätsverbesserung*. Münster: Waxmann.

Prediger, S. (2013). Unterrichtsmomente als explizite Lernanlässe in fachinhaltlichen Veranstaltungen. In C. Ableitinger, J. Kramer & S. Prediger (Hrsg.), *Zur doppelten Diskontinuität in der Gymnasiallehrerausbildung* (S. 151–168). Wiesbaden: Springer.

Prenzel, M., Baumert, J., Blum, W., Lehmann, R., Leutner, D., Neubrand, M., Pekrun, R., Rost, J., & Schiefele, U. (Hrsg.). (2006). *PISA 2003: Untersuchungen zur Kompetenzentwicklung im Verlauf eines Schuljahres*. Münster: Waxmann.

Rach, S., & Heinze, A. (2013). Welche Studierenden sind im ersten Semester erfolgreich? Zur Rolle von Selbsterklärungen beim Mathematiklernen in der Studieneingangsphase. *Journal für Mathematik-Didaktik, 34*(1), 121–147.

Renkl, A. (2009). Lehren und Lernen. In R. Tippelt & B. Schmidt (Hrsg.), *Handbuch Bildungsforschung* (S. 737–752). Wiesbaden: VS.

Rheinberg, F., & Wendland, M. (2000). *Potsdamer-Motivations-Inventar für das Fach Mathematik (PMI-M)*. Potsdam: Universität Potsdam, Institut für Psychologie.

Sarasin, S. (1995). *Das Lernen und Lehren von Lernstrategien*. Hamburg: Kovac.

Schiefele, U., Streblow, L., Ermgassen, U., & Moschner, B. (2003). Lernmotivation und Lernstrategien als Bedingungen der Studienleistung: Ergebnisse einer Längsschnittstudie. *Zeitschrift für Pädagogische Psychologie, 17*(3/4), 185–198.

Schukajlow, S., & Krug, A. (2014). Are interest and enjoyment important for students' performance? In C. Nicol, S. Oesterle, P. Liljedahl & D. Allan (Hrsg.), *Proceedings of the Joint Meeting of PME 38 and PME-NA 36* (Bd. 5, S. 129–136). Vancouver: PME.

Schukajlow, S., & Leiss, D. (2011). Selbstberichtete Strategienutzung und mathematische Modellierungskompetenz. *Journal für Mathematik-Didaktik, 32*(1), 53–77.

Schwarzer, R., & Jerusalem, M. (Hrsg.). (1999). *Skalen zur Erfassung von Lehrer- und Schülermerkmalen. Dokumentation der psychometrischen Verfahren im Rahmen der wissenschaftlichen Begleitung des Modellversuchs Selbstwirksame Schulen*. Berlin: Freie Universität Berlin.

Schwarzer, R., & Jerusalem, M. (2002). Das Konzept der Selbstwirksamkeit. In M. Jerusalem & D. Hopf (Hrsg.), *Selbstwirksamkeit und Motivationsprozesse in Bildungssituationen*. Zeitschrift für Pädagogik, Beiheft 44. (S. 28–53). Weinheim: Beltz.

Shulman, L. (1986). Those who understand: knowledge growth in teaching. *Educational Researcher, 15*(2), 4–14.

Strobel, N., & Faust, G. (2006). Lernstrategien im Lehramtsstudium. In J. Seifried & J. Abel (Hrsg.), *Empirische Lehrerbildungsforschung* (S. 11–28). Münster: Waxmann.

Vogel, R. (2001). *Lernstrategien in Mathematik. Eine empirische Untersuchung mit Lehramtsstudierenden*. Hildesheim: Franzbecker.

Walther, G., van den Heuvel-Panhuizen, M., Granzer, D., & Köller, O. (2008). *Bildungsstandards für die Grundschule: Mathematik konkret*. Berlin: Cornelsen Scriptor.

Wild, K.-P., & Schiefele, U. (2004). Lernstrategien im Studium: Ergebnisse zur Faktorenstruktur und Reliabilität eines neuen Fragebogens. *Zeitschrift für Differentielle und Diagnostische Psychologie*, *15*(4), 185–200.

Zimmermann, B. J. (2000). Self-efficacy: an essential motive to learn. *Contemporary Educational Psychology*, *25*, 82–91.

Teil II

Psychologische Perspektive auf die Grundschullehrerausbildung – Diagnostische Kompetenzen von Studierenden

FL!P Forschendes Lernen im Praxiskontext

5

Studien zur Entwicklung diagnostischer Kompetenzen in Veranstaltungen zum mathematischen Anfangsunterricht

Simone Reinhold

Zusammenfassung

Das Lehrprojekt FL!P siedelt forschendes Lernen von Lehramtsstudierenden im schulischen Alltag an: Im kooperativen Zusammenwirken von Hochschule und Schule bietet das schulische Umfeld dem selbstständigen wissenschaftlichen Arbeiten der Studierenden ein ertragreiches Forschungsfeld für diagnostische Erkundungen und profitiert gleichzeitig von den gewonnenen Ergebnissen. Neben Einblicken in die Gestaltung dieser Lehrveranstaltungen im Projekt FL!P wird im vorliegenden Beitrag auch auf die Konzeption und auf erste Befunde, hochschuldidaktisch motivierter Studien im assoziierten Forschungsprojekt diagnose:pro eingegangen. Im Mittelpunkt steht dabei die Frage, welche Strategien Studierende in ihrer Tätigkeit des Diagnostizierens einsetzen, wie diese qualitativ differenzierbaren Facetten des Diagnostizierens in einem mathematischen Diagnosegespräch erfasst werden können und was mathematikdidaktische Diagnosestrategien auszeichnet.

5.1 Forschendes Lernen: Ausgangs- und Bezugspunkte des Projekts FL!P

Forschendes Lernen ist als methodisches Prinzip weithin anerkannter, inzwischen auch curricular festgeschriebener Standard in der mathematikdidaktischen Professionalisierung künftiger Grundschullehrpersonen und trägt maßgeblich zu einer Ausweitung wissenschaftlichen und mathematikdidaktischen Wissens bei. Aus hochschuldidaktischer Perspektive leistet forschendes Lernen einen maßgeblichen Beitrag dazu, die von Studieren-

S. Reinhold (✉)
Universität Leipzig
Leipzig, Deutschland
E-Mail: simone.reinhold@uni-leipzig.de

© Springer Fachmedien Wiesbaden GmbH 2018
R. Möller und R. Vogel (Hrsg.), *Innovative Konzepte für die Grundschullehrerausbildung im Fach Mathematik*, Konzepte und Studien zur Hochschuldidaktik und Lehrerbildung Mathematik, https://doi.org/10.1007/978-3-658-10265-4_5

den vielfach monierte Kluft zwischen Theorie und Praxis zu überbrücken (vgl. Obolenski und Meyer 2006). Im Sinne einer Vorbereitung auf künftige Herausforderungen, denen sich angehende Lehrkräfte zu stellen haben, vermerkt beispielsweise Drinck (2013) aus schulpädagogischer Perspektive:

> Lehrerinnen und Lehrer benötigen Forschungskompetenzen, um in ihrer Arbeit angemessen auf die gesellschaftlichen Wandlungen reagieren zu können, durch welche sich die Rahmenbedingungen schulischer Arbeit ändern. Diese Kompetenzen beinhalten sowohl das Verstehen und Interpretieren vorhandener wissenschaftlicher Studien als auch die Planung, Durchführung und Interpretation eigener Forschungsvorhaben (Drinck 2013, S. 150).

Die frühzeitige Ausbildung der hier angesprochenen Forschungskompetenzen und die Entwicklung eines forschenden Habitus sollten bereits während des Hochschulstudiums einsetzen und werden dementsprechend vom Wissenschaftsrat bereits 2001 in den *Empfehlungen zur künftigen Struktur der Lehrerbildung* gefordert:

> Hochschulbildung soll die Haltung forschenden Lernens einüben und fördern, um die zukünftigen Lehrer zu befähigen, ihr Theoriewissen für die Analyse und Gestaltung des Berufsfeldes nutzbar zu machen und auf diese Weise ihre Lehrtätigkeit nicht wissenschaftsfern, sondern in einer forschenden Grundhaltung einzuüben (Wissenschaftsrat 2001, S. 41).

Seit 2001 hat die Aus- und Weiterbildung für die Lehrämter in der Bundesrepublik Deutschland u. a. durch die 2004 durch die Kultusministerkonferenz (KMK) verabschiedeten und seit 2005/2006 in den Ländern implementierten *Standards für die Lehrerbildung* neue Gewichtungen erfahren, die sich in einem umfassenden Katalog von zu entwickelnden Kompetenzen niederschlagen. Grundsätzlich wird hier (KMK 2004, S. 6) darauf hingewiesen, dass die Kompetenzentwicklung u. a. gefördert werden kann durch

- (...) den Einsatz von *Videostudien*
- die *persönliche Erprobung und anschließende Reflexion* eines theoretischen Konzepts (...)
- die Mitarbeit an schul- und unterrichtsbezogener Forschung

(Hervorhebungen im Original).

Ergänzende Grundlage für die fachdidaktische Lehrerausbildung an den Universitäten stellen die 2008 formulierten *Ländergemeinsamen inhaltlichen Anforderungen für die Fachwissenschaften und Fachdidaktiken in der Lehrerbildung* dar. Der Anspruch der mathematikdidaktischen Lehrerausbildung an der Universität umfasst demnach den Aufbau grundlegender fachdidaktischer Kompetenzen, die vorrangig Erkenntnisse und Arbeitsmethoden der Fachdidaktiken berühren (KMK 2008, S. 3). Am Ende ihrer universitären Ausbildung sollen Lehramtsstudierende mit dem Fach Mathematik folglich in der Lage sein,

(...) fachdidaktische Konzepte und empirische Befunde mathematikbezogener Lehr-Lern-Forschung (zu) nutzen, um individuelle, heterogene Vorstellungen, Denkwege und Fehlermuster von und bei Schülerinnen und Schülern zu analysieren (...) (KMK 2008, S. 38).

Zu den Kernkompetenzen künftiger Mathematiklehrpersonen zählen damit auch diagnostische Kompetenzen, die in nachfolgenden Abschnitten des vorliegenden Beitrags noch näher betrachtet werden. Im Verständnis eines bottom-up-orientierten, aktiv-erkundenden Ausbildungsparadigmas können diese und andere Kompetenzen idealerweise im Verbund mit dem künftigen Praxisfeld Schule erworben werden. Eindringliche Empfehlungen von Oser (2001), die sich bereits vor mehr als zehn Jahren aus ernüchternden Resultaten von Studien zur Wirksamkeit der (universitären) Lehrerbildung ergeben, stützen die Notwendigkeit einer derartigen Neuorientierung der Lehrerbildung:

> Es muss Zeiten und Orte geben, wo Theorie, Empirie, Handlungsqualität und Handlungsrealität in vielfältiger Weise gleichzeitig aufeinander bezogen werden können. Studierende müssen zu einem Standard im gleichen Zeitraum Texte lesen, Übungen absolvieren, Analysen von Unterrichtssituationen vornehmen, Gespräche mit Expertinnen und Experten führen und auf diesen Standard zugespitzte Praxiserfahrungen machen. Dies alles soll aber nicht allgemein geschehen, sondern es soll auf die Erreichung eines je eingrenzbaren Standards gerichtet sein. (...) Der Übungsort Praxis und die Expertenpersonen Praxislehrer müssen je einen neuen Stellenwert im Ausbildungsprogramm erhalten (Oser 2001, S. 334 f.).

Exemplarisch sei dazu auch verwiesen auf die 2007 in Kraft getretene gegenwärtig gültige Verordnung über Masterabschlüsse für Lehrämter in Niedersachsen (Niedersächsisches Kultusministerium 2007). Im Einklang mit den Forderungen Osers heißt es dort im Hinblick auf den fachdidaktischen Kompetenzbereich „Anschlussfähiges fachdidaktisches Wissen", dass Absolventen der Masterstudiengänge „schulbezogene experimentelle Methoden" kennen und in der Lage sind, diese exemplarisch einzusetzen. Dies geht damit einher, dass die Studierenden „(...) durch die Teilnahme an einem Projekt Erfahrungen (sammeln) (...), die sie dazu befähigen, eigene Projekte zu planen". Ferner ist der Beschreibung von anzubahnenden Kompetenzen im Bereich „Diagnostik" zu entnehmen, dass Lehramtsstudierende mit dem Erwerb des Masterabschlusses auch „fachbezogene Verfahren der Lernstandserhebung" und „Indikatoren für fachspezifische Lernschwierigkeiten und Diagnoseverfahren sowie Fördermöglichkeiten" kennen.

Der hochschuldidaktische Ansatz des forschenden Lernens begegnet diesen Postulaten, darf sich jedoch nicht auf beliebige Projekte mit Zusammenwirken mit der Schulpraxis beziehen. Wenn Lehramtsstudierende Mathematiklehrkräfte werden möchten, benötigen sie Gelegenheit und Unterstützung darin „(...) *professionell relevante Tätigkeiten zu praktizieren, zu reflektieren und weiterzuentwickeln*" (Altrichter 2006, S. 62; Hervorhebung im Original). Es sollte also darum gehen, Anregungen und Anlässe zu bieten, die jenen Herausforderungen entsprechen, die auch Mathematiklehrpersonen in ihrem professionellen Wirken zu meistern haben. So besteht innerhalb der Mathematikdidaktik weitgehender Konsens darüber, dass forschendes Lernen stets mit fachdidaktischen Interessen zu verbinden ist:

Forschende Lehrerbildung wie auch Unterricht sind [aber auch] untrennbar mit konkreten fachlichen Inhalten verbunden. (...) Fachdidaktische Handlungsforschung bietet außerdem auch konkrete Forschungsimpulse und trägt zur Ausweitung wissenschaftlichen Wissens und fachdidaktischer Theorien in Bezug auf das Lehren und Lernen bei (Peter-Koop und Prediger 2005, S. 185).

Ausbildungselemente, die das Vorbereiten, Durchführen und Analysieren diagnostischer Gespräche („klinischer Interviews" im Sinne Piagets) berühren, zählen vor diesem Hintergrund inzwischen zu den häufiger anzutreffenden Formen (qualitativ) forschenden Lernens in der mathematikdidaktischen Lehreraus- und -weiterbildung und können an dieser Stelle kaum erschöpfend dargestellt werden (vgl. z. B. Selter 1990; Jungwirth et al. 1994; Selter und Spiegel 1997; Wollring 1999; Bobis et al. 2005; Peter-Koop et al. 2007; Selter et al. 2011; Bräuning und Steinbring 2011; Clarke et al. 2011; Clarke 2013). Gemeinsam ist diesen Konzepten, dass individuelle mathematische Denk- und Lernprozesse von Kindern auf der Grundlage der Kenntnis verschiedener diagnostischer Methoden systematisch beobachtet und qualitativ analysiert werden.

Strukturierte Interviews, deren Vorbereitung vielfach auch eine eigene Konzeption diagnostischer Aufgaben beinhaltet, stehen hier im Sinne eines Einsatzes individualdiagnostischer Verfahren im Mittelpunkt und führen im Anschluss an die Durchführung und Dokumentation der Erhebung zu Interpretationen und fachdidaktischen Einordnungen der beobachteten Schülerdenkweisen. Erreicht werden soll durch derartige Verknüpfungen von forschungs- und theoriebasierter Lehre eine Förderung mathematikdidaktischer diagnostischer Kompetenzen. In verschiedenen Konzepten wird neben einer Ausbildung diagnostischer Kompetenzen ausdrücklich auch die Ausbildung von Förderkompetenzen bei Studierenden angestrebt (z. B. Rathgeb-Schnierer und Wessolowski 2009; Streit und Royar 2012, vgl. dazu auch die Abschn. 5.2 und 5.3). Zudem findet der Wunsch nach einer Verzahnung von Theorie und Praxis zuweilen Ausdruck in einer institutionellen Öffnung der Universität oder in einer Vernetzung verschiedener lehrerausbildender Institutionen (z. B. im Projekt OLAW unter Beteiligung der Lehrerseminare Oldenburg, Leer, Aurich und Wilhelmshaven, vgl. Fischer und Sjuts 2011, 2012).

5.2 Motivation und Ziele des Lehrprojekts FL!P

Die im vorliegenden Beitrag dargestellte Kooperation zwischen dem Institut für Didaktik der Mathematik und Elementarmathematik an der TU Braunschweig und ersten Klassen in der Region Braunschweig wurde in der hier dargestellten Form von 2011 bis 2014 gepflegt. Der ausdrückliche Kooperationswunsch der beteiligten Lehrkräfte, die von Beginn an besonderes Interesse an einer Mitwirkung in der Ausbildung künftiger Kolleginnen und Kollegen bekundeten, gab den ersten Anstoß. Geäußert wurde seitens der Lehrkräfte zudem der Wunsch, Unterstützung in der Lernausgangsdiagnostik im Anfangsunterricht zu erfahren. Vertreterinnen aus Schule und Universität waren sich einig darüber, dass

ein qualitativ hochwertiger mathematischer Anfangsunterricht auch mit einer frühzeiti-
gen Wahrnehmung und Förderung mathematischer Kompetenzen von Schulanfängerinnen
und -anfängern verbunden ist und dazu beitragen kann, solide fachliche Grundlagen bei
Kindern zu legen.

Aus hochschuldidaktischer Perspektive kristallisierte sich rasch heraus, dass die Kopp-
lung von Lehrveranstaltungen zum Anfangsunterricht Mathematik an den regulären Mathematikunterricht erster Klassen besondere Möglichkeiten in Aussicht stellt: In einer in-
stitutionenübergreifenden, inhalts- und methodenbezogenen Kooperation von Hochschule
und Schule bietet das Praxisfeld „Schule und Unterricht" den Studierenden für ihre Vorhaben einen Forschungskontext, der konkrete und praxisimmanente (d. h. authentische!)
Forschungsfragen aufwirft. Dieser Kontext ist nicht vergleichbar mit Erkundungen in
Praktikumssituationen und der ggf. ebenfalls forschend begleiteten Planung, Durchführung und Auswertung von Unterrichtsversuchen. Vielmehr ermöglicht die hier beschriebene Anbindung an die Praxis eigenständige kleine empirisch-forschende Erkundungen
zu Inhalten des mathematischen Anfangsunterrichts, deren Konzeption und Analyse an
„klassische" Seminarsitzungen angebunden sind. Das damit verbundene forschende Lernen angehender Grundschullehrkräfte erfolgt in einem organisatorischen Rahmen, der von
der Schule bereitgestellt wird. Da von Beginn an geplant war, dass sich die in die Kooperation eingebundenen Lehrkräfte im Rahmen von Förderkonferenzen in die Auswertung
der diagnostischen Erkundungen einbringen und als kompetente Diskussionspartnerinnen
und -partner zur Verfügung stehen, war zu erwarten, dass die Studierenden in einer adressatenbezogenen Auswertung ihrer Forschungsergebnisse die Relevanz ihrer Forschungs-
vorhaben erfahren, ihr Verständnis für Fragen der Entwicklungsdiagnostik vertiefen und
diagnostische Kompetenzen erwerben. Im Gegenzug bestand Aussicht darauf, dass die
beteiligten Lehrpersonen von der Kooperation im Hinblick auf die Beobachtung und Dokumentation der Lernstände ihrer Schülerinnen und Schüler profitieren.

5.3 Organisatorische und inhaltliche Elemente des Projekts FL!P

Eine enge und kollegiale Zusammenarbeit zwischen Seminarleitung in der Universität
und den am Projekt beteiligten Lehrpersonen kennzeichnet die Kooperation zwischen
dem Institut für Didaktik der Mathematik und Elementarmathematik in Braunschweig
und den Lehrkräften erster Klassen in der Region Braunschweig. Diese Zusammenarbeit
ist seit 2011 per Kooperationsvereinbarung festgeschrieben und wurde bis 2014 in der hier
beschriebenen Form gepflegt. Die in Abb. 5.1 visualisierte Organisationsstruktur des Projekts zeigt auf, wie sich mit verhältnismäßig geringen personellen Ressourcen eine für alle
Seiten bereichernde Zusammenarbeit ergibt, die nachfolgend ausführlich dargelegt wird
und zur Nachahmung einladen möge.

Das Lehrangebot des Projekts FL!P richtet sich an Studierende mit dem Studienziel
„Lehramt an Grundschulen", die ein zweisemestriges Masterstudium an der TU Braunschweig absolvieren. Jeweils im Wintersemester nehmen 25 bis 30 Masterstudierende

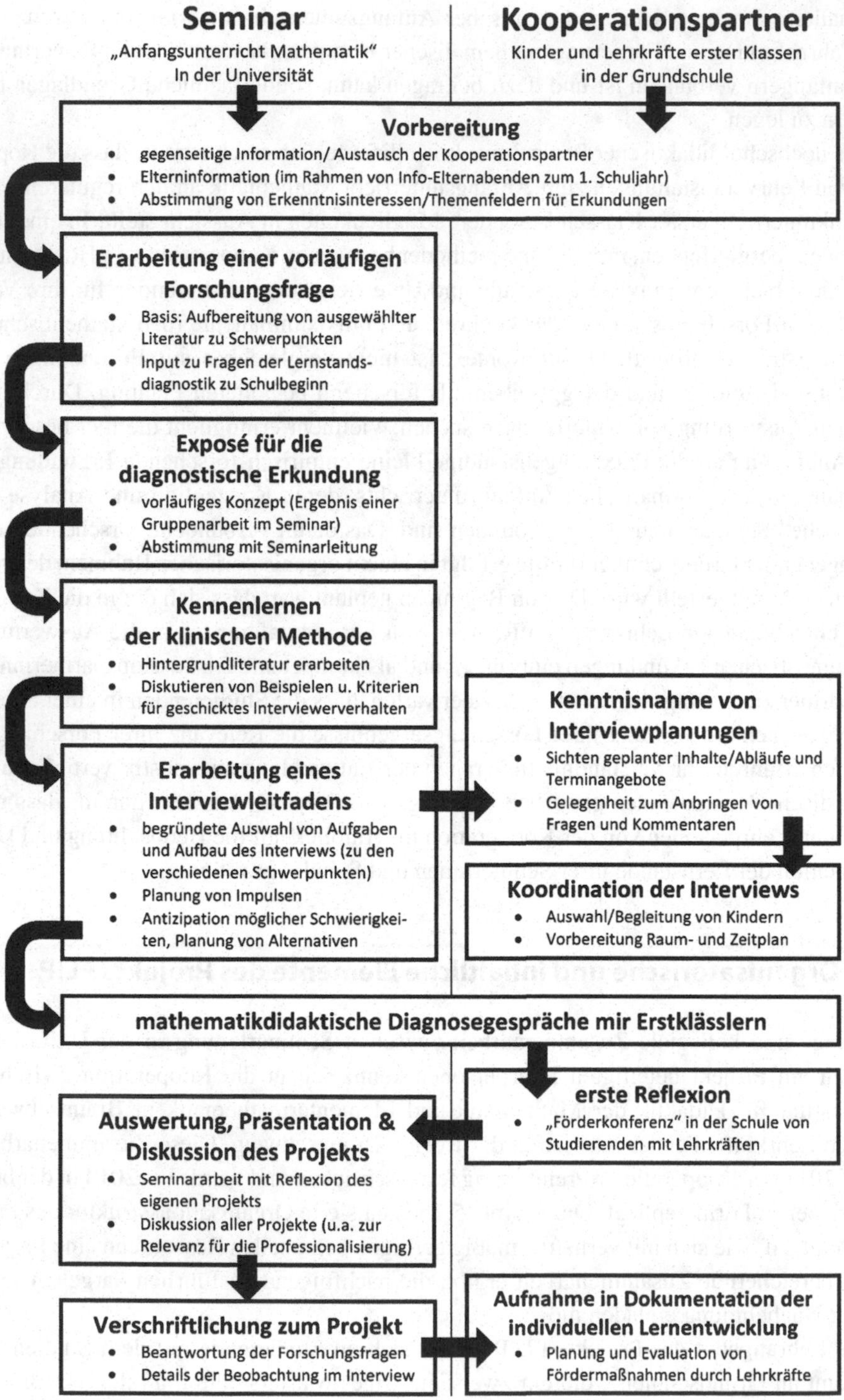

Seminar
„Anfangsunterricht Mathematik"
In der Universität

Kooperationspartner
Kinder und Lehrkräfte erster Klassen
in der Grundschule

Vorbereitung
- gegenseitige Information/ Austausch der Kooperationspartner
- Elterninformation (im Rahmen von Info-Elternabenden zum 1. Schuljahr)
- Abstimmung von Erkenntnisinteressen/Themenfeldern für Erkundungen

Erarbeitung einer vorläufigen Forschungsfrage
- Basis: Aufbereitung von ausgewählter Literatur zu Schwerpunkten
- Input zu Fragen der Lernstands-diagnostik zu Schulbeginn

Exposé für die diagnostische Erkundung
- vorläufiges Konzept (Ergebnis einer Gruppenarbeit im Seminar)
- Abstimmung mit Seminarleitung

Kennenlernen der klinischen Methode
- Hintergrundliteratur erarbeiten
- Diskutieren von Beispielen u. Kriterien für geschicktes Interviewerverhalten

Erarbeitung eines Interviewleitfadens
- begründete Auswahl von Aufgaben und Aufbau des Interviews (zu den verschiedenen Schwerpunkten)
- Planung von Impulsen
- Antizipation möglicher Schwierigkei-ten, Planung von Alternativen

Kenntnisnahme von Interviewplanungen
- Sichten geplanter Inhalte/Abläufe und Terminangebote
- Gelegenheit zum Anbringen von Fragen und Kommentaren

Koordination der Interviews
- Auswahl/Begleitung von Kindern
- Vorbereitung Raum- und Zeitplan

mathematikdidaktische Diagnosegespräche mir Erstklässlern

erste Reflexion
- „Förderkonferenz" in der Schule von Studierenden mit Lehrkräften

Auswertung, Präsentation & Diskussion des Projekts
- Seminararbeit mit Reflexion des eigenen Projekts
- Diskussion aller Projekte (u.a. zur Relevanz für die Professionalisierung)

Verschriftlichung zum Projekt
- Beantwortung der Forschungsfragen
- Details der Beobachtung im Interview

Aufnahme in Dokumentation der individuellen Lernentwicklung
- Planung und Evaluation von Fördermaßnahmen durch Lehrkräfte

Abb. 5.1 Elemente forschenden Lernens im Ablaufschema des Projektes FL!P

mit dem Fach Mathematik an diesem Seminar teil, das als zweistündig angesetzte Lehr-veranstaltung in der Studienordnung vorgesehen ist und zum Kanon der verbindlich zu studierenden Angebote zählt. Von schulischer Seite sind pro Durchgang bis zu zehn Lehr-personen an der Durchführung des Projekts beteiligt. Diese wählen pro Studierendengrup-pe und Interviewthema etwa sechs bis zehn Kinder aus, sodass insgesamt bis zu 50 Kinder aus ersten Klassen pro Seminardurchgang am Projekt FL!P partizipieren.

Mit Beginn des Schuljahres 2013/14 in Niedersachsen nahm die dritte Studierenden-kohorte ihre Arbeit im Projekt auf. Vorausgegangen war wie bereits in den Vorjahren eine Vorbereitungsphase, in der sich Seminarleitung und Vertreterinnen aus der Schule (z. B. zu der zu erwartenden Schülerinnen-/Schüler-/Studierendenklientel) austauschten und aktuelle Anliegen diskutierten. Im Mittelpunkt stand dabei die Abstimmung von Er-kenntnisinteressen und Themenfeldern für die Erkundungen arithmetischer Denk- und Lösungswege der Schulanfängerinnen und Schulanfänger, die u. a. auch auf Einzelbeob-achtungen der Lehrpersonen aus vorherigen Hospitationen im Kindergarten zurückgingen oder bewährte Themenfelder aus den vorangegangenen Runden des Projekts aufgriffen. Eine Information der Eltern zu Zielen und organisatorischen Belangen wurde eingebet-tet in allgemeine Informationselternabende, die die beteiligten Klassen zum Beginn des Schuljahres anboten.

Die Arbeit im Seminar, das sich an diese Vorbereitungen anschließt, umfasste wie be-reits in den vergangenen Jahren drei Sequenzen, in die die Lehrkräfte aus der Praxis in unterschiedlichem Maße involviert sind:

Zunächst erfolgt eine „Einführung im Rahmen von zwei Blockveranstaltungen" vor Semesterbeginn (jeweils im Umfang von ca. sechs Stunden), in denen inhaltliche und methodische Grundlagen zu den Projekten der Studierenden erarbeitet werden. Ange-leitet durch die Seminarbetreuung wird zunächst in arbeitsteiliger Gruppenarbeit die zu den inhaltlichen Schwerpunkten bereitgestellte Literatur aufbereitet und außerhalb der Veranstaltungszeit durch eigene Recherchen ergänzt. Hintergrundwissen und mathema-tikdidaktische Konzepte zum arithmetischen Anfangsunterricht, die hier erworben oder gefestigt werden, beziehen sich beispielsweise auf Themenfelder wie

- Zählen und Zählfertigkeiten (Abzählen, Weiterzählen, Zählstrategien, . . .)
- Zahlen vergleichen und ordnen (Seriation, Relationen zu anderen Zahlen, . . .)
- Teil-Ganzes-Zerlegungen (Zahlen zerlegen, Bündelungen, . . .)
- Muster und Strukturen (simultane und quasisimultane Zahlerfassung strukturiert dar-gestellter Anzahlen, Zahlenfolgen, figurierte Zahlen, . . .).

Ein methodischer Exkurs zu allgemeinen Fragen der Lernstandsdiagnostik ergänzt die-se inhaltlichen Erarbeitungen, greift bekannte Inhalte aus schulpädagogischen Veranstal-tungen zum Themenfeld „Diagnostik" auf und bezieht Vorkenntnisse aus Veranstaltun-gen in der Pädagogischen Psychologie ein. Auf der Basis dieser fundierten theoretischen Auseinandersetzung erarbeiten die Studierenden während der Seminarzeit eine mathe-matikdidaktisch fokussierte Forschungsfrage, die sich zu einem späteren Zeitpunkt noch modifizieren lässt, und legen als Ergebnis ihrer Gruppenarbeit ein Exposé zur geplanten Erkundung vor. Ein sich anschließendes Kennenlernen der klinischen Methode, zu der entsprechende Hintergrundliteratur bereitgestellt wird (z. B. Selter und Spiegel 1997; Ginsburg und Opper 1998), umfasst auch eine Erörterung von Facetten des Einsatzes dieser Methodik anhand gelungener oder weniger geglückter Beispiele, mit denen u. a. Kriterien für ein geschicktes Interviewverhalten erarbeitet werden.

Damit sind sowohl inhaltliche als auch methodische Grundlagen für die Erarbeitung von Interviewleitfäden zur Durchführung halbstandardisierter klinischer Interviews gelegt. Begründet werden von den Studierenden dazu sowohl die Auswahl der Aufgaben als auch die Planungen zum Aufbau von Sequenzen innerhalb des Interviews. Neben der Planung von einzusetzenden Impulsen (z. B. auch Materialeinsatz) sollen mögliche Schwierigkeiten antizipiert und entsprechende Alternativen in die Planung aufgenommen werden.

Die erstellten und abschließend mit der Seminarleitung abgestimmten Interviewleitfäden werden in einem nächsten Schritt den Kooperationslehrkräften zur Verfügung gestellt. Diese sichten die geplanten Vorhaben, kommentieren die Planungen z. T. auch kritisch und treffen schließlich eine themengeleitete Vorauswahl von Interviewkindern aus ihren Klassen. Das heißt die Lehrpersonen haben die Möglichkeit einzelne Kinder gezielt für die Teilnahme an den Interviews auszuwählen und damit die jeweiligen Kinder den vorgeschlagenen Themenbereichen zuzuordnen.

Nachdem die Studierenden in einzelnen Sitzungen zur regulären Seminarzeit im beginnenden Semester übergeordnete Fragen des Anfangsunterrichts bearbeitet haben, verlagern sie ihre Aktivitäten in der „Phase der Durchführung" vollständig in die Schule: In der Zeit zwischen den Herbstferien in der Schule (zumeist Anfang November) und Mitte Dezember finden keine Seminarsitzungen mit der gesamten Gruppe statt. Stattdessen kommen die Studierenden in den thematisch unterschiedlich arbeitenden Kleingruppen verteilt über einen Zeitraum von ca. sechs Wochen jeweils zu zwei Terminen in einer vorab festgelegten Woche in die Schule. Hier

- führen sie an einem Vormittag das von ihnen vorab im Seminar konzipierte Interview mit Kindern aus verschiedenen ersten Klassen durch und dokumentierten ihre Erhebung über Videomitschnitte,
- sichten sie selbständig das gewonnene Datenmaterial, verständigen sich innerhalb ihrer Kleingruppe über erste Eindrücke aus den Interviews oder besondere Ergebnisse und
- stellen an einem Nachmittag in der gleichen Schulwoche den beteiligten Lehrkräften knapp ihre ersten Ergebnisse vor, diskutieren diese in der Expertenrunde und erörtern ansatzweise Szenarien sinnvoller Förderung („Förderkonferenz").

In einer dritten Sequenz des Seminars steht die „Auswertung, Präsentation und Diskussion der Projekte" im Mittelpunkt der gemeinsamen Seminararbeit: Gegen Ende des Semesters trifft nun die Gesamtgruppe des Seminars wieder zusammen. Die Studierenden stellen sich gegenseitig ihre Ergebnisse zu den Projekten vor und können somit an den Erfahrungen der Kommilitonen zu anderen inhaltlichen Schwerpunkten partizipieren. Reflektiert wird dabei abschließend auch die Relevanz der durchgeführten Projekte im Hinblick auf die eigene Professionalisierung. Aus Sicht der Studierenden wird hier vielfach ein subjektiver Erkenntnisgewinn in Bezug auf die Gestaltung, Durchführung und den Nutzen klinischer Interviews in mathematikdidaktischen Zusammenhängen festgestellt:

> Ich persönlich habe gelernt … dass Schüler ganz unterschiedlich in ihrem Leistungsstand sind.
>
> (…) präzise, klare und eindeutige Fragen zu stellen.
>
> Nachvollziehen von kindlichen Denkweisen
>
> (…) wie wichtig Diagnose ist und wie man erste Ideen für die Förderung entwickelt

(Auswahl von Äußerungen von Studierenden aus einer Evaluation zum Semesterende)

Die Auswertung der Projekte umfasst zudem die Anlage kompakter Fallstudien, die als Verschriftlichung der Interviewergebnisse und als Ergebnis qualitativer Forschung aus dem Projekt hervorgehen und deren inhaltliche Ausgestaltung Gegenstand der Leistungsbeurteilung im Seminar ist. Diese Fallstudien werden auch den Lehrkräften in der Schule für die Dokumentation der individuellen Lernentwicklung der Kinder zur Verfügung gestellt und dienen hier der fundierten Planung und Evaluation weiterer Fördermaßnahmen durch die Lehrkräfte.

5.4   Perspektiven auf den Prozess des Diagnostizierens und der diagnostischen Kompetenz

Das Lehrprojekt FL!P ist mit dem Anspruch verbunden, die Innovationen in der veränderten Lehre auch forschend zu begleiten. Eine der in diesem Zusammenhang formulierten Hypothesen bezieht sich auf die Annahme, dass die veränderte Veranstaltungsart mit ihrem besonderen Praxisbezug dazu beiträgt, bei den Studierenden diagnostische Kompetenzen zu entwickeln. Es ergibt sich folglich nicht nur die Frage, wie (und welchem Forschungsparadigma folgend) diagnostische Kompetenzen vor und nach einer praxisnahen Lehrveranstaltung zu erfassen sind. Vielmehr gilt es zunächst grundsätzlich zu klären, was mathematikdidaktische Diagnosekompetenzen und mathematikdidaktische Diagnosen im Verständnis des Projektes auszeichnen. Ein begrifflicher Streifzug durch verschiedene Bezugsdisziplinen in den Abschn. 5.1 und 5.2 greift dieses Ansinnen auf und bietet Anknüpfungspunkte für eine Verortung des abschließend unter Abschn. 5.5 skizzierten Projekts *diagnose:pro*, in dem ein qualitativer Blick auf das Diagnostizieren als Tätigkeit eingenommen wird.

5.4.1 Diagnostische Kompetenzen aus psychologisch-pädagogischer Perspektive

Diagnostische Kompetenz zählt neben den Dimensionen der Sachkompetenz, der didaktischen Kompetenz und der Klassenführungskompetenz zu den vier Kernbereichen adaptiver Lehrkompetenz (vgl. Weinert 1996; Helmke und Weinert 1997). Diese spricht die Fähigkeit von Lehrpersonen an, ihre Planungen und ihre konkreten Unterrichtsaktivitäten so zu gestalten, dass der Unterricht an die individuellen Voraussetzungen der Lernenden anknüpft und damit günstige Lernbedingungen geschaffen werden (vgl. Wang 1980, 1992, 2001). Helmke und Schrader (1987) gehen zudem davon aus, dass die individuelle Unterstützung eines Schülers und die Konzeption von Lernangeboten in hohem Maße von einer „diagnostischen Sensibilität" einer Lehrperson profitieren:

> We assume that quality of instruction is influenced by the diagnostic sensitivity of teachers, but at a lower level than that which is usually tapped by the relatively broad measuring instruments applied to quality of instruction (Helmke und Schrader 1987, S. 97).

In Studien zur diagnostischen Kompetenz wird in der Regel die Fähigkeit von Lehrkräften erhoben, zutreffende Einschätzungen von Schülermerkmalen zu geben (vgl. etwa Helmke et al. 2004; Karing 2009; Lorenz und Artelt 2009; Lorenz 2011; Südkamp et al. 2012). Schrader (2009) spricht diesbezüglich vom „Urteilsgenauigkeits-Paradigma":

> (...) die Übereinstimmung zwischen Urteil- und Urteilskriterium, also die Urteils- und Diagnosegenauigkeit, wird als Indikator für diagnostische Kompetenz angesehen und mit Hilfe verschiedener Kennwerte erfasst (Schrader 2009, S. 237).

Unterschieden wird dabei zwischen verschiedenen Urteilskomponenten: So besagt beispielsweise die „Rangkomponente" (auch: *Vergleichskomponente*), inwiefern eine Lehrperson in der Lage ist, die Rangfolge ihrer Schülerinnen und Schüler hinsichtlich einer Merkmalsausprägung korrekt einzuschätzen, also treffende Vergleiche ihrer Schülerinnen und Schüler untereinander vorzunehmen. Dies wird vielfach als besonders bedeutsamer Aspekt im Hinblick auf die Beurteilung einer Diagnosegenauigkeit angesehen (vgl. Helmke und Schrader 1987). Eine „Niveaukomponente" stellt Vergleiche von Diagnose und Leistung her „(...) sodass Maße der Unter- oder Überschätzung resultieren" (Helmke et al. 2003, S. 26) während die „Streuungskomponente" (auch: Differenzierungskomponente) festhält, ob Lehrpersonen die Streuung der festzustellenden Leistungen entsprechend der tatsächlich vorliegenden Differenzen erfassen oder das Ausmaß der Heterogenität eher unter- oder überschätzen.

In einer kritischen Auseinandersetzung mit der Frage, ob der Begriff der diagnostischen Kompetenzen sinnvoll auf den Aspekt der Akkuratheit der Urteile von Lehrpersonen zu fundieren ist, kommt Spinath (2005) in einer Untersuchung mit 43 Klassenlehrpersonen von 723 Grundschulkindern zu eher ernüchternden Befunden mit einer geringen Akkuratheit der Einschätzungen. Sie schlägt folglich vor „(...) auf die Verwendung des Begriffs der diagnostischen Kompetenz zu verzichten, soweit damit die Fähigkeit zur treffenden Beurteilung von Personenmerkmalen gemeint ist" (Spinath 2005, S. 94). Auch Helmke (2009, S. 121 ff.) spricht in jüngerer Zeit eher von „diagnostischer Expertise", um über das Kriterium der Urteilsgenauigkeit hinaus auch methodisches und prozedurales Wissen („Verfügbarkeit von Methoden zur Einschätzung von Schülerleistungen und zur Selbstdiagnose") sowie konzeptuelles Wissen („Kenntnis von Urteilstendenzen und -fehlern") zu erfassen. Zudem weist er darauf hin, dass zwischen formalen und informellen Diagnoseleistungen unterschieden werden könne: Informelle Diagnoseleistungen sind demnach

> (...) implizite subjektive Urteile, Einschätzungen und Erwartungen, die eher beiläufig und unsystematisch im Rahmen des alltäglichen erzieherischen Handelns gewonnen werden (Helmke 2009, S. 122).

Diagnostische Kompetenz lässt sich damit nicht auf die Fähigkeit reduzieren, treffende Einschätzungen von Schülerleistungen vorzunehmen. Mittels quantitativ zu erhebender Daten zur Urteilsgenauigkeit ist diagnostische Kompetenz offensichtlich nur partiell erfassbar, wie auch andere Autoren kritisch anmerken (vgl. Abs 2006; Bruder et al. 2010). Entsprechend gibt es inzwischen verschiedene Modelle, die der Beschreibung verschiedener Facetten diagnostischer Kompetenzen dienen und jenseits der Urteilsgenauigkeit weitere Dimensionen dieses Konstrukts in Strukturmodellen zu erfassen versuchen (Karst 2012).

Auch Weinert beschreibt diagnostische Kompetenzen als „(...) ein Bündel von Fähigkeiten ..." und verweist darauf, dass „das didaktisches Handeln auf diagnostischen Einsichten aufgebaut werden kann." (Weinert 2000, S. 14). Dieser Darstellung von Weinert folgend, geht es dabei vor allem um eine kontinuierliche Erfassung individueller Fortschritte oder Schwierigkeiten (vgl. auch Helmke 2009; Weinert et al. 1990). Die dabei eingesetzten diagnostischen Kompetenzen können verschiedene kognitive Fähigkeiten und Fertigkeiten umfassen, wie auch der von Weinert formulierte Kompetenzbegriff nahelegt:

> (...) versteht man unter Kompetenzen die bei Individuen verfügbaren oder von ihnen erlernbaren kognitiven Fähigkeiten und Fertigkeiten, bestimmte Probleme zu lösen, sowie die damit verbundenen motivationalen, volitionalen und sozialen Bereitschaften und Fähigkeiten um die Problemlösungen in variablen Situationen erfolgreich und verantwortungsvoll nutzen zu können (Weinert 2001, S. 27 f.).

Das sich hier andeutende Verständnis vom Facettenreichtum diagnostischer Kompetenz geht in der pädagogischen Diagnostik mit dem Interesse am individuellen Lernstand eines Kindes einher, wobei das Ziel darin besteht ein ausgewogenes Bild individueller Schwierigkeiten – aber auch Stärken – zu gewinnen (vgl. Paradies et al. 2011). Ingenkamp und Lissmann (2008, S. 13) verweisen entsprechend auf verschiedene „diagnostische Tätigkeiten", mit denen zur Optimierung individuellen Lernens etwa Lernvoraussetzungen ermittelt oder Lernprozesse analysiert werden. Horstkemper (2004) umreißt die Herausforderungen, die mit diesen diagnostischen Tätigkeiten im schulischen Alltag verbunden sind und versteht „Diagnostizieren als zielgerichtetes, strategisches und folgenreiches

Abb. 5.2 Kreislauf des Diagnostizierens. (Nach Klug
2011; Klug et al. 2013)

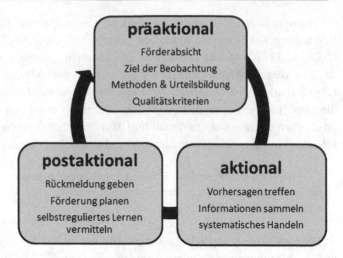

Handeln" (Horstkemper 2004, S. 204). Vor diesem Hintergrund liegt es nahe, einer Um-
schreibung der Diagnosetätigkeit von Kiper und Mischke (2006) zu folgen, die Aktivitäten
des Förderns vorbereitet:

> Diagnostizieren ist Teil eines Such- und Problemlöseprozesses, bei dem von einem Ist-Zu-
> stand ausgehend ein Bedingungs- und Entwicklungsmodell entworfen wird. Ziel: den Ist-
> Zustand in einen Soll-Zustand zu überführen (Kiper und Mischke 2006, S. 111).

Die Tätigkeit des Diagnostizierens ist damit integriert in einen Prozess, dessen Ziel
nicht darauf beschränkt ist, ein Lernprodukt oder das Ergebnis einer Bearbeitung zu be-
gutachten. Vielmehr rückt der Lern*prozess* eines Kindes, die „Qualität einer individuellen
Bearbeitung" in den Fokus der Analyse, die Anlass zur Planung lernförderlicher Maßnahmen bietet. Ein von Klug (2011) und Klug et al. (2013) erarbeitetes Modell stellt heraus,
dass dieser Prozess des Diagnostizierens im Sinne eines zirkulär angelegten Modells verstanden werden kann (vgl. Abb. 5.2).

Noch bevor die Lehrperson oder eine andere diagnostizierend tätige Person in die
Phase der diagnostischen Tätigkeit und in die Interaktion mit einem Kind eintritt, erfolgt dem Modell von Klug (2011) und Klug et al. (2013) zufolge „präaktional" die
(implizite oder explizite) Formulierung einer Förderabsicht: Die Lehrperson stellt Überlegungen zu Zielen der geplanten Beobachtung an, aktiviert ihr Wissen um Instrumente des
Erkenntnisgewinns und der Urteilsbildung und muss eine Einschätzung zur Qualität dieser Diagnoseinstrumente vornehmen. Die anschließende „aktionale" Phase umfasst alle
Aspekte des systematischen Agierens in einer Diagnosesituation:

> Most important in this phase is acting systematically to make a reliable diagnosis. Making
> a prediction about a student's development and possible underlying learning difficulties seems
> important. To make a prediction, the teacher has to gather information from different sources
> and choose the relevant information. Finally, the teacher can interpret the data and come to
> a concluding diagnosis (Klug et al. 2013, S. 39).

Eine darauffolgende „postaktionale" Phase umfasst pädagogische Aktivitäten wie etwa eine Rückmeldung an das Kind, dessen Lernprozess in der aktionalen Phase diagnostizierend beobachtet wurde, und schließt auch die Planung und Umsetzung geeigneter Fördermaßnahmen ein. Diese Tätigkeiten fließen – und damit offenbart sich der zirkuläre Charakter dieses Modells – in eine erneute präaktionale Phase und in den erneuten Durchlauf eines Diagnoseprozesses ein.

5.4.2 Zum Verständnis von Diagnosekompetenzen in der Mathematikdidaktik

Insgesamt verspricht das Modell von Klug (2011) bzw. Klug et al. (2013) eine auf die alltägliche Praxis des Mathematikunterrichts in der Grundschule prinzipiell übertragbare (Wunsch?)Vorstellung zu den Elementen mathematikdidaktisch diagnostizierender Tätigkeit. Es fundiert das Verständnis für einen fortwährenden, sich stets neu initiierenden Kreislauf des Diagnostizierens, Nachbereitens/Förderns und Vorbereitens erneuter Diagnostik, (z. B. auch zur Evaluation von Fördermaßnahmen, die an eine Diagnostik anknüpfen), den man von engagierten Mathematiklehrkräften erwarten darf. Neben einer differenzierten Dimensionalisierung diagnostischer Tätigkeiten wird mit dem Modell ein „diagnostischer Makroprozess" abgebildet, der von einer diagnostizierenden Person individuell auszugestalten ist. Inwiefern diese individuelle Prägung von einzelnen Elementen des diagnostischen Makroprozesses, d. h. individuelle „diagnostische Mikroprozesse" innerhalb dieses Ablaufs, z. B. die aktionale Phase prägen, bleibt an dieser Stelle zunächst offen und wird zum Gegenstand der in Abschn. 5.5 skizzierten eigenen Untersuchungen aus mathematikdidaktischer Perspektive.

Mathematikdidaktische Positionen zum Begriff der diagnostischen Kompetenzen sind insgesamt in einem breiteren Spektrum anzutreffen, dessen Darstellung sich an dieser Stelle auf einige ausgewählte Beispiele beschränkt. Berührt werden dabei im Sinne der eigenen Studien vor allem Aspekte einer prozessorientierten Diagnostik, die auf einer soliden Basis mathematikdidaktischen Wissens beruht.

Ball et al. (2008, 2009) verweisen in ihrer Differenzierung von Domänen der Lehrerprofession darauf, dass „pedagogical content knowledge" (PCK) Wissen über typische und verbreitete mathematische Konzepte oder Fehlvorstellungen beinhaltet, die im Mathematikunterricht anzutreffen sind. Dort, wo „individuelle" Fälle und Konzepte betrachtet werden, ist die Subdomäne „knowledge of content and students" (KCS) angesprochen (Ball et al. 2008, S. 403). Sleep und Boerst (2012, S. 1039) konzeptualisieren diese Fähigkeit als Teilbereich der Domäne „assessing student thinking", die stets mit fachlichem Wissen in Verbindung steht.

Grundsätzlich lässt sich mathematikdidaktische Diagnosekompetenz im Sinne der unter Abschn. 5.1 skizzierten Merkmale Pädagogischer Diagnostik (vgl. z. B. Ingenkamp und Lissmann 2008; Kiper und Mischke 2006; Klug 2011; Klug et al. 2013) verstehen: Dabei geht es zunächst um

(...) eine differenzierte Analyse von Lernprozessen und Überlegungen der Lernenden sowie von auftretenden Fehlern und möglichen Fehlerursachen (Scherer und Moser Opitz 2010, S. 22 f.).

Ziel der Analyse ist die Erfassung von individuellen Lernvoraussetzungen innerhalb einer heterogenen Schülerschaft. Lehrpersonen, die ihre Arbeit auf die Gestaltung eines adaptiven Mathematikunterrichts (Wang 1980, 1992, 2001; vgl. Abschn. 5.1) ausrichten, nutzen die in dieser Erfassung von Lernvoraussetzungen gewonnenen Einsichten für die Gestaltung nachfolgenden Unterrichts und die Planung von (besonderen) Unterrichtsmaß-nahmen.

Unterrichten und Diagnostizieren sind zwei Seiten der gleichen Medaille, des gleichen „Ge-schäfts", nämlich dafür Sorge zu tragen, dass jedes uns in der Institution Schule anvertraute Kind möglichst große Lernfortschritte erzielt (Schipper 2007, S. 106).

Dies setzt eine besondere Sensitivität gegenüber den Facetten unterschiedlicher Denk-prozesse bei der Bearbeitung mathematischer Inhalte voraus:

Zum Aufbau diagnostischer Kompetenz in Bezug auf fachliche Lernprozesse gehört zunächst eine den Lernenden zugewandte und aufgeschlossene Haltung, also die Bereitschaft und Neu-gier, sich mit Äußerungen und Denkweisen von Individuen intensiv auseinander zu setzen (Prediger 2007, S. 90).

Wollring (1999, S. 272) spricht diesbezüglich die Fähigkeit an „(...) sich mit mathema-tikdidaktischen Eigenproduktionen von Kindern auseinanderzusetzen." und verweist an gleicher Stelle auf die Relevanz dieses „Kerns mathematikdidaktischer Kompetenz" für das Erkennen sich anbahnender Entwicklungsverzögerungen im mathematischen Kom-petenzerwerb. Dies erfordert naturgemäß ein besonderes Maß „mathematikdidaktischer" Expertise: Mathematikdidaktische Diagnosekompetenz greift im hier vorliegenden Ver-ständnis damit auf Grundlagen der Pädagogischen Diagnostik zurück, muss aber gleich-zeitig auf einem sicheren fachdidaktischen Fundament ruhen und setzt somit mathema-tikdidaktisches Wissen voraus (vgl. Prediger 2007; Moser Opitz 2010). So ermöglicht beispielsweise erst der solide fachliche und fachdidaktische Hintergrund einer Lehrperson ein möglichst vielschichtiges Interpretieren von Fehllösungen eines Kindes, dem etwa im Rahmen „prozessorientierter Diagnostik" nachgespürt werden kann (Scherer und Moser Opitz 2010, S. 23 f.).

Die prozessorientierte Diagnostik ist auf die Erfassung individueller Lern- und Lö-sungsprozesse ausgerichtet und stellt qualitative Methoden wie die Beobachtung einer Lö-sungsbearbeitung oder diagnostische Interviews in den Mittelpunkt (z. B. Schipper 1998). Um Lernprozesse sinnvoll unterstützen zu können, werden das Denken einer Schülerin oder eines Schülers und die zum Zeitpunkt der Diagnose ausgebildeten (Fehl-)Vorstel-lungen einer intensiven Analyse unterzogen (z. B. Jordan und vom Hofe 2008). Dieses Vorgehen ist weniger defizit- als vielmehr ausdrücklich kompetenzorientiert und dient

der Suche nach „Möglichkeiten der Anknüpfung für ein Weiterlernen" (Schipper 2007,
S. 108 f.). Im Idealfall ist eine derart auf das Verständnis von Denkweisen eines Kindes
ausgerichtete mathematikdidaktische Diagnostik kontinuierlich und begleitend in den alltäglichen Mathematikunterricht integriert und wird geprägt durch den intensiven Dialog
mit dem Lernenden (Schipper 2007, S. 109). Während derartige „diagnostische Gespräche" im Alltag stets eher spontan, also situativ und oft auch eher unstrukturiert ablaufen,
stellen andere Formen der handlungsleitenden Diagnostik Instrumente bereit, mit denen
im diagnostischen Interview standardisierte Situationen zur Diagnostik geschaffen werden
(etwa im ElementarMathematischen BasisInterview EMBI, Peter-Koop et al. 2007).

Das von Klug (2011) und Klug et al. (2013) erarbeitete Modell des Diagnostizierens als
zirkulär angelegtem Prozess (vgl. Abb. 5.2) überzeugt vor diesem Hintergrund auch für
mathematikdidaktische Belange. Exemplarisch sei dazu verwiesen auf Bezüge zum Lehrprojekt FL!P (vgl. Abschn. 5.3) und die Ausprägung der präaktionalen Phase im Rahmen
eines „mathematikdidaktischen Makroprozesses":

Hier sind zunächst (implizit oder explizit bzw. ggf. sogar verschriftlicht) Ziele einer intensiveren Beobachtung oder eines mathematikdidaktischen Diagnoseinterviews
festzulegen. Das Erkennen einer Förderabsicht dürfte sich bei erfahrenen Lehrpersonen
im Alltag vielfach eher intuitiv vollziehen und steht oft auch im Zusammenhang mit
bereits beobachteten („unsystematisch diagnostizierten") Schwierigkeiten, Schwächen
oder besonders auffälligen Einzelleistungen (Zu welchen mathematischen Inhalten erscheint eine Klärung der Denk- und Lösungswege eines Kindes erforderlich? Welche
Situationen haben Anlass gegeben, eine Förderabsicht zu formulieren und wie lautet
diese Absicht? ...). Diese Förderabsicht wird im oben dargestellten Projekt FL!P von
den kooperierenden Lehrkräften aus der Praxis formuliert. Diese haben die ihnen anver-
trauten Schulanfängerinnen und -anfänger seit ihrem Schuleintritt bereits über mehrere
Wochen begleitet und treffen auf der Basis ihrer Alltagserfahrungen Entscheidungen darüber, welche Kinder an den von Studierenden vorbereiteten diagnostischen Interviews
teilnehmen. Fachdidaktisch relevant sind in der präaktionalen Phase auch die Kenntnis
verschiedener Diagnosemethoden (produktorientierte Testverfahren vs. Formen prozessorientierter Diagnostik) sowie fundiertes Wissen um Kriterien zur Einschätzung von
Qualität/Reichweite bzw. zur Einsetzbarkeit in der vorgefundenen (Unterrichts-)Situati-
on. Hier bringen vor allem Studierende die im Seminar erworbene theoretische Expertise
ein und tauschen sich mit den Lehrpersonen oftmals auch über die Kooperation hinaus
über aktuelle Testverfahren und Methoden aus, die sie in pädagogischen oder psychologischen Lehrveranstaltungen kennengelernt haben. Prinzipiell lassen sich die formulierten
Ansprüche mathematikdidaktisch-prozessorientierter Diagnostik auch mit dem von Klug
(2011) bzw. Klug et al. (2013) veranschaulichten Gedanken vereinbaren, dass in einer
postaktionalen Phase eine auf die Diagnose in der aktionalen Phase bezogene Förderung
durchgeführt wird, die anschließend Anlass zur Formulierung erneuter Beobachtungs-
ziele und Förderabsichten bietet. Für das Projekt FL!P ermöglicht dieser Ansatz eine
sinnvolle Ausweitung der Projektidee, die unter Abschn. 5.6 abschließend diskutiert
wird.

5.4.3 Hochschuldidaktische Aspekte diagnostischer Kompetenz

Mit dem überwiegend enttäuschenden Abschneiden deutscher Schülerinnen und Schüler in internationalen Vergleichsstudien wie IGLU-E 2001 und 2006 (vgl. Bos et al. 2003, 2008) oder TIMSS 2011 (Bos et al. 2012) rückt in jüngerer Zeit auch die Professionalisierung von Mathematiklehrpersonen in die Aufmerksamkeit der empirischen Bildungsforschung: Auch hier bleiben die Ergebnisse hinter den Erwartungen zurück und geben in Studien wie COACTIV (Kunter et al. 2011), MT-21 oder TEDS-M 2008 (vgl. Blömeke et al. 2010) Anlass zur Diskussion um die Ausbildung professioneller Kompetenzen von (angehenden) Lehrpersonen.

Zu diesen professionellen Kompetenzen zählt in zunehmendem Maße auch die Fähigkeit, individuelle Lernentwicklungen von Kindern einschätzen und anderen gegenüber explizieren zu können. Wie im Abschn. 5.1 zum forschenden Lernen in der Lehrerbildung bereits erörtert, besteht weitgehender Konsens darüber, dass Praxiserfahrungen, die in der ersten Phase der Lehrerausbildung gesammelt werden, dazu beitragen, berufsbezogene, mathematikdidaktische Kompetenz auszubilden. Es ist zu erwarten, dass dies auch für den Erwerb diagnostischer Kompetenzen gilt. So heben beispielsweise Hesse und Latzko (2011) hervor, dass die Bewältigung anspruchsvoller Diagnosesituationen in der Schulpraxis einerseits an den Erwerb fundierten Wissens zur pädagogisch-psychologischen Diagnostik gebunden ist. Andererseits sollten aber (z. B. im Sinne des forschenden Lernens) auch Lerngelegenheiten angeboten werden, in denen Studierende „(. . .) erste Fertigkeiten im Prozess des praktischen Diagnostizierens im Kontext von Schule anbahnen können" (Hesse und Latzko 2011, S. 10). Praetorius et al. (2011, S. 139) weisen darauf hin, dass es dabei „(. . .) um das Erlernen diagnostisch zielführender Verhaltensweisen und um den Aufbau eines Repertoires an Strategien gehen muss." Die entsprechende Forderung, diagnostische Kompetenzen in der Lehreraus- und -fortbildung stärker zu akzentuieren, liegt damit auf der Hand (vgl. auch Helmke et al. 2003) und zeigt sich in jüngerer Zeit auch in einem verstärkten Interesse an der Förderung diagnostischer Kompetenzen in der Ausbildung künftiger Mathematiklehrkräfte (z. B. Selter et al. 2011; Streit und Royar 2012; Fischer und Sjuts 2011, 2012).

5.5 Einblicke in das Projekt diagnose:pro

Während Studien zur Urteilsgenauigkeit von Lehrereinschätzungen vor allem eine *produktorientiert* Sicht auf Schülerleistungen einnehmen (vgl. Südkamp et al. 2012), legen die in den vorangegangenen Abschnitten dargelegten Positionen eher eine *prozessorientierte* Perspektive auf Lern- und Denkwege von Kinder nahe, die auch die Arbeit in den Projekten FL!P und *diagnose:pro* bestimmt. Wesentliches Element mathematikdidaktischer Diagnosekompetenz ist in diesem Verständnis die (bei Studierenden zu entwickelnde) Fähigkeit, sich qualitativ-forschend mit individuellen Denkweisen eines Kindes auseinanderzusetzen. Die Qualität dieser qualitativen mathematikdidaktisch motivierten

Auseinandersetzung des Diagnostizierenden mit den Denkwegen eines Kindes erscheint mit rein quantitativen Methoden zunächst nur schwer erfassbar und wurde bislang kaum betrachtet (vgl. Marx 2011). Naheliegend ist in der Analyse mathematikdidaktischer Diagnosekompetenzen daher eine prozessorientierte Sicht auf eine prozessorientiert ausgerichtete Diagnosetätigkeit.

5.5.1   Einordnung des Forschungsvorhabens und Fragen

Eine Verortung dieses Ansinnens lässt sich u. a. über das Modell von Klug (2011) bzw. Klug et al. (2013, vgl. Abb. 5.2) vornehmen: Über eine Dimensionalisierung diagnostischer Fähigkeiten wird hier ein plausibel erscheinendes Kreislaufdiagramm genutzt, um einen „diagnostischen Makroprozess" abzubilden, der u. a. auch verschiedene Institutionen wie im Projekt FL!P einbeziehen kann. Innerhalb dieses Makroprozesses finden nun aber in der aktionalen Phase des Diagnostizierens auch „diagnostische Mikroprozesse" statt, die in den hier dargestellten Zusammenhängen den Moment des intensiven Arbeitens mit einem Kind in einem halbstandardisierten klinischen Interview berühren. Wie sich in der Modellvorstellung zeigt, erweist sich das „systematische Handeln" beim „Sammeln von Informationen" (vgl. Abb. 5.2) als entscheidende Basis für die Konzeption von Elementen in der nachfolgenden postaktionalen Phase (z. B. Planung von Fördermaßnahmen), die wiederum Einfluss nimmt auf ein erneutes Durchlaufen des Diagnosekreislaufs. Um qualitative Aspekte des Diagnostizierens in der aktionalen Phase zu erfassen, stellen sich also Fragen wie:

- Welche kognitiven Strategien kennzeichnen das Vorgehen eines Diagnostizierenden im Umgang mit dem Lernenden (im Moment des Kontakts mit einem Kind im mathematischen Diagnosegespräch)?
- Welcher Art ist das von Klug (2011) bzw. Klug et al. (2013) beschriebene „systematische Handeln", das Diagnostizierende in der aktionalen Phase einsetzen?
- Wie vollzieht sich das „Beleuchten eines Lern- und Lösungsprozesses", den Schipper (2007) beschreibt?
- Welche Elemente beinhaltet die qualitative Auseinandersetzung, die mit der Rekonstruktion von Schülerkonzepten einhergeht, welche sich nicht unmittelbar aus ihren Äußerungen erschließen lassen (Prediger 2010)?

Das Projekt diagnose:pro nimmt vor diesem Hintergrund eine bewusste Fokussierung auf Analysen von diagnostizierendem Vorgehen in halbstandardisierten klinischen Interviews vor. Einem qualitativen, prozessorientierten Paradigma folgend werden zunächst nicht die Ergebnisse sondern die Vorgehensweisen und damit die „Diagnosestrategien", die Studierende in der universitären Lernumgebung des Projekts FL!P einsetzen, untersucht und modelliert. Im Mittelpunkt stehen dabei die folgenden Forschungsfragen:

- Wie diagnostizieren Studierende?
- Welche Elemente kennzeichnen die Strategien, die sie im Verlauf einer Diagnose (bzw. in der Auseinandersetzung mit einem bereits erfolgten Diagnosegespräch) einsetzen?
- Welche Strategietypen lassen sich identifizieren und inwiefern wird flexibel zwischen (Elementen von) Strategien variiert?

5.5.2 Methodische Ansätze zur Datenerhebung und Analyse

Noch vor der Ausschärfung der nunmehr verfolgten Forschungsfragen wurde im Rahmen erster Explorationen mit Beginn des Lehrprojekts FL!P im Schuljahr 2011/2012 zunächst der Einsatz von Videovignetten erprobt (vgl. Atria et al. 2006), die auch in der Hochschulmathematikdidaktik im Hinblick auf das Erfassen diagnostischer Kompetenzen von Studierenden Beachtung finden (vgl. Streit und Royar 2012; Streit und Weber 2013). Die angebotenen, eigens für die hier skizzierten Studien erstellten Videovignetten beinhalten im Wesentlichen Ausschnitte aus diagnostischen Interviews, die zu schriftlich festgehaltenen Überlegungen anregen sollten. Erwartet wurden durch die Analyse dieser schriftlichen Kommentare Hinweise darauf, ob die Studierenden vor bzw. nach den selbst durchgeführten diagnostischen Interviews im Projekt FL!P u. a.

- das Forschungsinteresse eines Interviewenden identifizieren und Forschungsfragen des Interviewenden formulieren können („Entwerfen von Diagnosesituationen"),
- alternative, weiterführende Fragen an besonderen Schnittstellen im Interview nennen („Entwerfen und Durchführen von Diagnosesituationen") und
- den fachdidaktischen Nutzen des betrachteten Interviews reflektieren können („Reflexion von Diagnosesituationen").

Einem qualitativ-prozessorientierten Ansatz folgend war die Auswertung der dabei gewonnenen Datensätze (n = 66) weniger ertragreich als zunächst erhofft, da lediglich die schriftlichen „Produkte der Studierenden" einer Analyse unterzogen werden konnten. Um tatsächlich Elemente mathematikdidaktischen Wissens im Moment der Diagnose und die Verfügbarkeit von Strategien bei der Begegnung mit diagnostischen Anforderungen erfassen zu können, entstand so die Überlegung, tatsächlich den „Prozess des Diagnostizierens" zu begleiten.

In Anlehnung an den Begriff der prozessorientierten Diagnostik nach Schipper (2007) für die Arbeit mit Kindern bedeutet dieser Anspruch, dass Methoden zur prozessorientierten Feststellung der Diagnosekompetenz (von Studierenden) gefunden werden müssen. Mit einer in dieser Hinsicht „verstehenden Diagnostik von Diagnoseprozessen" soll Einsicht und Verständnis in die Lern- und Problemlösungsprozesse von Studierenden während einer diagnostizierenden Tätigkeit gewonnen werden, mit der Grundlagen für eine diese Aspekte aufgreifenden Aus- und Fortbildung geschaffen werden können. Es handelt sich dabei um eine in die Ausbildung und Seminararbeit integrierte Diagnostik von

Diagnoseprozessen, die (so der Anspruch einer „passgenauen Diagnostik") den Bedürfnissen der Studierenden am Ende ihrer universitären Ausbildung entspricht und sowohl Vorkenntnisse von Studierenden als auch Diagnoseanlässe in den Kooperationsklassen des Projekts FL!P aufgreift.

Alternativen zur Analyse schriftlicher Kommentierungen („Produkte") bietet die Analyse von Gesprächsverläufen, in denen Studierende zu zweit oder zu dritt ein von anderen Studierenden durchgeführtes und als Videoclip zur Verfügung gestelltes Interview ohne weitere Instruktion auswerten. Mit dieser Methodik, die an vergleichbare Erprobungen anderer Autoren anknüpft (vgl. Bräuning und Steinbring 2011; Marx 2011), wurden in Begleitung des Projekts FL!P im Schuljahr 2012/13 Video- und Audioaufzeichnungen von Studierenden aus zwei Veranstaltungen zum Anfangsunterricht in die Analyse von Diagnosestrategien einbezogen. Diese wurden partiell transkribiert und kategorienentwickelnd im Sinne empirisch begründeter Theoriebildung (Kelle 1994; Kelle und Kluge 1999) interpretiert, wobei Vorgehensweisen des offenen, axialen und selektiven Kodierens (z. B. Corbin und Strauss 1990) und des kontrastierenden, permanenten Vergleichs (z. B. Glaser und Strauss 1998) im Mittelpunkt standen.

Im Wintersemester 2013/14 wurden diese Daten durch retrospektive Einzelinterviews nach einem erfolgten mathematischen Diagnosegespräch ergänzt (vgl. Moyer und Milewicz 2002) und vornehmlich softwaregestützt analysiert. Ergänzt wird dieses Vorgehen empirisch begründeter Theoriebildung durch das Heranziehen kognitionstheoretischer Modelle, die z. B. aus Studien zu Diagnosestrategien aus dem Bereich des medizinischen oder technischen Diagnostizierens vorliegen.

5.5.3 Erste Ergebnisse aus dem Projekt *diagnose:pro*

Erste Ergebnisse aus dem Projekt zeigen, dass die diagnostizierende Tätigkeit der Studierenden in den halbstandardisierten Interviews mit Schulanfängerinnen vielfach einer qualitativen Forschungstätigkeit ähnelt, Diagnostizieren also als Forschungsprozess charakterisiert werden kann (vgl. Jungwirth et al. 1994). Bereits die am Lehrprojekt FL!P teilnehmenden Novizen der mathematikdidaktischen Diagnose beobachten gezielt und sammeln Daten, die für weitere Überlegungen innerhalb des Diagnoseprozesses genutzt werden. Die „Verarbeitung" der auf verschiedene Weise gewonnenen Daten erfolgt beispielsweise über bewusste Kontrastierungen, wie der nachfolgende Ausschnitt aus einem Gespräch über ein erfolgtes Interview zeigt (vgl. Abb. 5.3). Die Studentinnen Frau P. und Frau H. analysieren Ausschnitte aus einem Interview, in dem ein Kind gebeten wurde Anzahlen in strukturierten Anordnungen von Verpackungsmaterial zu bestimmen.

Frau P. und Frau H. stellen fest, dass das Kind sich hier an der Dreierstruktur einer Pralinenschachten orientiert („3 + 3 + 3 + 3 rechnet") und seinem multiplikativen Verständnis folgend Gruppierungen unter den Summanden herstellt. Dieses Vorgehen wird kontrastiert mit der beobachteten Vorgehensweise bei einer zuvor bearbeiteten Aufgabe

P:	hmm *(bestätigend)*\
H:	beziehungsweise geht ja von 9 zu 12 auch nicht weil sie ja 9 und 6 rechnet\
P:	hmm *(bestätigend)*\ obwohl sie ja sagt dass sie hier
>H:	ja\
>P:	3+3+3+3+3 rechnet\ (3 Sek.)
H:	aber letztlich rechnet sie`s wohl so weil sie ja 9 und 6 rechnet\
P:	hmm *(bestätigend)*\ aber sie stellt sich 3+3+3+3+3 vor und nimmt die ersten drei zusammen (*zeigt
	„geschweifte Klammer"*) und die zweiten drei (zeigt *„geschweifte Klammer"*) (..) da beim
	Zehnerübergang, ne/ bloß (..) das nächste war ja **nicht** beim Zehnerübergang (..) da hat sie ja die 8
	dann hat sie zusammengezählt und dazugerechnet\

>P:	dann macht sie
>H:	können wir ja erstmal so aufschreiben\
P:	zum Schluss immer irgendwie so ne (..) ich weiß nicht (..) **Abkürzung** (3 Sek) da geht sie dann nicht
	(..) nicht richtig da rein\
>P:	da rein\
>H:	der andere davor der hat das ja auch so gerechnet\ der hat ja auch immer von unten so`n Stück
	genommen (zeigt „Zeilen") und dann den Rest von oben dazu also (..) so die Packung auch immer
	unterteilt (..) der ist auch immer so vorgegangen\

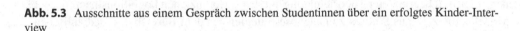

Abb. 5.3 Ausschnitte aus einem Gespräch zwischen Studentinnen über ein erfolgtes Kinder-Interview

(„das nächste war ja nicht beim Zehnerübergang (…) da hat sie ja die 8 dann hat sie zusammengezählt und dazugerechnet").

Elemente des Identifizierens und (bewussten) Kontrastierens fließen ein in die Interpretation, die mitunter auch ein Aushandeln alternativer Deutungen beinhaltet. Vergleichbare Momente, die sich als „Wechselspiel aus Hypothesengenerierung und Hypothesenprüfung" zeigen, spricht auch Marx (2011) an. Anders als Kiper (2011), die von „Arbeitsschritten des Diagnostizierens" berichtet, oder Marx (2011), der diesbezüglich „Schritte" oder „Stufen" beschreibt, zeigen die im Projekt *diagnose:pro* identifizierten Strategieelemente sich als Teil rekursiver, nichtlinearer Prozesse. So ergibt es sich mitunter, dass sich in der Nutzung zuvor gesammelter Daten aus Sicht der Diagnostizierenden eine Notwendigkeit zur Kontrastierung oder zur Untermauerung von Hypothesen ergibt, die ein erneutes Beobachten und Sammeln von Daten initiiert (vgl. Reinhold 2014a, 2014b).

## 5.6	Ausblick und Abschlussbemerkungen

Ziel der fortlaufenden Analysen im Projekt ist eine Typisierung von Diagnosestrategien, deren Charakterisierung auf die hier nur exemplarisch angesprochenen Strategieelemente zurückzuführen ist. Dabei stellt sich die Frage, inwiefern sich auch Befunde zu kognitiven Diagnosestrategien aus anderen Disziplinen auf das Diagnostizieren in einem mathematischen Diagnosegespräch übertragen lassen. So werden menschliche Diagnoseprozesse beispielsweise untersucht, um die Interaktion zwischen Mensch und Computer zu optimieren. Leitendes Interesse hier ist es herauszufinden, wie Menschen im Kontrast zu (algorithmisch angelegten) Diagnoseprozessen von Computersoftware diagnostizieren (z. B. Cegarra und Hoc 2006; Hoc und Carlier 2000; Konradt 1995). Zudem liefern Prozessanalysen aus der sozialen Kognitionsforschung erste Hinweise darauf, dass diagnostische Urteile durch situative und kurzfristige Aspekte beeinflusst werden können (Krolak-Schwerdt und Rummer 2005; Krolak-Schwerdt et al. 2009). Befunde aus diesen Studien bieten Anlass zur Annahme, dass möglicherweise auch die beim Diagnostizieren ablaufenden Mikroprozesse zwischen kategorienbasierter und merkmalsgeleiteter Informationsverarbeitung pendeln: Sind die Typen der eingesetzten Diagnosestrategien eher durch prototypische Kategorien (und Erwartungen der Diagnostizierenden an das Kind) geprägt oder erfolgt eine aufmerksamkeitsintensive Merkmalsintegration? Offen ist zunächst auch, wie flexibel Novizen der Diagnose (im Kontrast zu erfahreneren Diagnostikern) zwischen verschiedenen Strategieausprägungen wechseln.

Das Lehrprojekt FL!P und das hochschuldidaktisch motivierte Forschungsprojekt *diagnose:pro* akzentuieren Formen der prozessorientiert-mathematikdidaktischen Diagnostik und sind in ihrer derzeitigen Ausgestaltung eng aufeinander bezogen: So ermöglicht das Projekt FL!P den Studierenden „qualitativ-forschendes Lernen" im Praxiskontext und bietet den im Seminar Lehrenden mit dem Projekt „diagnose:pro" gleichzeitig Anlass für Formen „qualitativ-forschenden Lehrens" in der Begleitung mathematikdidaktischer Hochschullehre.

Besonderes Merkmal der Aktivitäten im Projekt FL!P ist eine multiple Vernetzung fachdidaktischer Inhalte und praxisbezogener Belange, die Studierenden auf der Basis einer fundierten theoretischen Auseinandersetzung mit mathematikdidaktischen Konzepten eigenständige Forschungstätigkeit im Bereich der Schuleingangsdiagnostik ermöglicht. In der diagnostischen Arbeit stehen zunächst einzelne Kinder im Mittelpunkt, bevor später (z. B. im Fachpraktikum oder später im Referendariat) Unterrichtssituationen für eine größere Lerngruppe konzipiert, durchgeführt und ausgewertet werden. Auch in dieser Hinsicht werden die Konzeption, Durchführung und Auswertung eines diagnostischen Interviews als Vorbereitung auf die Berufspraxis wahrgenommen. Dabei gewinnen die beteiligten Studierenden nicht nur die Erkenntnis, dass mathematische Diagnosegespräche (im Sinne halbstandardisierter klinischer Interviews) für ihren späteren Berufsalltag als Lehrperson relevant sind. Vielmehr erfahren sie auch, dass es sich bei dieser Methode um eines „der" zentralen Instrumente qualitativer Forschung in der Mathematikdidaktik handelt. Dies führt dazu, dass zahlreiche Teilnehmerinnen und Teilnehmer aus dem Projekt sich für eine mathematikdidaktische Masterabschlussarbeit mit einem empirisch-forschenden Ansatz entscheiden und hier erneut gezielt das bereits vertraute halbstandardisierte klinische Interview in der Erhebung von Daten einsetzen. Diesbezüglich lassen sich Beobachtungen von Jungwirth et al. (1994) stützen:

Gerade bei diagnostischen Interviews ist die kommunikative Leistung junger Lehramtsstudenten häufig der von trainierten Interviewern ebenbürtig. Denn professionelle Erfahrung wird oft durch Ideenreichtum im Design und durch Einfühlungsvermögen in die Schülerrolle ausgeglichen. Die Beteiligung an Forschung schafft auch eine besondere Motivation. (...) [Die Studierenden] können den Nutzen ihrer Arbeit nicht nur in der persönlichen Qualifikation sehen, sondern (...) ihre Arbeit auch als Beitrag zur Mathematikdidaktik (...) auffassen (Jungwirth et al. 1994, S. 32 f.).

Bezüglich der bereits erfolgenden adressatenbezogenen Auswertung der Forschungsergebnisse aus den kleinen studentischen Diagnoseprojekten ist zudem an eine weitergehende Öffnung von Lehrveranstaltungen im Sinne von übergreifenden Angeboten von Universität und Lehrerfortbildungsinstitutionen zu denken: Künftige Präsentationen und Diskussionen der Ergebnisse aus den Erkundungsprojekten, die üblicherweise im letzten Drittel des Semesters an die teilnehmenden Studierenden gerichtet sind, können für einen erweiterten Teilnehmendenkreis geöffnet werden und (z. B. fachfremde) Lehrpersonen einbeziehen, die sich für Fragen des arithmetischen Anfangsunterrichts interessieren.

Im Forschungsprojekt *diagnose:pro* eröffnet die Frage nach Elementen von mathematikdidaktischen Diagnosestrategien und die damit verbundene Typisierung von diagnostischen Vorgehensweisen ein neues, bislang kaum beachtetes Forschungsfeld der Mathematikdidaktik. Abschließend sei dazu auf eine Auswahl weiterführender Fragen verwiesen, die sich an die derzeit erfolgende Grundlagenforschung anschließt:

- Eine adaptive Gestaltung von Mathematikunterricht kann nur gelingen, wenn die von Lehrpersonen erstellten Diagnosen die Lern- und Denkwege eines Kindes möglichst differenziert und damit letzthin auch treffend erfassen. Hier ist im Weiteren zu klären, wie eine solche Treffsicherheit prozessorientiert-qualitativer Diagnosen zu definieren ist, wenn diese nicht nur auf eine Urteilsgenauigkeit bei der Einschätzung von Schülerinnen- und Schülerergebnissen reduziert wird. Welche Diagnosestrategien führen dann zu treffenden Diagnoseergebnissen, welche Strategien nutzen also „gute Diagnostiker"? Sind die Strategien „guter Diagnostiker" möglicherweise durch einen besonders flexiblen Einsatz verschiedener Typen von Strategien gekennzeichnet?
- In welchem Maße kann der Einsatz typisierter Diagnosestrategien überhaupt als intraindividuell stabil angesehen werden? Ändert sich der Einsatz von Strategien (wenn ja, auf welche Weise?) in Abhängigkeit von der Schülerin, vom Schüler, von der Situation oder mit wachsender Erfahrung? Gibt es dabei Strategietypen, die von erfahrenen Lehrkräften präferiert werden und die mit einer Ausweitung des Samplings erfasst werden könnten? In welchem Zusammenhang stehen zudem Diagnosestrategien zu kognitiven Denkstilen? (vgl. Cegarra und Hoc 2006)
- Aus hochschuldidaktischer Perspektive stellt sich zudem die Frage, ob Diagnosestrategien trainierbar sind und damit zum Gegenstand von Lehrerausbildung werden können. Sollte dies der Fall sein, sind Formate zu entwickeln, in denen dies geschehen kann und in denen sich evaluieren lässt, wie sich etwa die Reflexion von Diagnosestrategien im Rahmen von Lehreraus- und -fortbildungsmaßnahmen auswirkt.

Literatur

Abs, H. J. (2006). Zur Bildung diagnostischer Kompetenz in der zweiten Phase der Lehrerbildung. *Zeitschrift für Pädagogik, Beiheft*, *51*, 217–234.

Altrichter, H. (2006). Forschende Lehrerbildung – Begründungen und Konsequenzen des Aktionsforschungsansatzes für die Erstausbildung von LehrerInnen. In A. Obolenski & H. Meyer (Hrsg.), *Forschendes Lernen: Theorie und Praxis einer professionellen LehrerInnenausbildung* (S. 57–72). Oldenburg: Didaktisches Zentrum Oldenburg.

Atria, M., Strohmeier, D., & Spiel, C. (2006). Der Einsatz von Vignetten in der Programmevaluation – Beispiele aus dem Anwendungsfeld „Gewalt in der Schule". In U. Flick (Hrsg.), *Qualitative Evaluationsforschung* (S. 233–249). Reinbek: rororo.

Ball, D. L., Thames, L., & Phelps, G. (2008). Content knowledge for teaching: what makes it special? *Journal of Teacher Education*, *59*(5), 389–407.

Ball, D. L., Sleep, L., Boerst, T., & Bass, H. (2009). Combining the development of practice and the practice of development in teacher education. *The Elementary School Journal*, *109*(5), 458–474.

Blömeke, S., Kaiser, G., & Lehmann, R. (Hrsg.). (2010). *TEDS-M 2008: Professionelle Kompetenz und Lerngelegenheiten angehender Primarstufenlehrkräfte im internationalen Vergleich*. Münster: Waxmann.

Bobis, J., Clarke, B., Clarke, D., Thomas, G., Wright, R. B., Young-Loveridge, J., & Gould, P. (2005). Supporting teachers in the development of young children's mathematical thinking. *Mathematics Education Research Journal*, *16*(3), 27–57.

Bos, W., Lankes, E.-M., Prenzel, M., Schwippert, K., Walther, G., & Valtin, R. (Hrsg.). (2003). *Erste Ergebnisse aus IGLU: Schülerleistungen, am Ende der vierten Jahrgangsstufe im internationalen Vergleich*. Münster: Waxmann.

Bos, W., Hornberg, S., Arnold, K.-H., Faust, G., Fried, L., & Lankes, E.-M. (Hrsg.). (2008). *IGLU-E 2006: Die Länder der Bundesrepublik Deutschland im nationalen und internationalen Vergleich*. Münster: Waxmann.

Bos, W., Wendt, H., Köller, O., & Selter, C. (Hrsg.). (2012). *Mathematische und naturwissenschaftliche Kompetenzen von Grundschulkindern in Deutschland im internationalen Vergleich*. Münster: Waxmann.

Bräuning, K., & Steinbring, H. (2011). Communicative characteristics of teachers' mathematical talk with children: from knowledge transfer to knowledge investigation. *ZDM*, *43*, 927–939.

Bruder, S., Klug, J., Hertel, S., & Schmitz, B. (2010). Messung, Modellierung und Förderung der Beratungskompetenz und der Diagnostischen Kompetenz von Lehrkräften. *Lehrerbildung auf dem Prüfstand*, *3*(Sonderheft), 173–193.

Cegarra, J., & Hoc, J. M. (2006). Cognitive styles as an explanation of experts' individual differences: a case study in computer-assisted troubleshooting diagnosis. *International Journal of Human-Computer Studies*, *64*, 123–136.

Clarke, D. (2013). Understanding, assessing and developing children's mathematical thinking: task-based interviews as powerful tools for teacher professional learning. In A. M. Lindmeier & A. Heinze (Hrsg.), *Proceedings of the 37th Conference of the International Group for the Psychology of Mathematics Education* (Bd. 1, S. 17–30). Kiel: PME.

Clarke, D., Clarke, B., & Roche, A. (2011). Building teachers' expertise in understanding, assessing and developing children's mathematical thinking: the power of task based, one-to-one assessment interviews. *ZDM*, *43*, 901–913.

Corbin, J., & Strauss, A. L. (1990). *Basics of qualitative research: grounded theory procedures and techniques*. Newbury Park: SAGE.

Drinck, B. (Hrsg.). (2013). *Forschen in der Schule*. Opladen: Budrich.

Fischer, A., & Sjuts, J. (2011). Diagnostische Kompetenz und die Schwierigkeit der Überprüfung. In R. Haug & L. Holzäpfel (Hrsg.), *Beiträge zum Mathematikunterricht 2011* (S. 259–262). Münster: WTM.

Fischer, A., & Sjuts, J. (2012). Entwicklung von Diagnose- und Förderkompetenz in Mathematik – ein Modellprojekt zur Verzahnung der Lehrerausbildungsphasen. In M. Ludwig & M. Kleine (Hrsg.), *Beiträge zum Mathematikunterricht 2012* (S. 253–256). Münster: WTM.

Ginsburg, H., & Opper, S. (1998). *Piagets Theorie der geistigen Entwicklung* (8. Aufl.). Stuttgart: Klett-Cotta.

Glaser, B. G., & Strauss, A. L. (1998). *Grounded Theory – Strategien qualitativer Forschung*. Bern: Huber.

Helmke, A. (2009). *Unterrichtsqualität und Lehrerprofessionalität. Diagnose, Evaluation und Verbesserung des Unterrichts*. Seelze: Klett.

Helmke, A., & Schrader, F.-W. (1987). Interactional effects of instructional quality and teacher judgement accuracy on achievement. *Teaching & Teacher Education, 3*(2), 91–98.

Helmke, A., & Weinert, F.-E. (1997). Unterrichtsqualität und Leistungsentwicklung: Ergebnisse aus dem SCHOLASTIK-Projekt. In F. E. Weinert & A. Helmke (Hrsg.), *Entwicklung im Grundschulalter* (S. 241–251). Weinheim: Beltz.

Helmke, A., Hosenfeld, I., & Schrader, F.-W. (2003). Diagnosekompetenz in Ausbildung und Beruf entwickeln. *Karlsruher Pädagogische Beiträge, 55*, 15–34.

Helmke, A., Hosenfeld, I., & Schrader, F.-W. (2004). Vergleichsarbeiten als Instrument zur Verbesserung der Diagnosekompetenz von Lehrkräften. In A. Arnold & C. Griese (Hrsg.), *Schulleitung und Schulentwicklung* (S. 119–143). Hohengehren: Schneider.

Hesse, I., & Latzko, B. (2011). *Diagnostik für Lehrkräfte* (2. Aufl.). Stuttgart: UTB.

Hoc, J. M., & Carlier, X. (2000). A method to describe human diagnostic strategies in relation to the design of human-machine-cooperation. *International Journal of Cognitive Ergonomics, 4*(4), 297–309.

Horstkemper, M. (2004). Diagnosekompetenz als Teil pädagogischer Professionalität. *Neue Sammlung, 44*(2), 201–214.

Ingenkamp, K., & Lissmann, U. (2008). *Lehrbuch der Pädagogischen Diagnostik* (6. Aufl.). Weinheim: Beltz.

Jordan, A., & vom Hofe, R. (2008). Diagnose von Schülerleistungen. „Schlüssel" zur individuellen Förderung. *mathematik lehren, 150*, 4–12.

Jungwirth, H., Steinbring, H., Voigt, J., & Wollring, B. (1994). Interpretative Unterrichtsforschung in der Lehrerbildung. In H. Maier & J. Voigt (Hrsg.), *Verstehen und Verständigung im Mathematikunterricht* (S. 12–42). Köln: Aulis.

Karing, C. (2009). Diagnostische Kompetenz von Grundschul- und Gymnasiallehrkräften im Leistungsbereich und im Bereich Interessen. *Zeitschrift für Pädagogische Psychologie, 23*(3–4), 197–209.

Karst, K. (2012). *Kompetenzmodellierung des diagnostischen Urteils von Grundschullehrern*. Münster: Waxmann.

Kelle, U. (1994). *Empirisch begründete Theoriebildung – Zur Logik und Methodologie interpretativer Sozialforschung.* Weinheim: Deutscher Studien Verlag.

Kelle, U., & Kluge, S. (1999). *Vom Einzelfall zum Typus.* Opladen: Leske + Budrich.

Kiper, H. (2011). Diagnostische Kompetenz als Arbeitsbegriff – Ein Vorschlag. In S. Eberhardt, S. Jahnke-Klein, H. Kiper, B. Krause & J. Petri (Hrsg.), *Entwicklung von Diagnosekompetenz durch kollegiale Hospitation im Unterricht.* Olderburger Vorducke 592/11. (S. 7–20). Oldenburg: Didaktisches Zentrum der Universität Oldenburg.

Kiper, H., & Mischke, W. (2006). *Einführung in die Theorie des Unterrichts.* Weinheim: Basel.

Klug, J. (2011). *Modelling and training a new concept of teachers' diagnostic competence.* Darmstadt: TU Darmstadt.

Klug, J., Bruder, S., Kelava, A., Spiel, C., & Schmitz, B. (2013). Diagnostic competence of teachers: a process model that accounts for diagnosing learning behavior tested by means of a case scenario. *Teaching and Teacher Education, 30*(2013), 38–46.

KMK (Kultusministerkonferenz) Sekretariat der Ständigen Konferenz der Kultusminister der Länder in der Bundesrepublik Deutschland (2004). Standards für die Lehrerbildung: Bildungswissenschaften. Beschluss der Kultusministerkonferenz vom 16.12.2004. http://www.kmk.org/fileadmin/Dateien/veroeffentlichungen_beschluesse/2004/2004_12_16-Standards-Lehrerbildung.pdf. Zugegriffen: 31. Mai 2017.

KMK (Kultusministerkonferenz) Sekretariat der Ständigen Konferenz der Kultusminister der Länder in der Bundesrepublik Deutschland (2008). *Ländergemeinsame inhaltliche Anforderungen für die Fachwissenschaften und Fachdidaktiken in der Lehrerbildung.* Beschluss der KMK vom 16.10.2008 i. d. F. vom 16.03.2017. http://www.kmk.org/fileadmin/Dateien/veroeffentlichungen_beschluesse/2008/2008_10_16-Fachprofile-Lehrerbildung.pdf. Zugegriffen: 31. Mai 2017.

Konradt, U. (1995). Strategies of failure diagnosis in computer-controlled manufacturing systems: empirical analysis and implications for the design of adaptive decision support systems. *Journal of Human-Computer Studies, 43,* 503–521.

Krolak-Schwerdt, S., & Rummer, R. (2005). Der Einfluss von Expertise auf den Prozess der schulischen Leistungsbeurteilung. *Zeitschrift für Entwicklungspsychologie und Pädagogische Psychologie, 37*(4), 205–213.

Krolak-Schwerdt, S., Böhmer, M., & Gräsel, C. (2009). Verarbeitung von schülerbezogener Information als zielgeleiteter Prozess. Der Lehrer als „flexibler Denker". *Zeitschrift für Pädagogische Psychologie, 23*(3–4), 175–186.

Kunter, M., Baumert, J., Blum, W., Klusmann, U., Krauss, S., & Neubrand, M. (Hrsg.). (2011). *Professionelle Kompetenz von Lehrkräften: Ergebnisse des Forschungsprogramms COACTIV.* Münster: Waxmann.

Lorenz, C. (2011). *Diagnostische Kompetenz von Grundschullehrkräften. Strukturelle Aspekte und Bedingungen.* Bamberg: University of Bamberg Press.

Lorenz, C., & Artelt, C. (2009). Fachspezifität und Stabilität diagnostischer Kompetenz von Grundschullehrkräften in den Fächern Deutsch und Mathematik. *Zeitschrift für Pädagogische Psychologie, 23*(3–4), 211–222.

Marx, A. (2011). Angehende Lehrpersonen in mathematikdidaktischen Diagnosesituationen – Vorgehensweisen und Ziele. In K. Eilerts, A. H. Hilligus, G. Kaiser & P. Bender (Hrsg.), *Kompetenzorientierung in Schule und Lehrerbildung* (S. 323–338). Münster: LIT.

Moser Opitz, E. (2010). Diagnose und Förderung: Aufgaben und Herausforderungen für die Mathematikdidaktik und die mathematikdidaktische Forschung. In A. Lindmeier & S. Ufer (Hrsg.), *Beiträge zum Mathematikunterricht 2010* (S. 11–18). Münster: WTM.

Moyer, P. S., & Milewicz, E. (2002). Learning to question: categories of questioning used by pre-service teachers during diagnostic mathematics interviews. *Journal of Mathematics Teacher Education, 5*(4), 293–315.

Niedersächsisches Kultusministerium (Hrsg.) (2007). Verordnung über Masterabschlüsse für Lehrämter in Niedersachsen (Nds. MasterVO-Lehr), Beschlussfassung vom 08.11.2007 (Nds.GVBl. Nr. 33/2007 S.488) – VORIS 20411. http://www.schure.de/20411/mastervo-lehr.htm. Zugegriffen: 28. Mai 2015.

Obolenski, A., & Meyer, H. (Hrsg.). (2006). *Forschendes Lernen: Theorie und Praxis einer professionellen LehrerInnenausbildung.* Oldenburg: Didaktisches Zentrum.

Oser, F. (2001). Standards: Kompetenzen von Lehrpersonen. In F. Oser & J. Oelkers (Hrsg.), *Die Wirksamkeit der Lehrerbildungssysteme* (S. 215–342). Zürich: Ruegger.

Paradies, L., Linser, H.-G., & Greving, J. (2011). *Diagnostizieren, Fordern und Fördern* (4. Aufl.). Berlin: Cornelsen.

Peter-Koop, A., & Prediger, S. (2005). Dimensionen, Perspektiven und Projekte mathematikdidaktischer Handlungsforschung. In E. Eckert & W. Fichten (Hrsg.), *Schulbegleitungsforschung: Erwartungen – Ergebnisse – Wirkungen* (S. 185–201). Münster: Waxmann.

Peter-Koop, A., Wollring, B., Spindeler, B., & Grüßing, M. (2007). *Elementarmathematisches Basisinterview EMBI.* Offenburg: Mildenberger.

Praetorius, A.-K., Lipowsky, F., & Karst, K. (2011). Diagnostische Kompetenz von Lehrkräften: Aktueller Forschungsstand, unterrichtspraktische Umsetzbarkeit und Bedeutung für den Unterricht. In R. Lazarides & A. Ittel (Hrsg.), *Differenzierung im mathematisch-naturwissenschaftlichen Unterricht. Implikationen für Theorie und Praxis* (S. 115–146). Bad Heilbrunn: Klinkhardt.

Prediger, S. (2007). „… nee, so darf man das Gleich doch nicht denken!" Lehramtsstudierende auf dem Weg zur fachdidaktisch fundierten diagnostischen Kompetenz. In B. Barzel, T. Berlin, D. Bertalan & A. Fischer (Hrsg.), *Algebraisches Denken. Festschrift für Lisa Hefendehl-Hebeker* (S. 89–99). Hildeheim: Franzbecker.

Prediger, S. (2010). How to develop mathematics for teaching and for understanding: the case of meanings of the equal sign. *Journal of Mathematics Teacher Education, 13*(1), 73–92.

Rathgeb-Schnierer, E., & Wessolowski, S. (2009). Diagnose und Förderung – ein zentraler Baustein der Ausbildung von Mathematiklehrerinnen und -lehrern im Primarbereich. In M. Neubrand (Hrsg.), *Beiträge zum Mathematikunterricht 2009* (S. 803–806). Münster: WTM.

Reinhold, S. (2014a). Diagnosestrategien angehender Grundschullehrkräfte aus prozessorientiert-mathematikdidaktischer Perspektive. In J. Roth & J. Ames (Hrsg.), *Beiträge zum Mathematikunterricht 2014* (Bd. 2, S. 955–958). Münster: WTM.

Reinhold, S. (2014b). Qualitative facets of prospective elementary teachers' diagnostic competence: micro-processes in one-on-one diagnostic interviews. In C. Nicol, S. Oesterle, P. Liljedahl & D. Allan (Hrsg.), *Proceedings of the 38th Conference of the International Group for the Psychology of Mathematics Education and the 36th Conference of the North American Chapter of the Psychology of Mathematics Education* (Bd. 5, S. 41–48). Vancouver: PME.

Scherer, P., & Moser Opitz, E. (2010). *Fördern im Mathematikunterricht der Primarstufe.* Heidelberg: Spektrum Akademischer Verlag.

Schipper, W. (1998). „Schulanfänger verfügen über hohe mathematische Kompetenzen." Eine Auseinandersetzung mit einem Mythos. In A. Peter-Koop (Hrsg.), *Das besondere Kind im Mathematikunterricht der Grundschule* (S. 119–140). Offenburg: Mildenberger.

Schipper, W. (2007). Prozessorientierte Diagnostik von Rechenstörungen. In J. H. Lorenz & W. Schipper (Hrsg.), *Hendrik Radatz – Impulse für den Mathematikunterricht* (S. 105–115). Hannover: Schroedel.

Schrader, F.-W. (2009). Anmerkungen zum Themenschwerpunkt Diagnostische Kompetenz von Lehrkräften. *Zeitschrift für Pädagogische Psychologie, 23*(3–4), 237–245.

Selter, C. (1990). Klinische Interviews in der Lehrerausbildung. In K. P. Müller (Hrsg.), *Beiträge zum Mathematikunterricht 1990* (S. 261–264). Hildesheim: Franzbecker.

Selter, C., & Spiegel, H. (1997). *Wie Kinder rechnen.* Leipzig: Klett.

Selter, C., Götze, D., Höveler, K., Hunke, S., & Laferi, M. (2011). Mathematikdidaktische diagnostische Kompetenzen erwerben – Konzeptionelles und Beispiele aus dem KIRA-Projekt. In K. Eilerts, A. H. Hilligus, G. Kaiser & P. Bender (Hrsg.), *Kompetenzorientierung in Schule und Lehrerbildung* (S. 307–321). Münster: LIT.

Sleep, L., & Boerst, T. A. (2012). Preparing beginning teachers to elicit and interpret students' mathematical thinking. *Teacher and Teacher Education, 28,* 1038–1048.

Spinath, B. (2005). Akkuratheit der Einschätzung von Schülermerkmalen durch Lehrer und das Konstrukt der diagnostischen Kompetenz. *Zeitschrift für Pädagogische Psychologie, 19*(1/2), 85–95.

Streit, C., & Royar, T. (2012). Förderung der diagnostischen Kompetenz angehender Lehrpersonen in der Vorschul- und Primarstufe. In M. Ludwig & M. Kleine (Hrsg.), *Beiträge zum Mathematikunterricht 2012* (S. 849–852). Münster: WTM.

Streit, C., & Weber, C. (2013). Vignetten zur Erhebung von handlungsnahem, mathematikspezifischem Wissen angehender Grundschullehrkräfte. In G. Greefrath, F. Käpnick & M. Stein (Hrsg.), *Beiträge zum Mathematikunterricht 2013* (S. 986–989). Münster: WTM.

Südkamp, A., Kaiser, J., & Möller, J. (2012). Accuracy of teachers' judgements of students' academic achievement: a meta-analysis. *Journal of Educational Psychology, 104,* 743–752.

Wang, M. (1980). Adaptive instruction: building on diversity. *Theory into Practice, 19*(2), 122–128.

Wang, M. B. (1992). *Adaptive education strategies: building on diversity.* Baltimore: Brookes.

Wang, M. B. (2001). Adaptive instruction: building on diversity. *Theory into Practice, 19*(2), 122–128.

Weinert, F.-E. (1996). Lerntheorien und Instruktionsmodelle. In F. E. Weinert (Hrsg.), *Psychologie des Lernens und der Instruktion.* Enzyklopädie der Psychologie, (Bd. 2, S. 1–48). Göttingen, Bern, Toronto, Seattle: Hogrefe.

Weinert, F.-E. (2000). Lehren und Lernen für die Zukunft – Ansprüche an das Lernen in der Schule. *Pädagogische Nachrichten Rheinland-Pfalz, 2,* 1–16.

Weinert, F.-E. (2001). Vergleichende Leistungsmessung in Schulen – eine umstrittene Selbstverständlichkeit. In F. E. Weinert (Hrsg.), *Leistungsmessung in Schulen* (S. 17–31). Weinheim, Basel: Beltz.

Weinert, F.-E., Schrader, F.-W., & Helmke, A. (1990). Educational expertise. Closing the gap between educational research and classroom practice. *School Psychology International, 11,* 163–180.

Wissenschaftsrat (2001). Empfehlungen zur künftigen Struktur der Lehrerbildung. www.wissenschaftsrat.de/download/archiv/5065-01.pdf (Erstellt: 16. Nov. 2001). Zugegriffen: 05. Aug. 2014.

Wollring, B. (1999). Mathematikdidaktik zwischen Diagnostik und Design. In C. Selter & G. Walther (Hrsg.), *Mathematikdidaktik als design science* (S. 270–276). Leipzig: Klett.

dortMINT – Diagnose und individuelle Förderung im Rahmen der Grundschullehrerausbildung

6

Annabell Gutscher, Karina Höveler und Christoph Selter

Zusammenfassung

Das Projekt dortMINT hat es sich zur Aufgabe gemacht, die Professionalisierung von Lehrkräften im Themenfeld „Diagnose und individuelle Förderung" an der TU Dortmund in allen Bereichen des MINT-Studiums zu verankern. Im vorliegenden Beitrag werden Einblicke gegeben, wie das dortMINT-Konzept „Diagnose und individuelle Förderung erleben, erlernen, erproben" in die Grundschullehrerausbildung im Fach Mathematik an der TU Dortmund implementiert wird. Dazu wird kurz die Konzeption des Projekts vorgestellt. Daraufhin wird konkret aufgezeigt, wie die Studierenden im Rahmen der Lehrveranstaltung „Arithmetik und ihre Didaktik" Diagnose und individuelle Förderung selbst erleben.

6.1 Das Konzept: DiF erleben, erlernen und erproben

Diagnostizieren und Fördern gehören zu den Kernaufgaben von Lehrkräften (vgl. Schrader 2011, S. 683). Folglich wird die Befähigung von angehenden Lehrkräften zu Diagnose und individueller Förderung (DiF) als eine zentrale Aufgabe der Lehrerbildung gesehen (vgl. Hußmann und Selter 2013a). So benennt beispielsweise der Paragraph 1 des Schulgesetzes des Landes Nordrhein-Westfalen explizit das Recht auf Bildung, Erziehung und

A. Gutscher (✉) · K. Höveler · C. Selter
Technische Universität Dortmund
Dortmund, Deutschland
E-Mail: annabell.gutscher@math.tu-dortmund.de

K. Höveler
E-Mail: karina.hoeverler@math.tu-dortmund.de

C. Selter
E-Mail: christoph.selter@math.tu-dortmund.de

© Springer Fachmedien Wiesbaden GmbH 2018
R. Möller und R. Vogel (Hrsg.), *Innovative Konzepte für die Grundschullehrerausbildung im Fach Mathematik*, Konzepte und Studien zur Hochschuldidaktik und Lehrerbildung Mathematik, https://doi.org/10.1007/978-3-658-10265-4_6

individuelle Förderung: „Jeder junge Mensch hat ohne Rücksicht auf seine wirtschaftliche Lage und Herkunft und sein Geschlecht ein Recht auf schulische Bildung, Erziehung und individuelle Förderung" (MSW 2005, § 1). In Studien der Unterrichtsforschung konnte weiter gezeigt werden, dass „Lehr-/Lernprozesse effektiv und nachhaltig gestaltet werden können, wenn sie an individuelle Lernstände der Schülerinnen und Schüler anknüpfen und diese adaptiv weiterentwickeln" (Hußmann und Selter 2013a, S. 7).

Entsprechend wird die Diagnosekompetenz von Lehrpersonen als ein zentraler Bestandteil des Lehrerprofessionswissens gesehen (vgl. Weinert 2000; Baumert und Kunter 2006). Gleichwohl konstatieren verschiedene Studien (vgl. Solzbacher 2009, Helmke 2009); dass es große Unterschiede zwischen den Kompetenzen einzelner Lehrpersonen im Bereich Diagnose gibt und somit ein Weiterentwicklungsbedarf der Diagnosekompetenzen von Lehrpersonen besteht. Auch wird das wider Erwarten schlechte Abschneiden der deutschen Schülerinnen und Schüler in internationalen Vergleichsstudien wie PISA (vgl. Frey et al. 2010) in der aktuellen bildungspolitischen und professionstheoretischen Diskussion mit der unzureichenden diagnostischen Kompetenz von Lehrpersonen in Verbindung gebracht (vgl. Hesse und Latzko 2011, S. 14).

Dies schlägt sich im Lehrerausbildungsgesetz NRW in Form eines verpflichtenden Ausbildungselements für alle Fächer nieder: „Ausbildung und Fortbildung einschließlich des Berufseingangs orientieren sich an der Entwicklung der grundlegenden beruflichen Kompetenzen für Unterricht und Erziehung, Beurteilung, Diagnostik, Beratung, Kooperation und Schulentwicklung sowie an den wissenschaftlichen und künstlerischen Anforderungen der Fächer. Dabei ist die Befähigung zur individuellen Förderung von Schülerinnen und Schülern und zum Umgang mit Heterogenität besonders zu berücksichtigen" (MSW 2009, § 2 Abs. 2).

Diagnosekompetenz wird dabei verstanden als „ein Bündel von Fähigkeiten, um den Kenntnisstand, die Lernfortschritte und die Leistungsprobleme der einzelnen Schüler sowie die Schwierigkeit verschiedener Lernaufgaben im Unterricht fortlaufend beurteilen zu können, sodass das didaktische Handeln auf diagnostische Einsichten aufgebaut werden kann" (Weinert 2000, S. 14). Schwarz et al. (2008) führen weiter aus, dass Diagnosekompetenz beinhaltet, Kompetenzen und Fehlvorstellungen bzw. Fehler Lernender sowie deren Ursachen zu erkennen und angemessene Maßnahmen zu finden sowie Leistungen Lernender angemessen zu bewerten und darauf basierend den Lernenden Rückmeldungen bezüglich dieser geben zu können. Somit sind „Diagnose und individuelle Förderung [...] aufeinander zu beziehen: Förderung ohne vorangehende Diagnose erfolgt i. d. R. unspezifisch, Diagnose ohne darauf aufbauende Förderung bleibt wirkungslos und führt nicht selten zur Stigmatisierung" (Hußmann und Selter 2013b, S. 16). Hierzu ist ebenfalls zu erwähnen, dass verschiedene Studien belegen, dass gerade das Fachwissen der Lehrkräfte Einfluss auf die Entwicklungen der Leistungen der Schülerinnen und Schüler hat (vgl. beispielsweise Baumert und Kunter 2006, S. 490 f.). Auch Moser Opitz und Nührenbörger (2015) führen aus, dass adäquate Förderung nur auf Grundlage eines eigenen fachlichen Verständnisses gelingen kann (vgl. Moser Opitz und Nührenbörger 2015, S. 499 f.).

An dieser Stelle setzt das Projekt dortMINT der TU Dortmund an. Es unterstützt die „Professionalisierung künftiger Lehrkräfte mit Blick auf ihre diagnostische Fähigkeit und ihre Handlungskompetenz bezüglich des Förderns [. . .] und [verbessert] damit die Lehrerausbildung qualitativ" (Hußmann und Selter 2013a, S. 7). Gleichsam wird auch die Förderung der fachlichen Kompetenzen der Studierenden angestrebt (vgl. hierzu Abschn. 6.2). Dabei findet eine Orientierung an den zentralen Leitideen des Projekts dortMINT statt, die sich vor allem auf Handeln von Lehrpersonen in der Schule beziehen, gleichsam aber auch auf die Organisation von Lernprozessen in der Universität übertragen werden (Hußmann und Selter 2013a, S. 9). Nach ihnen ist

Lehrerhandeln [. . .] . . .

- diagnosegeleitet, denn die fachlich fundierte Feststellung der je spezifischen Fähigkeiten und Defizite der Lernenden ist die Grundlage, auf der erfolgreiche Entscheidungen für den weiteren (Selbst-)Lernprozess getroffen werden können,
- adaptiv, denn Lehr-/Lernprozesse können effektiv und nachhaltig gestaltet werden, wenn der Unterricht die individuelle Weiterentwicklung der unterschiedlichen Lernstände zielbewusst anregt,
- kompetenzorientiert, denn der Erwerb von Fähigkeiten, Fertigkeiten und Kenntnissen zur Bewältigung von Aufgaben und Problemen ermöglicht die erfolgreiche Auseinandersetzung mit den vielfältigen Herausforderungen in Schule, Berufs- und Lebenswelt,
- aktivitätsfördernd, denn Lernerfolge können dadurch wahrscheinlicher gemacht werden, dass Lernsituationen und Lernumgebungen geschaffen werden, die den Lernenden Selbstbestimmung, Selbststeuerung und Selbstorganisation ermöglichen,
- förderorientiert, denn die bestmögliche Förderung der individuellen Potenziale jeder/s Lernenden in gesamtgesellschaftlicher Verantwortung ist eine zentrale Aufgabe von Schule, und
- kooperativ, denn der fächerübergreifende Austausch zu den jeweiligen Stärken und Schwächen der Lernenden, ermöglicht ein differenziertes Bild des Einzelnen.

Als zentrales Anliegen des Projekts dortMINT ist die Entwicklung eines gemeinsamen theorie- und empiriegeleiteten Verständnisses von Diagnose und individueller Förderung und dessen Integration in alle Phasen des Studiums zu sehen. Involviert sind alle sechs MINT-Fächer der TU Dortmund, die Rehabilitationswissenschaften, das Institut für Schulentwicklungsforschung, das Institut für deutsche Sprache und Literatur, das Hochschuldidaktische Zentrum sowie das Dortmunder Kompetenzzentrum für Lehrerbildung und Lehr-Lern-Forschung (vgl. Hußmann und Selter 2013a, S. 7 f.).

Die Konzeption des Projekts dortMINT verbindet inhaltliche und strukturelle Maßnahmen in fachwissenschaftlichen, fachdidaktischen und in schulpraktischen Bereichen des Studiums. Inhaltlich erfolgen Maßnahmen auf drei Ebenen:

- Erleben von DiF im eigenen Lernprozess in der fachwissenschaftlichen Ausbildung,
- Erlernen theoretischer (allgemeiner und fachbezogener) Hintergründe, empirischer und praktischer Konstrukte und Instrumente für DiF in der fachdidaktischen Ausbildung sowie
- Erproben erworbener Kompetenzen in schulpraktischen Zusammenhängen

(Hußmann und Selter 2013b, S. 17).

Abb. 6.1 Inhaltliche und
strukturelle Maßnahmen des
Projektes dortMINT. (Huß-
mann und Selter 2013b, S. 18)

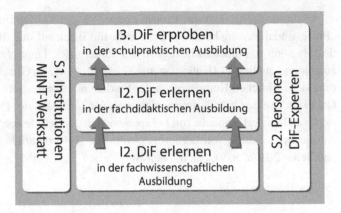

Gestützt werden diese inhaltlichen Maßnahmen durch zwei strukturelle Maßnahmen, „die zum einen den institutionellen Rahmen für fachübergreifendes forschendes Lernen im DiF-Bereich bieten (dortMINT-Werkstatt), und zum anderen auf die Rekrutierung exzellenter Studierender für Schulformen zielen, in denen besonderer Bedarf an Lehrkräften mit DiF-Kompetenzen besteht (DiF-Experten)" (Hußmann und Selter 2013b, S. 17). Abb. 6.1 gibt einen Überblick über diese fünf inhaltlichen und strukturellen Maßnahmen.

Im Mittelpunkt dieses Beitrags stehen die inhaltlichen Maßnahmen der Ebene „I1. DiF erleben". Im Folgenden sollen diese näher beschrieben werden.

6.2   DiF erleben

Wie bereits beschrieben, ist ein ausgewiesenes Ziel des Lehramtsstudiums, dass die Lehramtsstudierenden diagnostische Kompetenzen erwerben und lernen, angemessen individuell zu fördern. Jedoch haben Studierende in der eigenen Schulzeit häufig nur selten die Gelegenheit gehabt, gezielte und individuelle Diagnose und Förderung bewusst zu erleben (vgl. Hußmann und Selter 2013b, S. 19). Es stellt sich daher die Frage, wie sie ohne systematische Erfahrungen den Nutzen solcher Maßnahmen einschätzen können.

Als Ausgangspunkt für das Erwerben eines vertieften Verständnisses von Diagnose und individueller Förderung werden demgemäß die folgenden drei Punkte gesehen (vgl. Hußmann und Selter 2013b, S. 19):

- Bewusstsein und Akzeptanz von DiF: Sammeln eigener Erfahrungen mit Diagnose und individueller Förderung mit dem Ziel, Einsichten in den Nutzen von Diagnose und individueller Förderung für den eigenen Lernprozess zu gewinnen, um die Chancen für den späteren Einsatz solcher Ansätze für ihre Schülerinnen und Schüler zu erhöhen.
- Kennenlernen von Instrumenten: Durch den Einsatz verschiedener Diagnoseinstrumente in der fachlichen Ausbildung erhalten die Studierenden Gelegenheit, Einblicke zu erlangen, wie eine gezielte Diagnostik und individuelle Förderung konkret umgesetzt

werden kann. Dies zielt auch darauf, einen wirkungsvollen Einsatz im späteren Unterricht zu begünstigen.

- Aufbau von Fachwissen: Unterstützung durch Diagnose und individuelle Förderung beim Erwerb und Aufbau von nachhaltigem Fachwissen, um Grundlagen dafür zu schaffen, bei Lernenden Lern- und Verständnisschwierigkeiten diagnostizieren und fördern zu können.

Die konkrete Umsetzung erfolgt angepasst auf das jeweilige Fach und die entsprechende Lehrveranstaltung. An dieser Stelle soll exemplarisch dargestellt werden, wie sie in der Veranstaltung „Arithmetik und ihre Didaktik" umgesetzt wird.

6.2.1   Die Veranstaltung „Arithmetik und ihre Didaktik"

Bei der Veranstaltung „Arithmetik und ihre Didaktik" (im Folgenden kurz AriDid genannt) handelt es sich um Vorlesung mit zugehöriger Übung, in der sowohl fachinhaltliche als auch fachdidaktische Themen behandelt werden. Auf fachlicher Ebene werden Themen wie Kombinatorik (Zählprinzipien, Binomialkoeffizienten, kombinatorische Grundfiguren), Stellenwertsysteme (Grundlagen von Stellenwertsystemen, nichtdekadische Stellenwertsysteme) und Zahlentheorie (Teilbarkeit, Primzahlen, Primfaktorzerlegung, ggT und kgV) behandelt. Auf fachdidaktischer Ebene wird auf Themen wie die konzeptuelle Sichtweise auf Mathematikunterricht (Kompetenz- statt Defizitorientierung, Mathematik als Tätigkeit, Bedeutung prozessbezogener Kompetenzen), verschiedene Unterrichtskonzeptionen (Produktives Üben, Entdeckendes Lernen) sowie auf den Stellenwert und die Möglichkeiten zur unterrichtlicher Behandlung verschiedener Rechenmethoden (Schriftliches Rechnen, mündliche und halbschriftliche Division) eingegangen.

Die fachdidaktischen und fachlichen Themen werden im Laufe der Veranstaltung immer wieder zu einander in Beziehung gesetzt. Beispielsweise wird auf fachinhaltlicher Ebene über Möglichkeiten der Bestimmung der Anzahl aller Teiler einer Zahl gesprochen, während auf fachdidaktischer Ebene das Aufgabenformat Malhäuser thematisiert wird, deren Stockwerkanzahl genau der Anzahl der Teiler der Dachzahl entspricht (vgl. Abb. 6.2). Diese parallele Behandlung fachinhaltlicher und fachdidaktischer Themengebiete stellt vielfältige Anforderungen an die Studierenden.

Die Veranstaltung gliedert sich in vier Semesterwochenstunden Vorlesung und zwei Semesterwochenstunden Übung. Zudem handelt es sich um eine zweiteilige Veranstaltung, die im Folgesemester fortgeführt wird, dann allerdings nur noch mit zwei Semesterwochenstunden Vorlesung. Sie wird von ca. 400 Studierenden besucht, die an insgesamt 14 Übungsgruppen teilnehmen.

Die Studierenden befinden sich i. d. R. im ersten bzw. im zweiten Teil der Veranstaltung im zweiten Semester und weisen unterschiedliche Studienziele auf. So streben ca. 65 % das Lehramt an Grundschulen an, ca. 10 % das Lehramt an Haupt- und Realschulen und weitere 25 % das Lehramt Sonderpädagogik. Für die Studierenden mit dem Studienziel

Abb. 6.2 Malhaus

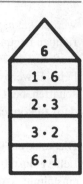

Lehramt an Grundschulen sind die Mathematikanteile verpflichtend, unabhängig von der Wahl der Studienfächer. So ist davon auszugehen, dass ein nicht geringer Anteil der Studierenden der Veranstaltung AriDid Mathematik nicht freiwillig belegt. Häufig verfügen gerade diese – aber auch die anderen Studierenden – nur über unzureichende fachliche Voraussetzungen, wodurch ein vermehrtes Bedürfnis nach Hilfestellungen entsteht. Zudem sind häufig Veränderungen im selbstständigen Arbeitsverhalten notwendig, um den Anforderungen des Studiums gerecht zu werden. Letztlich bereiten den Studierenden, die wie erwähnt meist gerade erst die Schule verlassen haben, auch die neuen und ungewohnten Prüfungssituationen Probleme.

Gerade, da in der Veranstaltung die inhaltlichen Anforderungen recht vielfältig sind, sind auch die Probleme der Studierenden sehr unterschiedlich. Dies verdeutlicht, dass Diagnose und individuelle Förderung notwendig sind, um das Lernen der Studierenden angepasst auf ihre Bedürfnisse zu unterstützen. Entsprechende Maßnahmen lassen sich im Sinne der obigen Ausführungen jedoch auch als Chance sehen, um den Nutzen von Diagnose und individueller Förderung im eigenen Lernprozess zu erfahren.

Ziel des Einsatzes ist es vor allem, die Studierenden in ihrem Lernen zu unterstützen, zum einen mit dem Ziel ihre fachliche und fachdidaktische Kompetenz zu erhöhen und zum anderen, um sie an das selbstständige und eigenverantwortliche Lernen und Arbeiten im Rahmen ihrer universitären Ausbildung heranzuführen und sie dabei zu unterstützen. Gemäß der Konzeption von dortMINT sind jedoch auch das Kennenlernen von Instrumenten zur Diagnose und Förderung sowie das Erzeugen von Akzeptanz und einem Bewusstsein über den Nutzen von Diagnose und individueller Förderung ausgewiesene Ziele.

Vergegenwärtigt man sich jedoch nochmals die Größe der Veranstaltung, die von ca. 400 Studierenden besucht wird, wird schnell klar, dass eine individuelle Betreuung durch das Hochschulpersonal nur in Grenzen möglich ist. Vielmehr müssen Möglichkeiten gefunden werden, den Studierenden zu helfen, sich selbst zu helfen, da diese Form der Aktivierung zumindest beim Lernen von Mathematik in der Anfangsphase des Studiums mit ausschlaggebend für den Studienerfolg, das Interesse und das mathematikbezogene Selbstkonzept zu sein scheint (vgl. Rach und Heinze 2013). Vor diesem Hintergrund werden in der Veranstaltung einige Instrumente zur Diagnose und zur Anregung von individueller Förderung aus dem Projekt dortMINT eingesetzt, die durch die Studierenden eigenständig und selbstverantwortlich genutzt werden können. Diese werden im Folgenden vorgestellt.

6.2.2   Diagnose- und Förderinstrumente

Im Rahmen des Projekts dortMINT werden verschiedene Diagnose- und Förderinstrument eingesetzt. Es ist jedoch augenscheinlich, dass sich nicht jedes Instrument für jede Veranstaltung oder für jeden Inhalt anbietet – was wiederum einen zentralen Aspekt darstellt, über den angehende Lehrkräfte im Rahmen des Bereichs Diagnose und individuelle Förderung Bewusstheit erlangen sollen. So werden im Projekt dortMINT durchaus auch Instrumente wie beispielsweise Concept Maps eingesetzt, mit denen Fremddiagnosen durchgeführt werden können (vgl. Busch et al. 2013, S. 29). Wie bereits erläutert, eignen sich solche Instrumente für die Veranstaltung AriDid auf Grund der hohen Anzahl an Studierenden jedoch eher weniger.

Hier sind Instrumente zu bevorzugen, die durch die Studierenden eigenständig genutzt werden können. Entsprechend werden im Rahmen der Veranstaltung AriDid Kompetenzlisten mit zugehörigen Förder- bzw. Lernhinweisen, Kompetenzchecks mit Lösungshinweisen, ein Reflexionsbogen zum Arbeitsverhalten, ein Offener Arbeitsraum, und eine Probeklausur eingesetzt bzw. angeboten. Wie diese aufgebaut sind und konkret eingesetzt werden, wird im Folgenden näher beschrieben.

Kompetenzlisten
Die im Rahmen von dortMINT eingesetzten Kompetenzlisten dienen der Selbsteinschätzung der Studierenden (vgl. Busch et al. 2013, S. 29). Während sich im Fach Physik die Selbsteinschätzung auf Bearbeitungsprozesse typischer Aufgaben bezieht, fokussieren die Kompetenzlisten im Fach Mathematik auf fachinhaltliche Lernprozesse über Themen und Lernziele der Veranstaltung. Für die Veranstaltung AriDid wird das letztere Konzept adaptiert. Die verwendeten Begriffe innerhalb des Projekts dortMINT variieren abhängig vom jeweiligen Fachbereich und dem verwendeten Konzept. Für nähere Ausführungen hierzu (vgl. Busch et al. 2013, S. 29 ff.)

Die Kompetenzlisten der Veranstaltung AriDid operationalisieren die fachlichen und fachdidaktischen Kompetenzen in Form einer Auflistung von Kompetenzerwartungen, welche wiederum in Kompetenzbereiche gruppiert sind, und machen so die Lernziele für die Studierenden transparent. Gleichsam ermöglichen sie eine Selbsteinschätzung des Lernstandes bezüglich dieser Lernziele. So erhalten die Studierenden Gelegenheit, ihren Lernstand auf einer fünfstufigen Skala einzuordnen und zu kommentieren. Ein Auszug aus einer von einer Studierenden ausgefüllten Liste ist in Abb. 6.3 zu sehen. Eine exemplarische unausgefüllte Kompetenzliste ist dem Materialpaket am Ende dieses Beitrags beigefügt.

Kompetenz	Persönliche Einschätzung
Hauptstrategien und Hauptfehlermuster	
Ich kann die Hauptstrategien für die Addition, Subtraktion, Multiplikation sowie Division im Zahlenraum bis 1000 benennen und jeweils an einem Beispiel erläutern.	*Stellenweise, Schrittweise, Vereinfachen, Hilfsaufgabe, Misch-formen (Subtraktion + Ergänzen) Division: nur Schrittweise, Hilfsaufgabe, Umkehraufgabe, gegensinniges Verändern*
Ich kann die Hauptfehlermuster für die Addition, Subtraktion, Multiplikation sowie Division im Zahlenraum bis 1000 benennen und jeweils exemplarisch darstellen, wie sie sich äußern.	*Hier über habe ich noch keinen guten Überblick. Das muss ich mir nochmal angucken ...*

Abb. 6.3 Ausgefüllte Kompetenzliste

Durch die Arbeit mit den Kompetenzlisten wird somit eine Reflexion über Gelerntes angeregt. Sie sind somit „Instrumente zur Selbstreflexivität und Metakognition" (Busch et al. 2013, S. 32). Weiter dienen die Kompetenzlisten als Grundlage, um individuelle Lernziele zu setzen und entsprechende Fördermaßnahmen festzulegen. Hierfür wird im unteren Bereich der Kompetenzlisten Gelegenheit geboten (vgl. Abb. 6.5). Sie fungieren als Anregung zum selbstständigen Weiterarbeiten an Kompetenzen. Zudem können sie von Lehrenden genutzt werden, um einen Eindruck über den selbsteingeschätzten Lernstand der Lernenden zu erhalten. Im Fokus der Kompetenzlisten steht also, Transparenz über die Lerninhalte zu schaffen sowie Selbstreflexion und eigenverantwortliches Lernen anzuregen.

Die Kompetenzlisten werden in Form von PDF-Dateien zum Ausdrucken bereitgestellt. Die Studierenden füllen die Listen per Hand aus und geben Sie bei ihrer Übungsleitung ab. Zu jedem der insgesamt 20 Kapitel existiert eine Kompetenzliste, jedoch ist die Abgabe nur bei vieren dieser verpflichtend, während die weiteren Kompetenzlisten zur freiwilligen Bearbeitung zur Verfügung stehen. Weiter ist für die Studierenden transparent, dass die Angaben in den Kompetenzlisten keinen Einfluss auf die Bewertungsprozesse am Ende der Veranstaltung haben.

Verweis auf weitere Lernmöglichkeiten

Im unteren Bereich der Kompetenzlisten werden die Studierenden aufgefordert, ihre persönlichen Lernziele sowie die Maßnahmen, die sie ergreifen wollen, um diese zu erreichen, festzuhalten (vgl. Abb. 6.4 sowie die exemplarische Kompetenzliste im Materialpaket am Ende des Beitrags).

Unterstützt werden die Studierenden dabei durch die Angabe von Lernmöglichkeiten auf den Kompetenzlisten. Hierbei kann es sich beispielsweise um die Angabe von vertiefender Literatur oder weiterführenden Übungsmöglichkeiten handeln. Häufig werden auch Verbindungen mit anderen Themenbereichen der Vorlesung aufgezeigt (vgl. Kompetenzliste im Materialpaket am Ende des Beitrags). Zudem besteht für die Studierenden die Möglichkeit der individuellen Beratung zur Nutzung der Hinweise im offenen Arbeitsraum oder durch die Übungsleitung.

Meine Ziele (Wo möchte ich mich verbessern?)	Meine Maßnahmen (Wie kann ich das erreichen/lernen?)

am: 20.12.2012
 	
→ mehr Beispiele kennen /verstehen
   und analysieren können
 	
→ geeignete Veranschaulichungen
   kennen
	• auf den angegebenen KIRA-Seiten
	   nachsehen (Kinderdokumente ansehen
	   und üben)
	
	• in den Texten von Schipper nach geeig-
	   neten Veranschaulichungen schauen

Abb. 6.4 Angabe von Lernzielen und Maßnahmen

Inwiefern die Studierenden die Lernmöglichkeiten in Anspruch nehmen, bleibt ihnen selbst überlassen. Die Bearbeitung erfolgt somit individuell, entsprechend des persönlichen Lernstandes und auf freiwilliger und eigenverantwortlicher Basis.

Kompetenzchecks

Zu ausgewählten Inhaltsbereichen werden den Studierenden ergänzend zu den Kompetenzlisten sogenannte Kompetenzchecks zur Verfügung gestellt. Diese enthalten Übungsaufgaben, die den in den Kompetenzlisten aufgeführten Kompetenzbereichen zugeordnet sind (vgl. Kompetenzcheck und zughörige Kompetenzliste im Materialpaket am Ende des Beitrags).

Die Kompetenzchecks werden den Studierenden ebenfalls in Form von PDF-Dateien zum Ausdrucken dargereicht. Sie dienen für die Studierenden zum einen dazu, zu überprüfen, inwiefern sie die in den Kompetenzlisten aufgeführten Kompetenzerwartungen erfüllen, zum anderen können sie auch zur Übung genutzt werden. Da die Studierenden mit ihnen eigenverantwortlich arbeiten sollen, werden ergänzende Lösungshinweise bereitgestellt. Im Fokus der Kompetenzchecks steht somit, eigenverantwortliches Lernen sowie Reflexion über die eigenen Kompetenzen anzuregen. Durch die explizite Verbindung zu den Kompetenzlisten „wird angestrebt, den Studierenden eine größtmögliche Transparenz über den eigenen Lernprozess zu ermöglichen: Lernen soll sich nicht an einzelnen Aufgaben, sondern vielmehr an Lernzielen orientieren" (Busch et al. 2013, S. 35).

Die Bearbeitung der Kompetenzchecks erfolgt auf freiwilliger Basis als Zusatzangebot zu den Aufgaben aus dem Übungsbetrieb und ist nicht relevant für jegliche Bewertungsprozesse. Eine Einbindung in den Übungsbetrieb ist aus Gründen der Zeitkapazität nicht vorgesehen.

Lösungshinweise

Wie bereits erwähnt, werden zu den Aufgaben in den Kompetenzchecks Lösungshinweise in Form von separaten PDF-Dateien bereitgestellt. Hierbei handelt es sich jedoch nicht um vollständige Musterlösungen, sondern lediglich um Hinweise, die entweder zur Überprüfung von Ergebnissen gedacht sind oder darauf abzielen Hilfestellungen bei Problemen der Aufgabenbearbeitung zu geben. Somit kann es sich bei den Lösungshinweisen beispielsweise um die Angabe von Zahlenwerten zur Überprüfung von Rechnungen, strategische oder prozedurale Hinweise zu geeigneten Lösungsverfahren oder aber auch um

Hinweise auf Literatur handeln. Die Lösungshinweise dienen somit für die Studierenden als Hilfestellung beim selbstständigen Arbeiten. Im Materialpaket am Ende des Beitrags finden sich entsprechende Lösungshinweise zu dem exemplarisch beigefügten Kompetenzcheck.

Die Nutzung der Lösungshinweise ist freiwillig. Die Studierenden entscheiden selbst, ob und zu welchem Zeitpunkt sie beim Bearbeiten einer Aufgabe die Lösungshinweise nutzen möchten. Auch dies wird nicht in Bewertungsprozesse einbezogen.

Reflexionsbogen zum Arbeitsverhalten

Um die Studierenden zur Reflexion über ihr eigenes Arbeitsverhalten – vor allem in Bezug auf die Nutzung der bereitgestellten DiF-Instrumente anzuregen, wird etwa nach der Hälfte des Semesters im Rahmen einer sogenannten Halbzeitrückmeldung die Bearbeitung eines Reflexionsbogens zum Arbeitsverhalten von den Studierenden eingefordert. Als Zeitpunkt für die Bearbeitung wurde die Mitte des Semesters ausgewählt, da die Studierenden so bereits eine Weile mit den Anforderungen der Veranstaltung konfrontiert waren und somit ihr Arbeitsverhalten reflektieren können, aber auch noch Gelegenheit haben, es zu verändern.

Nach einer Selbsteinschätzung des eigenen Arbeitsverhaltens bezüglich vorgegebener Punkte, die sich auf die einzelnen in der Veranstaltung zur Verfügung stehenden DiF-Instrumente aber auch auf die sonstigen Lerngelegenheiten der Veranstaltung beziehen, erhalten die Studierenden eine Rückmeldung durch ihre Übungsleitung auf dem durch die Studierenden ausgefüllten Bogen. Diese erfolgt zu den einzelnen Aspekten in Form einer Einordnung auf einer fünfgliedrigen Skala und kann durch einen Gesamtkommentar ergänzt werden, während die Studierenden, zusätzlich zur Einordnung auf der fünfstufigen Skala, Kommentare zu allen Einzelaspekten formulieren können. Grundlage des Reflexionsbogens bilden die schriftlichen Vorbereitungen für den Übungsbetrieb, die Beteiligung an der Übung sowie die Bearbeitung der Kompetenzlisten und Kompetenzchecks (vgl. Abb. 6.5).

Die Halbzeitrückmeldung dient der Ausdifferenzierung der eigenen Einschätzung zum Arbeitsverhalten und soll gleichsam Transparenz über Anforderungen des Studiums geben. Somit zielt die Halbzeitrückmeldung auf die Anregung von eigenverantwortlichem Lernen sowie die Reflexion über das eigene Arbeitsverhalten.

Die Teilnahme an der Halbzeitrückmeldung ist für alle Studierenden verpflichtend, jedoch nicht relevant für Bewertungsprozesse am Ende des Semesters. Die Studierenden müssen die ausgedruckten und ausgefüllten Reflexionsbögen ihrer Übungsleitung übergeben. Diese sind dazu angehalten, während des Semesters entsprechend der relevanten Aspekte Beobachtungen zu dokumentieren und eine individuelle Rückmeldung in den einzelnen Bögen zu notieren. Anschließend erhalten die Studierenden die Reflexionsbögen zurück.

„Arithmetik, Funktionen und ihre Didaktik II' · SoSe 2013
Christoph Selter, Martin Reinold, Maren Laferi, Annabell Ocken

Name: _____   Datum: _____

REFLEXIONSBOGEN ARBEITSVERHALTEN

	Ihre Einschätzung					Ihr Kommentar	Einschätzung Ihrer Übungsleitung				
	--	-	o	+	++		--	-	o	+	++
1) Aufgaben zur schriftlichen Vorbereitung mit Abgabe											
Inhaltliche Korrektheit und Sorgfältigkeit der sprachlichen (oder visuellen) Darstellung der Denkwege				X		*Anfangs war die Beschreibung der Gedanken noch nicht so gut, ebenso wie die Beschreibung der Rechenwege. Ich finde aber, dass das schon besser geworden ist, manchmal vergesse ich noch die Kennzeichnung einzelner Schritte.*				X	
2) Aufgaben zur schriftlichen Vorbereitung ohne Abgabe											
Sorgfältigkeit der vorzubereitenden Bearbeitung				X		*Ich finde meine Aufgaben ohne Abgabe sind manchmal nicht so ordentlich wie die mit Abgabe, aber insgesamt finde ich, erledige ich die Aufgaben schon sorgfältig*				X	
3) Engagement während der Übung											
a) Mündliche Mitarbeit				X		*Meine mündliche Mitarbeit finde ich gut, manchmal vielleicht etwas schwankend in der Konstanz, aber insgesamt finde ich, dass ich mich mündlich gut beteilige.*				X	
b) Beteiligung an Gruppenprozessen					X	*Gruppenarbeit mit den anderen an meinem Tisch macht mir immer sehr viel Spaß, mir gefällt es, gemeinsam Lösungswege auszutauschen und gegenseitig voneinander zu profitieren. Ich bringe mich gut ein, denke ich.*					X
4) Bearbeitung der inhaltbezogenen Checklisten (teilweise nur Selbsteinschätzung)											
a) Regelmäßigkeit			X							X	
b) Detailliertheit (Kommentare zu konkreten Schwierigkeiten oder weiterem Vorgehen usw.)				X		*Bei den Kommentaren versuche ich immer die korrekten Lösungen auf die Fragen zu beantworten, um zu sehen, ob ich das wirklich kann bzw. verstanden habe. Außerdem ist das eine gute Übung*					X
c) Nutzung der Hinweise auf weitere Lernmöglichkeiten	X										
5) Bearbeitung der Kompetenzchecks (nur Selbsteinschätzung / keine Einschätzung durch die Übungsleitung)											
a) Regelmäßigkeit	X					*Habe ich ehrlich gesagt noch nicht genutzt...*					
b) Inhaltliche Korrektheit	X										

Kommentar Ihrer Übungsleitung
Liebe Sandra, du bist sehr selbstkritisch! Eure Aufgaben sind immer sehr gut! Es geht bei meinen Anmerkungen meist nur um Feinheiten. Auch mit deiner mündlichen Mitarbeit bin ich sehr zufrieden. Vor allem in der Gruppe arbeitet ihr - so ist mein Eindruck - toll und effektiv zusammen. Schön finde ich auch, wie intensiv du die Kompetenzlisten nutzt. Das zahlt sich sicher aus, dass du hier schon kleine Zusammenfassungen schreibst. Also, du kannst zufrieden mit dir sein!!! Weiter so! Liebe Grüße Laura

Abb. 6.5 Ausgefüllter Reflexionsbogen zum Arbeitsverhalten

Offener Arbeitsraum

Einmal pro Woche wird das Angebot eines Offenen Arbeitsraumes realisiert. Zu einer festgelegten Zeit von eineinhalb Stunden ist in der Didaktischen Werkstatt des Instituts für Entwicklung und Erforschung des Mathematikunterrichts der TU Dortmund eine fachlich und fachdidaktisch kompetente, mit den Inhalten der Veranstaltung vertraute Person anwesend.

Die Didaktische Werkstatt dient generell als ein Lernort, in dem didaktische Materialien, Schulbücher und vieles mehr zur Verfügung stehen und den die Studierenden frei aufsuchen können. Durch die zusätzliche Anwesenheit der Lehrperson aus der Veranstaltung AriDid soll sichergestellt werden, dass die Studierenden insbesondere bei Fragen und Problemen rund um die Veranstaltung AriDid gezielte Hilfe erhalten können. Auch eine Beratung und Unterstützung im Umgang mit den DiF-Instrumenten ist hier möglich. Der Offene Arbeitsraum bietet folglich Gelegenheit, sich individuelle Rückmeldungen und Hilfestellungen zur Nutzung der DiF-Instrumente zu holen, die auf Grund der hohen Anzahl an Studierenden nicht generell erfolgen kann, sondern nur nach Bedarf.

Zudem erhöht sich durch die Festlegung einer expliziten Zeit die Wahrscheinlichkeit, auf andere Teilnehmer der Veranstaltung zu treffen und somit einen Lernpartner zu finden. Gerade der Austausch mit anderen Lernenden kann Lernprozesse vorantreiben (vgl. beispielsweise Fröhlich und Prediger 2008, S. 4 ff.). Die Betreuungsperson soll die Studierenden dabei lediglich unterstützen und keine Lehrstunde abhalten.

Mögliche Aktivitäten für den offenen Arbeitsraum sind das Vor- und Nachbereiten der Vorlesungs- und Übungsinhalte, die Thematisierung von offenen Fragen, die gemeinsame Weiterarbeit an Kompetenzen, die Bearbeitung oder Besprechung der Kompetenzchecks sowie der Austausch über Literatur und vieles mehr. Der offene Arbeitsraum steht somit ganz im Sinne der Anregung des Austauschs mit anderen Studierenden und des eigenverantwortlichen und selbstgesteuerten Lernens. Dementsprechend ist die Teilnahme am Arbeitsraum freiwillig. Auch ist es nicht notwendig, regelmäßig zu erscheinen, ebenso wenig wie sich vorher anzumelden.

Probeklausur

Die Probeklausur dient dazu, den Studierenden einen Eindruck in den Aufbau sowie in die inhaltlichen Anforderungen der Semesterabschlussklausur zu geben. Sie findet zur Mitte des Semesters statt. Der frühe Zeitpunkt gibt den Studierenden genügend Zeit für eventuell erforderliche Interventionsmaßnahmen.

Die Probeklausur wird zur Vorlesungszeit im Hörsaal geschrieben, um die Situation möglichst ähnlich zur tatsächlichen Prüfungssituation zu gestalten. Sie ist für eine Bearbeitungszeit von 45 min konzipiert, sodass die restlichen 45 min der Vorlesungszeit für eine gemeinsame Besprechung genutzt werden können. Die Probeklausur wird nicht eingesammelt und verbleibt zur Selbstkorrektur bei den Studierenden. Aufbau und Art der Aufgaben sowie Punkteverteilung entsprechen der späteren Abschlussklausur.

Die Probeklausur soll Transparenz über Aufbau und die Anforderungen der Klausur geben und die Prüfungssituation simulieren, um die Studierenden auf die ungewohnte Prüfungssituation vorzubereiten. Die Teilnahme an der Probeklausur ist freiwillig. Eine vorherige Anmeldung ist erforderlich.

6.3   Erfahrungen und Ausblick

Abschließend soll in diesem Abschnitt dargestellt werden, welche Erfahrungen mit den beschriebenen Angeboten bereits gemacht wurden und wie ihr Einsatz weiterentwickelt werden wird.

6.3.1   Gelingensbedingungen und Evaluation

Die Etablierung eines solchen Unterstützungssystems durch Instrumente zur Diagnose und individuellen Förderung für Studierende ist natürlich nicht ohne einen Mehraufwand zu realisieren.

Zunächst müssen für die Rahmenbedingungen (beispielsweise Vorlesung, Seminar, o. ä.) und die Inhalte passende Instrumente ausgewählt und adaptiert werden. Ebenso werden zusätzliche fachlich und fachdidaktisch kompetente Arbeitskräfte für die Betreuung des offenen Arbeitsraumes benötigt.

Des Weiteren entsteht der erhöhte Bedarf eines besonderen Engagements der Übungsleiterinnen und -leiter sowie der sonstigen Betreuenden der Veranstaltung, da diese zusätzlich zur herkömmlichen Betreuung auch bei Fragen zu den DiF-Instrumenten bereitstehen sollen. Um den Studierenden dabei konstruktiv zur Seite stehen zu können, ist eine Beschäftigung mit den DiF-Instrumenten unverzichtbar, wodurch eine zusätzliche zeitliche Belastung nicht vermeidbar ist. Um die Übungsleiterinnen und -leiter auf die neuen Aufgaben adäquat vorzubereiten, ist daher die Teilnahme an einer Übungsleiterschulung empfehlenswert, in der neben der Vorbereitung auf die Leitung einer Übungsgruppe explizit auf den Umgang mit den DiF-Instrumenten eingegangen wird.

Es ist jedoch davon auszugehen, dass dieser Mehraufwand mit der Etablierung solcher Systeme geringer wird, da alle Beteiligten an Erfahrungen gewinnen und zudem einmal adaptierte Instrumente in mehrfach stattfindenden Veranstaltungen weiter genutzt werden können.

Welchen Mehrwert der Einsatz der verschiedenen Instrumente hat, ist noch nicht abschließend untersucht. Hierzu werden im Rahmen einer Qualifikationsarbeit (Gutscher in Vorbereitung) umfängliche Untersuchungen in der Veranstaltung AriDid im Wintersemester 2013/14 durchgeführt. So sollen neben der Akzeptanz der Studierenden auch Nutzungsverhalten, Leistungsentwicklungen und Einstellungsveränderungen der Studierenden in den Blick genommen werden. Dennoch wurden bereits im ersten Einsatzsemester 2012/13 einige Evaluationen im Rahmen der Veranstaltung AriDid durchgeführt, von denen hier ausgewählte Ergebnisse in aller Kürze dargestellt werden sollen.

Am Ende des Wintersemesters 2012/13 wurde eine Akzeptanzbefragung zur Wahrnehmung und Nutzung der einzelnen Instrumente durchgeführt, an der 161 der Studierenden teilgenommen haben. Die geringe Teilnehmerzahl ist auf den Zeitpunkt der Evaluation zurückzuführen, für den der letzte Vorlesungstermin gewählt wurde. Dies erwies sich insofern als ungünstig, als dass den Studierenden klar war, dass hier kein neuer Stoff mehr besprochen werden sollte, weshalb viele der Vorlesung fernblieben. Die Ergebnisse sind dennoch durchaus positiv zu verorten.

Beispielsweise gaben 58,7 % der Befragten an, die Kompetenzlisten seien ihnen positiv in Erinnerung geblieben, 22,5 % bewerteten diese eher negativ. Anhand der Kommentare der Studierenden wird ersichtlich, dass diejenigen, die negative Erinnerungen angeben, dies hauptsächlich daran festmachen, dass die Abgabe der Kompetenzlisten verpflichtend war. Jeweils knapp 60 % gaben an, die Kompetenzlisten seien inhaltlich und organisatorisch hilfreich.

Vor allem die Kompetenzchecks wurden von den Studierenden als inhaltlich hilfreich erachtet. Dies gaben über 80 % an. Auch der Anteil der Studierenden, die die Kompetenzchecks als positiv in Erinnerung haben, liegt bei knapp über 80 %.

Lediglich die Angaben zum Offenen Arbeitsraum waren recht negativ. So haben nur 12 % der Befragten angegeben, diesen genutzt zu haben. Grund dafür scheint häufig gewesen zu sein, dass es den Studierenden aufgrund von parallel stattfindenden Veranstaltungen nicht möglich war, ihn aufzusuchen. Diejenigen, die ihn besucht hatten, gaben an, dass er sehr hilfreich war. Weiter erachteten nur 2,7 % der Befragten das Angebot als unnötig.

Neben dieser Akzeptanzbefragung fand eine Standardevaluation des Fachbereichs Mathematik statt. In dieser wurde die Veranstaltung AriDid durchweg positiv bewertet. Auch das Begleitmaterial, zu dem auch die DiF-Instrumente zählen, wurde von 80 % der Studierenden mit der Note Eins oder Zwei bewertet.

Dieser erste Eindruck zeigt deutlich das Potenzial des Konzepts dortMINTs für die Übertragung auf diverse Lehrveranstaltungen. Es zeigt sich aber auch, dass eine Feinjustierung des Einsatzes für jede Veranstaltung vorgenommen werden muss. Wie bereits erläutert, werden umfängliche Untersuchungen im Wintersemester 2013/14 durchgeführt (vgl. Gutscher in Vorbereitung). Dort und auch bereits im Sommersemester 2013 werden auch Modifizierungen an der Gestaltung und den Einsatzbedingungen vorgenommen werden, um die Instrumente in der Veranstaltung AriDid optimal zu integrieren. Diese Modifizierungen werden im Folgenden kurz vorgestellt.

6.3.2 Geplante Modifikationen

Wie bereits angedeutet, soll der Einsatz der DiF-Materialien in der Veranstaltung *AriDid* weitergeführt und verbessert werden. Zudem soll eine umfassende Untersuchung des Nutzungsverhaltens und der Akzeptanz, der Entwicklungen der Einstellungen zum Mathematiklernen und zu Diagnose und Förderung sowie der Lernentwicklung der Studierenden vorgenommen werden. Neben einiger organisatorischer Änderungen, die sich aus den Erfahrungen im Wintersemester 2012/13 ergeben haben, soll ein Onlineportal erstellt werden, in dem die Instrumente abrufbar und nutzbar sind und das Nutzungsverhalten der Studierenden einsehbar ist. Die Nutzung eines Onlineportals bietet sich also aus Forschungsgründen an, hat aber auch folgende Vorteile für Studierende und Lehrende:

Durch die Digitalisierung der Instrumente und die Möglichkeit, sie online zu nutzen (beispielsweise Kompetenzlisten direkt ausfüllen und speichern sowie überarbeiten),
können die Bearbeitungen der Studierenden in Zukunft auch unter dem Aspekt der Rück-
meldefunktion für die Lehrenden genutzt werden. So können sich beispielsweise Übungsleiterinnen und -leiter anzeigen lassen, wie sich die Studierenden aus der eigenen Gruppe
selbst einschätzen. Auch eine Übersicht über alle Studierenden wird sich abrufen lassen. Bei der Nutzung der Instrumente in Papierform wäre es sehr aufwendig, sich einen
Überblick über die Einschätzungen der Studierenden zu verschaffen, da dazu alle Bearbeitungen eingesammelt und per Hand gesichtet werden müssten. Durch das Ausfüllen der
Listen im Onlineportal können solche Übersichten automatisiert erstellt und abgerufen
werden.

Auch die organisatorischen Tätigkeiten der Übungsleiterinnen und -leiter werden durch
die Nutzung des Onlineportals erleichtert. So können sie sich anzeigen lassen, inwiefern
die Studierenden ihrer Gruppe die Instrumente genutzt haben, statt beispielsweise verpflichtend zu bearbeitende Kompetenzlisten einzusammeln und durchzuschauen. Somit
ist neben diesem organisatorischen Aspekt auch das Einsparen von Druck- und Papierkosten als positiver Aspekt zu nennen.

Letztlich wird das Onlineportal auch den Studierenden Vorteile bieten, da dort alle Materialien in übersichtlicher Form versammelt sind und auch miteinander verlinkt sind. Dies
wird in den folgenden Ausführungen zu den Veränderungen der einzelnen DiF-Instrumente deutlicher.

Im Sommersemester 2013 wird zunächst eine Pilotierung des Onlineportals anhand
von Materialien zu ausgewählten Kapiteln erfolgen, um erste Erfahrungen zu sammeln.
Im darauffolgenden Wintersemester 2013/2014 sollen dann alle Materialien in das Onlineportal überführt werden. Welche Vorteile dies im Einzelnen bringt und welche organisatorischen Veränderungen bezüglich der einzelnen Instrumente vorgenommen werden
sollen, wird nun für jedes der bereits in Abschn. 6.2 aufgeführten Instrumente separat
erläutert.

Kompetenzlisten
Wie bereits angedeutet, sollen die Kompetenzlisten für die nachfolgenden Jahrgänge
(zunächst im Rahmen der Pilotierung nur zu ausgewählten Kapiteln, ab Wintersemester 2013/14 für alle Kapitel der Veranstaltung) digitalisiert und in einem Onlineportal
verfügbar gemacht werden. Die Studierenden können die Listen dann online ausfüllen
und speichern und bei Bedarf ihre Eintragungen zu einem späteren Zeitpunkt ändern.
Zudem können Lehrende sie ebenfalls online einsehen. Für die Studierenden nimmt damit, wie bereits angedeutet, der Verwaltungsaufwand für die Materialien deutlich ab, da
alles online verwaltet werden kann und nicht mehr ausgedruckt und abgeheftet werden
muss.

Auch die Anzahl der verpflichtenden Listen wird modifiziert, um Aufschluss über den
optimalen Einsatz zu erhalten. So wird der Anteil der verpflichtenden Kompetenzlisten
auf voraussichtlich 50 % ansteigen.

Förderhinweise zu den Kompetenzlisten

Im Zuge der geplanten Digitalisierung sollen vor allem Verweise auf Internetquellen so eingebunden werden, dass eine direkte Verlinkung und somit ein unmittelbarer Zugriff von der Kompetenzliste und dem jeweiligen Hinweis auf die entsprechende Internetseite möglich ist. Auch Texte sollen direkt als PDF-Version abrufbar sein.

Im Gegensatz zur Darbietung im Wintersemester 2012/13 können die Studierenden also unmittelbar beim Bearbeiten der Kompetenzlisten die weiteren Lernhinweise ansehen und entsprechende Maßnahmen im unteren Teil der Kompetenzliste festhalten, statt Internetadressen aus der gedruckten Version abschreiben zu müssen.

Kompetenzchecks

Die organisatorischen Bedingungen zum Einsatz der Kompetenzchecks sollen sich im Vergleich zum Einsatz im Wintersemester 2012/13 nicht ändern. So soll die Bearbeitung weiterhin freiwillig bleiben.

Dennoch soll in den folgenden Jahrgängen erprobt werden, inwiefern die Art des Einsatzes angemessen ist. Für die Evaluation ist vor allem die Überführung der Kompetenzchecks in das Onlineportal von großer Bedeutung. Durch die Bereitstellung der Kompetenzchecks im Onlineportal wird einsehbar, wie viele Studierende sie nutzen.

Die Überführung ins Onlineportal hat aber nicht nur einen evaluativen Nutzen. So werden die Kompetenzchecks direkt mit den zugehörigen Kompetenzlisten verlinkt. Zum einen wird für die Studierenden dadurch übersichtlicher, zu welchen Kapiteln welche Materialien bzw. Instrumente zur Verfügung stehen. Zum anderen wird die Handhabung der Instrumente bequemer.

Lösungshinweise

Im Zuge der Überführung der DiF-Instrumente in ein Onlineportal sollen die Lösungshinweise zu interaktiven Elementen in den Kompetenzchecks werden. Hinweise, dass Lösungshinweise vorhanden sind, sollen durch Buttons direkt neben der Formulierung von Aufgaben oder Teilaufgaben symbolisiert werden und durch Anklicken des Buttons zum Vorschein kommen. Somit wird auch hier die Handhabung bequemer.

Die Modifizierung bietet aber noch einen weiteren Vorteil, da die Studierenden wirklich nur den Tipp ansehen können, den sie sehen wollen und nicht bereits Teile der später folgenden Tipps mit ins Auge fallen, wie es bei einer PDF-Datei mit allen Tipps zu einem Kompetenzcheck ist.

Reflexionsbogen zum Arbeitsverhalten

Die organisatorischen Bedingungen für den Einsatz des Reflexionsbogens sollen nicht geändert werden. So sollen weiterhin alle Studierende verpflichtend an der Halbzeitrückmeldung teilnehmen müssen. Allerdings sollen einige Aspekte, zu denen die Übungsleiterinnen und -leiter bisher eine Einordnung in die fünfstufige Skala vornehmen sollten, nun nicht mehr durch die Übungsleiter bewertet werden müssen. Dies hat den Hintergrund, dass eine Einschätzung für die Übungsleiterinnen und -leiter zu manchen Aspekten nicht immer leicht ist und somit Druck von ihnen genommen werden soll. Beispielsweise ist es nicht immer einfach, einzuschätzen inwiefern sich einzelne Studierende an Gruppenprozessen beteiligen.

Die Digitalisierung der DiF-Instrumente wird weiter zu einer organisatorischen Erleichterung für die Übungsleiterinnen und -leiter führen, da in einem Onlineportal alle Kompetenzlisten- und Kompetenzcheckbearbeitungen durch die Übungsleiterinnen und -leiter eingesehen werden können und sie somit leichter eine Übersicht über die Bearbeitungen der Studierenden ihrer Gruppe erhalten können, ohne diese einzusammeln und eigenhändig zu dokumentieren.

Da auch die Reflexionsbögen zum Arbeitsverhalten digitalisiert werden, können auch diese online ausgefüllt werden, was den Studierenden Druck- und Papierkosten erspart und den Prozess des Abgebens und Zurückerhaltens überflüssig macht.

Offener Arbeitsraum
In Zukunft soll das Angebot dahingehend verbessert werden, dass an mehreren Tagen und zu verschiedenen Uhrzeiten die Möglichkeit besteht, in den offenen Arbeitsraum zu gehen. Dies geschieht vor dem Hintergrund, möglichst vielen Studierenden die Wahrnehmung des Angebots zu ermöglichen und kommt den in der Evaluation am Ende des Wintersemesters 2012/13 (vgl. Abschn. 6.3.1) vermehrt und explizit geäußerten Wünschen nach einem größeren Angebot nach.

Probeklausur
Für die Probeklausur sind keine Änderungen vorgesehen, da sich die Handhabung im Wintersemester 2012/13 bewährt hat.

Inwiefern sich der Einsatz des Onlineportals und die Modifizierungen an den organisatorischen Bedingungen bewähren, wird Inhalt der erwähnten Qualifikationsarbeit (Gutscher in Vorbereitung) werden. Auch werden dort detailliertere Schilderungen zu den einzelnen Instrumenten sowie Analysen zu Nutzungsverhalten, Akzeptanz, Lernentwicklungen sowie Einstellungen der Studierenden zu Diagnose und Förderung zu finden sein.

KOMPETENZLISTE

KAPITEL 8: Mündliches und halbschriftliches Rechnen

Arithmetik und ihre Didaktik
WS 2012/2013

Name: _____ Datum: _____

Kompetenz	Persönliche Einschätzung				
	--	-	o	+	++
Hauptstrategien und Hauptfehlermuster					
Ich kann die Hauptstrategien für die Addition, Subtraktion, Multiplikation sowie Division im Zahlenraum bis 1000 benennen und jeweils an einem Beispiel erläutern.					
Ich kann die Hauptfehlermuster für die Addition, Subtraktion, Multiplikation sowie Division im Zahlenraum bis 1000 benennen und jeweils exemplarisch darstellen, wie sie sich äußern.					
Ich kann Rechenwege von Schülern und Schülerinnen bezüglich ihrer Vorgehensweisen und Fehler analysieren sowie den Hauptstrategien oder Hauptfehlermustern zuordnen.					
Thematisierung im Unterricht					
Ich kenne geeignete Veranschaulichungen, die deutlich machen, wie und wieso die einzelnen Strategien der vier Rechenoperationen funktionieren (z.B. Malkreuz, Punktefelder, etc.) und an denen man ggf. auch Fehler thematisieren kann.					
Ich kann erläutern, was das Zehnereinmaleins ist und welche Rolle ihm im Rahmen des halbschriftlichen Multiplizierens zukommt (vgl. Maltafel).					
Ich kann erläutern, was mit Blitzrechenfertigkeit					

Arithmetik und ihre Didaktik WS 2012/2013

(schnellem Rechnen) gemeint ist, wieso sie wichtig ist und welche Phasen bei ihrem Aufbau durchlaufen werden.						
Ich kann exemplarisch Aufgabenstellungen nennen, die die SchülerInnen dazu anregen sollen/können, über die Nutzung der verschiedenen Rechenmethoden nachzudenken.						

Stellenwert der verschiedenen Rechenmethoden

Ich kann sowohl die „Traditionelle Sichtweise" als auch die „Revidierte Sichtweise" zum Stellenwert der verschiedenen Rechenmethoden (Kopfrechnen, Halbschriftlich, Schriftlich, Taschenrechner) darstellen.						
Ich kann Vor- und Nachteile sowohl des schriftlichen als auch des halbschriftlichen und mündlichen Rechnens nennen.						
Ich kann erläutern, welche Rolle die verschiedenen Rechenmethoden im Unterricht einnehmen sollten.						

Meine Ziele (Wo möchte ich mich verbessern?)

am: _____

Meine Maßnahmen (Wie kann ich das erreichen/lernen?)

Evaluation (Wie hat es geklappt?)

am: _____

Weitere Lernmöglichkeiten

Zu diesem Kapitel gibt es einen **Kompetenzcheck** im EWS. Mit diesem können Sie einerseits überprüfen, inwiefern Sie über die oben angegeben Kompetenzen verfügen. Anderseits ist der Check auch als ergänzendes Übungsangebot zu sehen.

Besuchen Sie die **KIRA-Seiten** zu den Themen:

- Vorgehensweisen bei der halbschriftlichen Addition (http://kira.dzlm.de/061),
- Vorgehensweisen bei der halbschriftlichen Subtraktion (www.kira.dzlm.de/062),
- Halbschriftliche Multiplikationsstrategien und Fehlermuster (http://www.kira.dzlm.de/137) und
- Vorgehensweisen bei der halbschriftlichen Division (http://www.kira.dzlm.de/138).

Hier finden Sie viele Informationen zu den **Hauptstrategien und Fehlermustern** und haben die Gelegenheit **Dokumente von Kindern** zu betrachten.

Lesen Sie die folgenden Texte (verfügbar im EWS):

- Schipper, W. (2009): *Handbuch für den Mathematikunterricht an Grundschulen.* Braunschweig: Schrödel, S. 98 - 142 **(Addition und Subtraktion)**.
- Schipper, W. (2009): *Handbuch für den Mathematikunterricht an Grundschulen.* Braunschweig: Schrödel, S. 143 - 161 **(Multiplikation und Division)**.
- Selter, Ch. (1999): **Flexibles Rechnen statt Normierung auf Normalverfahren.** In: *Die Grundschulzeitschrift*, H. 125, S. 6 - 11.
- Selter, Ch. (2003): **Flexibles Rechnen – Forschungsergebnisse, Leitideen, Unterrichtsbeispiele.** In: *Sache, Wort, Zahl*, Jg. 31, H. 57, S. 45 - 50.

Beachten Sie, dass es nicht immer Sinn macht, alles zu lesen. Schauen Sie selbst, welche Abschnitte für Sie interessant sind und wählen Sie entsprechend aus.

Betrachten Sie nochmals die Hinweise auf weitere Lernmöglichkeiten in der **Kompetenzliste zu Kapitel 6 (Schriftliches Rechnen)**. Hier wurden Hinweise auf Materialien gegeben, die sich mit dem Stellenwert der schriftlichen Rechenverfahren und der halbschriftlichen Verfahren beschäftigen. Diese Materialien können Ihnen also auch in diesem Kapitel helfen, die Thematik zu durchdringen.

WS 2012/2013

Arithmetik und ihre Didaktik

Lösungshinweise zu Kompetenzcheck zu Kapitel 8:

MÜNDLICHES UND HALBSCHRIFTLICHES RECHNEN

Aufgabe 1:Hauptstrategien und Fehlermuster

Lösungshinweis zu 1 a) und b):

Hinweise zur Interpretation der Kinderlösungen finden Sie auf der KIRA-Seite zum Thema ‚Vorgehensweisen bei der halbschriftlichen Subtraktion' (www.kira.uni-dortmund.de/062).

Lösungshinweis zu 1 c):

Zu dieser Aufgabe sollten Sie sich mit anderen Studierenden austauschen und Ihre Ansätze diskutieren und gemeinsam verbessern. Es gibt hier nicht die eine richtige Lösung.

Aufgabe 2: Elternabend

Bei der Lösung dieser Aufgabe kann Ihnen der nachfolgend genannte Text (verfügbar im EWS) helfen.

- Selter, Ch. (1999): Flexibles Rechnen statt Normierung auf Normalverfahren. In: *Die Grundschulzeitschrift*, H. 125, S. 6 - 11.

WS 2012/2013

Arithmetik und ihre Didaktik

Kompetenzcheck zu Kapitel 8: **MÜNDLICHES UND HALBSCHRIFTLICHES RECHNEN**

Aufgabe 1:Hauptstrategien und Fehlermuster

Kompetenzbereich 1: Hauptstrategien und Fehlermuster

In dieser Aufgabe liegen Lösungswege von Dritt- und Viertklässlern vor.

a) Ordnen Sie die nachfolgenden Lösungswege der Kinder, soweit dies möglich ist, jeweils begründet einer der
    aus der Vorlesung bekannten Hauptstrategien zu!

Norman:	Titus:	Moritz:
$86 - 59 =$ $86 - 50 = 36$ $36 - 9 = 27$	$133 - 45 = 88$ $133 - 5 = 128$ $128 - 40 = 88$	$64 - 37 = 27$ $60 - 30 = 30$ $4 - 7 = 3$

Mourice:	Florian:	Moritz 2:
$151 - 122 = 29$ $100 - 100 = 0$ $64 - 22 = 29$	$630 - 450 = 180$ $580 - \quad 100 = 180$ $50. \quad 50 = 0$	$187 - 125 = 62$ $20 + 60 = 80$ $5 + 2 = 7$

b) Betrachten Sie die abgebildeten Rechenwege von Mourice, Timo, Miriam und Melissa. Beschreiben Sie, wie
    die Kinder vorgegangen sind. Erklären Sie, wie die Fehler zustande gekommen sein könnten. Versuchen Sie,
    möglichst kompetenzorientiert vorzugehen.

Mourice:	Timo:	Miriam:	Melissa:
$630 - 450 = 220$ $600 - 400 = 200$ $30 - 50 = 20$ $630 - 450 = 220$	$802 - 795 = 5$ $800 - 700 = 100 - 90 = 10 - 5 = 5$	$53 - 28 = 21$ $53 - 30 = 23$ $23 - 2 = 21$	$398 - 110 = 280$ $300 - 100 = 200$ $9 \quad - \quad 1 \quad = 8$ $8 \quad - \quad 0 \quad = 0$

Kompetenzbereich 2: Thematisierung im Unterricht

c) Beschreiben Sie, wie Sie Fehler wie die von Mourice, Timo, Melissa und Miriam im Unterricht thematisieren
    können. Wie können Sie den Kindern – zum Beispiel mit Material – ermöglichen, zu erkennen, dass man so
    nicht zum richtigen Ergebnis kommt? Üben Sie das Darstellen und schriftliche Formulieren, indem Sie Ihre
    Überlegungen auf jeweils einer halben Seite festhalten und ggf. skizzieren.

Aufgabe 2: Elternabend

Kompetenzbereich 3: Stellenwert der verschiedenen Rechenmethoden

Stellen Sie sich vor, auf einem Elternabend zu Beginn des 3. Schuljahres pochen die Eltern
auf eine frühzeitige Mechanisierung der schriftlichen Rechenverfahren. Welche Argumente könnten die Eltern
nennen? Welche Argumente würden Sie Ihnen entgegen bringen, um ihnen aufzuzeigen, dass auch die
halbschriftlichen Verfahren wichtig sind und sie vor der Thematisierung der schriftlichen Verfahren behandelt
werden sollten? Üben Sie das schriftliche Formulieren, indem Sie einen Text von mindestens einer, aber
höchstens anderthalb Seiten verfassen.

Literatur

Baumert, J., & Kunter, M. (2006). Professionale Kompetenzen von Lehrkräften. *Zeitschrift für Erziehungswissenschaft, 9*(4), 469–520.

Busch, H. B., Di Fuccia, D.-S., Filmer, M., Frye, S., Hußmann, S., Neugebauer, B., Ott, B., Pusch, A., Riese, K., Schindler, M., & Theyßen, H. (2013). Diagnose und individuelle Förderung erleben. In S. Hußmann & C. Selter (Hrsg.), *Diagnose und individuelle Förderung in der MINT-Lehrerbildung* (S. 27–96). Münster: Waxmann.

Frey, A., Heinze, A., Mildner, D., Hochweber, J., & Asseburg, R. (2010). Mathematische Kompetenz von PISA 2003 bis PISA 2009. In E. Klieme, J. Hartig, N. Jude, O. Köller, M. Prenzel, W. Schneider & P. Stanat (Hrsg.), *PISA 2009. Bilanz nach einem Jahrzehnt* (S. 153–176). Münster: Waxmann.

Fröhlich, I., & Prediger, S. (2008). Sprichst du Mathe? Kommunizieren in und mit Mathematik. *Praxis der Mathematik in der Schule, 49*(24), 1–8.

Gutscher, A. (eingereicht). *Kompetenzlisten und Lernhinweise zur Diagnose und Förderung. Eine Untersuchung zu Nutzungsweisen und Akzeptanz von Lehramtsstudierenden.* Springer

Helmke, A. (2009). *Unterrichtsqualität und Lehrerprofessionalität. Diagnose, Evaluation und Verbesserung.* Leipzig: Klett.

Hesse, I., & Latzko, B. (2011). *Diagnostik für Lehrkräfte.* Opladen: Barbara Budrich.

Hußmann, S., & Selter, C. (2013a). *Diagnose und individuelle Förderung in der MINT-Lehrerbildung. Das Projekt dortMINT.* Münster: Waxmann.

Hußmann, S., & Selter, C. (2013b). Das Projekt dortMINT. In S. Hußmann & C. Selter (Hrsg.), *Diagnose und individuelle Förderung in der MINT-Lehrerbildung* (S. 15–26). Münster: Waxmann.

Moser Opitz, E., & Nührenbörger, M. (2015). Diagnostik und Leistungsbeurteilung. In R. Bruder, L. Hefendehl-Hebecker, B. Schmidt-Thieme & H.-G. Weigand (Hrsg.), *Handbuch der Mathematikdidaktik* (S. 491–512). Berlin, Heidelberg: Springer Spektrum.

MSW (2005). *Schulgesetz für das Land Nordrhein-Westfalen (Schulgesetz NRW – SchulG).* Frechen: Ritterbach.

MSW (2009). *Gesetz über die Ausbildung für Lehrämter an öffentlichen Schulen (Lehrerausbildungsgesetz – LABG).* Frechen: Ritterbach.

Rach, S., & Heinze, A. (2013). Welche Studierenden sind im ersten Semester erfolgreich? Zur Rolle von Selbsterklärungen beim Mathematiklernen in der Schuleingangspahse. *Journal für Mathematikdidaktik, 34*(1), 121–147.

Schrader, F.-W. (2011). Lehrer als Diagnostiker. In E. Terhart, H. Bennewitz & M. Rothland (Hrsg.), *Handbuch der Forschung zum Lehrerberuf* (S. 683–699). Münster: Waxmann.

Schwarz, B., Kaiser, G., & Buchholtz, N. (2008). Vertiefende qualitative Analysen zur professionellen Kompetenz angehender Mathematiklehrkräfte am Beispiel von Modellierung und Realitätsbezügen. In S. Blömeke, G. Kaiser & R. Lehmann (Hrsg.), *Professionelle Kompetenz angehender Lehrerinnen und Lehrer. Wissen, Überzeugungen und Lerngelegenheiten deutscher Mathematikstudierender und Referendare – Erste Ergebnisse zur Wirksamkeit der Lehrerausbildung* (S. 391–425). Münster: Waxmann.

Solzbacher, C. (2009). Positionen von Lehrerinnen und Lehrern zur individuellen Förderung in der Sekundarstufe I – Ergebnisse einer empirischen Untersuchung. In I. Kunze & C. Solzbacher (Hrsg.), *Individuelle Förderung in der Sekundarstufe I und II* (S. 27–42). Hohengehren: Schneider.

Weinert, F. E. (2000). Lehren und Lernen für die Zukunft – Ansprüche an das Lernen in der Schule. *Pädagogische Nachrichten Rheinland-Pfalz, 2*, 1–16.

Teil III

(Hochschul-)didaktische Perspektive auf die
Grundschullehrerausbildung
– Hochschuldidaktische Konzepte

Zum Innovationsverständnis Studierender in der Lehrerausbildung

7

Regina Dorothea Möller

Zusammenfassung

In der Zusammenschau der Beiträge zur innovativen Gestaltung der Lehrerausbildung in den einzelnen Bundesländern fällt auf, dass die Perspektive der Studierenden bisher wenig explizit fokussiert wurde. Bei den fachlichen und fachdidaktischen Komponenten der Lehrerausbildung, die während der ersten und zweiten Lehrerausbildungsphase vorgesehen sind, liegt der Schwerpunkt der Betrachtungen nicht explizit auf der Sichtweise der Lehramtskandidatinnen und -kandidaten, wobei sich natürlich die anvisierten Konzepte auf diese beziehen. Mit diesem Beitrag soll die Perspektive der Studierenden auf innovative Komponenten in der Lehrerausbildung eine besondere Berücksichtigung finden.

7.1 Die heutige Lehrerausbildung – Eine Folge von Innovationen?

Mit dem Begriff „innovativ" verbindet sich die Vorstellung, eine neue Idee, eine neue Strategie führe zu einer grundlegenden Erneuerung. Als einer der ersten hat sich Joseph Schumpeter (1963) schon zu Anfang des 20. Jahrhunderts mit dem Begriff der Innovation auseinandergesetzt und ihn in mehreren Schriften für Wirtschaft und Wirtschaftssysteme formuliert (vgl. Burr 2003). Seit dem Jahr 2004, das als Innovationsjahr in Deutschland ausgerufen war, wurden Aktivitäten insbesondere im Bereich der Bildung, der Forschung und der Entwicklung gefördert (BMBF 2004), um die Zukunftsfähigkeit zu gewährleisten. Seitdem erfährt der Begriff der Innovation eine fast inflationäre Verwendung.

R. D. Möller (✉)
Universität Erfurt
Erfurt, Deutschland
E-Mail: regina.moeller@uni-erfurt.de

© Springer Fachmedien Wiesbaden GmbH 2018
R. Möller und R. Vogel (Hrsg.), *Innovative Konzepte für die Grundschullehrerausbildung im Fach Mathematik*, Konzepte und Studien zur Hochschuldidaktik und Lehrerbildung Mathematik, https://doi.org/10.1007/978-3-658-10265-4_7

Es mag an dieser Stelle erlaubt sein, darauf hinzuweisen, dass der Begriff des Innovativen in der Lehrerausbildung nicht ganz treffsicher verwendet werden kann. Wahrhaftig innovativ (lat. innovatio) im Sinne einer Erneuerung oder einer Veränderung, die mit technischem, sozialem oder wirtschaftlichem Wandel einhergingen, waren die Erfindungen der Glühbirne, des Kraftfahrzeugs und des Telefons. Sie hat es zuvor nicht gegeben, und sie bedurften einer wahrhaft neuen Idee, die viele in ihren Auswirkungen verstanden haben müssen, damit sie überhaupt zu einer flächendeckenden Umsetzung führen konnten. Diese Innovationen haben zu ganz neuen Merkmalen von Gesellschaften geführt und prägen bestimmte Aspekte unseres Alltags bis heute in einem hohen Maße. Dazu gehören die Unabhängigkeit vom Tageslicht, die Kommunikation und die Mobilität. Alle drei Innovationen führten zu ganz neuen Gesamtsystemen, boten und bieten immer wieder Möglichkeiten zur Erneuerung und führten zu ganz neuen Routinen und Verhaltensmuster innerhalb der Gesellschaften. Anhand einer Innovation, die heute zur technischen Errungenschaft des Smartphones geführt hat, die schon Grundschüler heutzutage mit in den Unterricht bringen, lässt sich einer dieser Prozesse bis heute gut beobachten. Allein diese eine Innovation führt zu Diskussionen, ob und in welcher Weise Schule und Elternhaus darauf reagieren könnten oder sollten.

. Vor diesem Hintergrund ist die Verwendung des Begriffs „innovativ" im Kontext der Lehrerbildung kritisch zu sehen. Zwar gehört zum Begriff der Innovation auch die Vorstellung, dass es sich innerhalb eines Bezugsrahmens um eine Erneuerung handeln muss, die zu einer fortschrittlichen Problemlösung führen soll. Aber in der Lehrerausbildung finden sich durch die Reformen der letzten Jahre in den verschiedenen Ländern ganz unterschiedliche Ausprägungen, sodass diese Komplexität zunächst nicht zu einer umfassenden, flächendeckenden innovativen Lehrerausbildung gedeihen kann. Wir werden keine neuartige Struktur der Lehrerbildung mit den vorliegenden Beiträgen zu ideenreichen Konzepten etablieren, doch sicherlich Verbesserungen, die sich einerseits auf Inhalte beider Phasen der Lehrerbildung beziehen oder auf die Verschränkung beider miteinander. Wenn wir also in diesem Band von innovativen Konzepten sprechen, dann soll damit gemeint sein, dass neue Gewichtungen inhaltlicher oder auch systematischer Gegebenheiten vonnöten sind, in der Hoffnung, dass sie zumindest auf nationaler Ebene zu Verbesserungen in der Lehrerausbildung für das Fach Mathematik im Bereich der Grundschule führen werden.

Um den geschichtlichen Hintergrund dieses Begriffs „Innovation" zu klären – man sprach früher von Reformen – sei bemerkt, dass dieses Wort zum ersten Mal 1980 im Rechtschreibduden stand. Es steht für neuartig, einfallsreich, fantasievoll, ideenreich, originell und schöpferisch. Beispiel seiner Verwendung wäre etwa ein innovativer Prozess oder eine innovative Maßnahme, zunächst mehr in technischen Bereichen verwendet als in pädagogischen. Obwohl die Verwendung dieses Begriffs im angelsächsischen Sprachraum seit Längerem populär ist, hat er sich im deutschsprachigen Raum erst seit Kürzerem durchgesetzt. Der Begriff der Innovation, der in den letzten Jahren den Begriff der Reform in den Hintergrund gedrängt hat, kann sich auf Resultate nach einem Prozess der Erneuerung beziehen oder auf den Prozess selbst.

Die Bologna-Reform zielte auf eine beabsichtigte Neustrukturierung der Lehrerbildung mit einer gestuften Studienstruktur. Infolgedessen wurden die BA- und MA-Abschlüsse an den Hochschulen eingeführt. Mit dieser Reform entstand eine Situation in der Lehrerausbildung, die zunächst von vielen als eine Erweiterung der Entwicklungsmöglichkeiten begrüßt wurde, obwohl es durchaus kritische Stimmen gab. Allerdings führte dieser durchgreifende Bildungsprozess der letzten zehn Jahre dazu, dass an den jeweiligen Standorten der Lehrerausbildung neue Studiengänge konzipiert wurden, die danach zu einem Flickenteppich unterschiedlicher Angebote bei den Studiengängen geführt haben. Die mit der Durchführung des Prozesses einer Studienstrukturreform verbundene Idee von gestuften Studiengängen lässt sich im Detail weder an der Struktur noch an einer einheitlichen Logik feststellen. Es gab und gibt gleiche Studiengänge unterschiedlicher Länge und verschiedener Anordnung der Inhalte. Trotz Vorgabe des Modells von drei Jahren für ein Bachelor- und ein darauf aufbauendes zweijähriges Masterstudium als Grundmodell, gibt es Abweichungen. Ein weiteres Ziel war die Modernisierung der Curricula, die aber auch unterschiedlich ausgefallen ist. Erwartet wurde eine Konzentration auf gemeinsam als notwendig erachtete Inhalte, die Ergebnisse sehen allerdings eher so aus, dass die Curricula verdichtet wurden, also auf keinen Fall weniger Inhalte aufweisen. Die in der Lehrerausbildung so wichtige Verknüpfung zwischen Theorie und Praxis ist ganz unterschiedlich gewichtet und umgesetzt worden. Die Einführung der Credits (nach ECTS) mit ihrem „Workload-Ansatz" wird ganz verschieden gehandhabt und führt bis jetzt nicht zu vergleichbaren Konzepten im deutschen Sprachraum. Die mit diesen Prozessen auch intendierte Veränderung, eine erhöhte Mobilität der Studierenden, ist gerade bei den Lehramtskandidatinnen und -kandidaten nicht eingetreten.

Eine eher bildungssoziologisch geprägte Bestandsaufnahme der allgemeinen Chancen, Herausforderungen und Problematiken dieses umfassenden Bildungsprozesses findet man in Brändle (2010). Offensichtlich ist, dass der Ausgangspunkt dieses Prozesses der Wunsch nach Vergleichbarkeit und einer vereinfachten Anerkennung von Studienleistungen war. Durch eine Neustrukturierung des Studiums mit der Einführung neuer Abschlüsse sollten insbesondere auch ausländische Qualifikationen vergleichbar sein. Dieses Ziel einer einheitlichen europäischen Hochschullandschaft wurde sicher nicht erreicht. Möglicherweise lässt sich herauszufinden, ob inmitten dieser Umstrukturierungsprozesse an unterschiedlichen Standorten gute Ideen entwickelt wurden, die in der Lehrerausbildung für das Fach Mathematik nutzbar gemacht werden könnten.

Zu diesem komplexen Bildungsprozess muss auch die in den letzten Jahren hinzugekommene Einführung von Bildungsstandards und die der Kompetenzorientierung berücksichtigt werden. Beide Bildungsreformen sind nicht in der Weise im Unterricht und in den Studiengängen durchgängig so angekommen, wie man es beabsichtigte, was allerdings vorauszusehen war. Wie bei der Mengenlehre war es eine Oktroyierung und keine von unten gewachsene Einsicht zu notwendigen Veränderungen. Gut beobachten ließ sich dieser Prozess an den Reaktionen der in der zweiten Phase beschäftigten Fachleiterinnen und Fachleiter. Sie haben zunächst weder die Standards noch den Kompetenzrahmen sofort übernommen, sondern sich nur ganz allmählich diesen Inhalten zugewandt.

Ursprünglich war die Einführung bundesweiter Bildungsstandards durch die KMK (2003, 2004 bzw. 2012; vgl. www.kmk.org/themen/qualitaetssicherung-in-schulen/bildungsstandards.html) als eine qualitätssichernde Maßnahme für unterrichtliche Prozesse konzipiert. Auslöser für diesen bildungspolitischen Paradigmenwechsel waren die Ergebnisse dreier internationaler Leistungsvergleichsstudien, TIMSS, PISA (2000, 2003, 2006) und IGLU (2006). Die Ergebnisse von TIMSS zeigten im internationalen Vergleich Schwächen deutscher Schülerinnen und Schüler bei flexiblen Problemlösungen und legten offen, dass der Mathematikunterricht sehr stoffbetont auf abfragbares Wissen orientiert zu sein schien. Die PISA-Ergebnisse fielen auch nur durchschnittlich aus und wiesen außerdem eine hohe Korrelation mit der sozialen Herkunft auf. Die IGLU-Untersuchung, die an Grundschulen durchgeführt wurden, zeitigten weniger deutliche Ergebnisse. Die KMK beantwortete diese Bildungssituation in Deutschland mit einer Output-orientierten Bildungsinitiative, in deren Folge die verbindlichen Bildungsstandards zur Qualitätsentwicklung und -sicherung an Schulen dienen sollten. Sie fungieren einerseits als Orientierung für Lehrpersonen, setzen Maßstäbe für die Erfassung und Bewertung von Lernergebnissen und andererseits als Orientierung für Schülerinnen, Schüler und Eltern. Allerdings hat diese Einführung nach Jahren dazu geführt, dass sie heutzutage auch als Kontrollinstrument verwendet werden.

Im Zusammenhang mit den Bildungsstandards steht auch der Kompetenzbegriff, der beschreibt, was Schülerinnen und Schüler in verschiedenen Altersstufen erworben haben sollten. Obwohl Weinert (2001) sich früh kritisch über ein falsches Verständnis des Kompetenzbegriffs im Bildungswesen geäußert hat, wurden die kompetenzorientierten Bildungsstandards 2003 eingeführt. Aus dem Bemühen heraus, eine einseitige Stofforientierung zu vermeiden, sollen (Basis-)Kompetenzen dazu dienen, das Lehren und Lernen zu gewährleisten. Nicht allein der Wissenserwerb steht im Zentrum des Unterrichts, sondern auch der kompetente Umgang mit diesem Wissen. Es kommt dabei auch auf Problemanalysen an, die abhängig von dem jeweiligen Kontext sind. Kompetenzen sind damit also selbst kontextabhängig, sowohl bei Schülerinnen und Schülern als auch bei Lehramtskandidatinnen und -kandidaten. Beispielsweise ließe sich Unterrichtskompetenz dann nicht anhand von Wissen abfragen, sondern insbesondere durch Unterrichtshandeln, wobei deutlich wird, dass es sich nicht nur um kognitive Elemente handelt, sondern um ein Konglomerat ganz unterschiedlicher Komponenten, die zu einem guten Unterricht führen. Deshalb wäre eine Reduzierung auf nur kognitive Kompetenzen sehr problematisch.

Angesichts dieser vorangegangenen Reformen der letzten zehn bis zwanzig Jahre fokussieren die gegenwärtigen Bemühungen aller Bundesländer auf eine Reform der Lehrerausbildung für alle Schularten.

Neben landesspezifischen Akzentsetzungen richten sich die Bemühungen auf

- eine stärkere Praxisorientierung während der Ausbildung,
- die Intensivierung der Beziehungen zwischen den einzelnen Ausbildungsphasen,
- die besondere Bedeutung der sogenannten Berufseingangsphase,
- die Einführung studienbegleitender Prüfungen und

● Maßnahmen zur Verbesserung der Lehrtätigkeit hinsichtlich diagnostischer und methodischer Kompetenzen.

Für die Studierenden bedeuten diese Akzentsetzungen einerseits den Ersatz von Vorlesungen und Seminaren zu mathematischen und mathematikdidaktischen Inhalten durch mehr Fachpraktika in der ersten Phase. Allerdings kann die nachhaltige Praxisorientierung auch die Deutung zulassen, dass den Lehramtskandidatinnen und -kandidaten in der ersten Phase der Lehrerausbildung mehr eigene Erfahrungen mit den mathematischen Lerngegenständen ermöglicht werden. Diese sind dann nicht strukturell verankert und weniger theoretisch begründet. Im Allgemeinen lässt sich die stärkere Praxisorientierung auch im Sinne einer Bestrebung verstehen, möglichst früh den Kontakt zu den Schülerinnen und Schülern im Unterricht zu erfahren, um so die Inhalte des Studiums frühzeitig anwenden zu können. Man erhofft sich dabei außerdem, dass die Lehramtskandidatinnen und -kandidaten früh erkennen, ob sie eine für sie geeignete Berufswahl getroffen haben.

In manchen Bundesländern wurde aufgrund einer zehnsemestrigen Ausbildung in der ersten Phase eine Kürzung in der zweiten Phase vorgenommen (z. B. Thüringen), sodass diese Praxisphase nach der ersten eher theoriebezogenen Ausbildungsphase verkürzt wurde. Zu Kompensationszwecken wurde in manchen Bundesländern ein Praxissemester eingeführt, in Thüringen wird es KSP (komplexes Schulpraktikum) genannt, das allerdings oft den Nachteil hat, dass die Lehramtskandidatinnen und -kandidaten häufig keinen verlässlichen Ansprechpartner für den Mathematikunterricht vorfinden und dass allgemeine begleitende Veranstaltungen während dieses KSP nicht notwendig mathematikspezifisch sind.

Hinter der Einführung studienbegleitender Prüfungen steht die Idee kontinuierlicher und objektiver Leistungsmessungen, die die Studierenden außerdem entlasten sollten. In der Wahrnehmung vieler Studierender wirkt sich diese Maßnahme allerdings eher gegenteilig aus.

Weiter wurden Bemühungen zur Stärkung diagnostischer Kompetenzen angestrengt, die mancherorts, etwa an der Universität Erfurt nach mehreren Akkreditierungen, nicht konsequent beibehalten wurden.

Schon aus dieser knappen Darstellung wird deutlich, dass bislang Bemühungen um innovative Veränderungen in der Lehrerausbildung zu einer Heterogenität geführt haben, in deren Folge die Kompatibilität nicht gewährleistet blieb und das Ziel einer Verbesserung bzw. Vereinheitlichung der Lehrerbildung auf der Strecke blieb.

7.2 Anliegen einer kompetenzorientierten Lehrerausbildung

Im Studium steht der Erwerb mathematischer und mathematikdidaktischer Kompetenzen neben erziehungswissenschaftlichen Inhalten im Mittelpunkt. In diesem Kontext hat Shulman (1986) neben anderen drei Kategorien unterschieden: „(1) content knowledge, (2) pedagogical content knowledge (3) curricular knowledge". (Shulman 1986, S. 9 f.). In

der Forschung zur Lehrerbildung gehören diese Komponenten zum Standard des auszu-
bildenden Professionswissens künftiger Lehrpersonen.

Zum „mathematical content knowledge" gehören die Theorien zu mathematischen
Wissensbeständen (z. B. Arithmetik, Geometrie, Algebra) und das Verstehen mathematischer Strukturen (vgl. Shulman 1986). Unter „pedagogical content knowledge" verstehen
wir im deutschsprachigen Raum vorwiegend die zugehörigen Fachdidaktiken. Die dritte
Komponente, „curricular knowledge", subsumieren wir unter den Bildungsstandards und
den Lehrplänen.

Nach Shulman zeigen diese drei Komponenten des Professionswissens jeweils drei verschiedene Ausprägungen („forms" nach Shulman 1986): „propositional knowledge, case
knowledge, strategic knowledge" (Shulman 1986, S. 10). Exemplarisch auf „mathematical
content knowledge" bezogen bedeutet diese weitere Unterscheidung, dass mathematische
Wissensbestände zu einem großen Teil durch Lehrsätze dargestellt werden. Weiter lassen sich offene Anwendungsbezüge durch eine kasuistische Betrachtungsweise angehen.
Unter der dritten Ausprägung lassen sich Leitlinien mathematischen und mathematikdidaktischen Handelns verstehen.

Beim Erwerb dieses differenzierten Professionswissens ist seit Langem erkennbar, dass
es sich um einen doppelten Transfer handelt: Im Studium werden mathematische und mathematikdidaktische Inhalte vermittelt, um die Lehramtskandidatinnen und -kandidaten zu
befähigen, das Fach Mathematik später auf Grundschulniveau zu unterrichten. Dieser doppelte Transfer, der bereits seit Anfang des 20. Jahrhunderts von Felix Klein (Klein 1924)
für die Schulreform des Gymnasiums beschrieben worden ist, birgt einige Schwierigkeiten, und die nicht genaue Passfähigkeit des Lehramtsstudiums und des anschließenden
Referendariats wird schon länger beklagt (vgl. Jantowski 2013). Eine typische Redensart
bei Antritt des Vorbereitungsdienstes ist: „Vergiss, was Du im Studium gelernt hast . . . "

Dabei sind die Aufgaben der beiden Phasen klar voneinander unterscheidbar, obgleich
beide sowohl Theorie- als auch Praxisanteile besitzen: Die erste Phase legt die theoretischen Grundlagen mathematischen Unterrichtshandelns dar, das heißt, mit Shulman
gesprochen, „content knowledge". In der zweiten Phase folgt die praxisnahe Erschlie-
ßung der Unterrichtsprozesse (KMK 2004). Zu den theoretischen Grundlagen der ersten
Phase gehören Wissensbestände aus Arithmetik, Geometrie und Algebra sowie Konzepte der Allgemeinbildung mathematischer Lehr-Lern-Prozesse in der Primarstufe (Winter
1995). Hinzu kommen pädagogische und lernpsychologische Inhalte sowie Kenntnisse
des Schulsystems und seiner Entwicklung, was nach Shulman dem „pedagogical content
knowledge" entspricht. Ziel ist es, das Fach Mathematik in seinem deduktiven Charakter
als Wissenschaft kennenzulernen und trotzdem die notwendigen Elementarisierungen für
den Unterricht herauszustellen.

In der zweiten Phase überwiegt der Praxisteil mit theoriegeleitetem Unterrichtshandel,
bei dem wesentliche, für den Mathematikunterricht notwendige Kompetenzen, eine Rolle
spielen. Dabei soll das Verhältnis zwischen universitärer erster Phase und einer durch die
Studienseminare erfolgte zweite Phase so koordiniert werden, dass ein systematischer und
kumulativer Erfahrungs- und Kompetenzaufbau erreicht wird (KMK 2004).

Abb. 7.1 Einfaches Modell des Unterrichts – das didaktische Dreieck

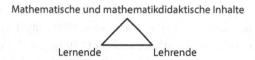

Ein bekanntes einfaches Modell des Unterrichts, das didaktische Dreieck (siehe Abb. 7.1) zeigt schematisch auf, welche Aspekte des Unterrichts in Beziehung zueinanderstehen. Und für die künftigen Lehrpersonen kann es in den beiden Phasen der Ausbildung ein Schema sein, verschiedene Unterrichtsperspektiven einzunehmen. Insbesondere für Lehramtsstudierende hat es eine doppelte Bedeutung: „aktiv" im Sinne ihres künftigen Unterrichts und „passiv" im Rahmen ihrer Ausbildung.

Die in diesem Schema (Abb. 7.1) dargestellten Beziehungen zwischen Inhalten, Lehrenden und Lernenden verdeutlichen insbesondere den Prozess, der im Studium zu durchlaufen ist. Dabei gilt es eine angemessene Balance zu definieren, die abhängig von mathematikdidaktischen Prämissen, erziehungswissenschaftlichen Überzeugungen und den als wichtig erachteten Inhalten sind. Die Lehramtskandidatinnen und -kandidaten starten i. A. als Absolventen des Gymnasiums und haben vom Fach Mathematik ein Bild, das eher vom algorithmischen Lernen zur Lösung konkreter Anwendungsprobleme geprägt ist (Engelbrecht 2010). Sie lernen also im Studium nicht nur vertieft mathematische Inhalte kennen – insbesondere solche, die später Relevanz für den Mathematikunterricht haben werden unter einer betont mathematikdidaktischen Perspektive – sondern es gehört zu den Zielen der ersten Phase der Lehrerausbildung, sowohl ihre inhalts- als auch ihre prozessorientierten Kompetenzen auszubilden.

Dieses Ziel, Kompetenzen auszubilden, stellt im Studium eine Neuorientierung zu einem qualitätsvollen Mathematikunterricht dar, die auch eine Justierung der Einstellung zum zukünftigen Unterrichtsfach – idealerweise von einer extrinsischen Motivation zu einer intrinsischen – bedeutet. Ausgehend von einem oft regelhaften Lösen von Aufgaben während der Schulzeit bezieht sich der Prozess während des Studiums neben diesen regelhaften Inhalten (z. B. Normalverfahren der Grundrechenarten) besonders auf das Vermitteln mathematischer fundamentaler Ideen. Ihre historischen Entwicklungen dienen einerseits der Kenntnis eines „curricular knowledge" (Shulman 1986) sowie andererseits einer angestrebten Allgemeinbildung. Dabei richten sich die inhaltsbezogenen mathematischen Kompetenzen nach den fünf mathematischen Leitideen „Zahlen und Operationen, Raum und Form, Muster und Strukturen, Größen und Messen sowie Daten, Häufigkeit und Wahrscheinlichkeit". Es soll in der Lehrerinnen- und Lehrerausbildung gelingen, den gelernten Schulstoff zu reflektieren und zu Standpunkten zu kommen, mit deren Hilfe auch der zukünftige eigene Unterricht gestaltet werden kann. Nach Shulman soll eine „reflective awareness" gelingen, damit die Lehrperson ihr Unterrichtshandeln begründen kann (Shulman 1983).

Diese Reflexionsfähigkeit spielt auch bei den prozessorientieren Kompetenzen in den einzelnen Anforderungsbereichen wie dem Reproduzieren, dem Herstellen von Zusammenhängen und dem Verallgemeinern und Reflektieren eine besondere Rolle. Die Kenntnis dieser Anforderungsbereiche unterstützt die Einschätzungen von Aufgaben hinsichtlich ihres Schwierigkeitsgrades, ihrer Angemessenheit und der Komplexität der von der Lehrperson zu erbringenden Leistungen und fördert die Diagnosefähigkeit.

Zusammenfassend durchlaufen die Studierenden in Bezug auf das didaktische Dreieck im Studium einen Prozess, den sie als Studienanfängerinnen und -anfänger beginnen und den sie idealerweise als kompetente Anwärterinnen und Anwärter abschließen. Dabei lernen sie, mathematische Inhalte bzw. Ideen auch in ihrer historischen Genese in größere Kontexte zu stellen, die es ihnen insbesondere erlauben, den Unterricht als ein entdeckendes Lernen zu denken (Winter 1989). Weiterhin befähigt diese Sichtweise dazu, Beziehungen mathematischer Inhalte untereinander wahrzunehmen und beispielsweise den Lehrplan mit Verständnis zu lesen, nicht nur als Abfolge mathematischer Inhalte, die es im Unterricht umzusetzen gilt. Ein ganz wesentlicher Inhalt dieses Prozesses ist das Erlernen des Begründens. Vieles von dem, was die künftigen Lehrpersonen an Inhalten später unterrichten werden, ist ihnen bereits bekannt. Allerdings fehlen ihnen oft Begründungen, insbesondere für arithmetische und geometrische Aussagen, die für kompetentes Unterrichtshandeln notwendig sind.

Es gilt also während der ersten Phase der Lehramtsausbildung, die Perspektive und Einstellung der Studierenden im Sinne einer reflektierenden Haltung gegenüber mathematischen Inhalten der Grund- und Primarstufe zu entwickeln. Dazu gehört auch das Akzeptieren weniger positiver Einstellungen zu mathematischen Inhalten. Nicht alles, was in der Schulzeit gelernt werden sollte, wurde mit Motivation und Interesse begleitet und ist schließlich zu verfügbarem Wissen und Können gereift. Aus der Perspektive der Schülerinnen und Schüler ist es üblich, die Lehrpersonen für mangelnde Kompetenzen und Interesse verantwortlich zu sehen; für zukünftig Lehrpersonen genügt dies nicht mehr. Durch die Auseinandersetzung mit diesen Sachverhalten während des Studiums wird deutlich, dass die Aufgaben, die die Studierenden des Lehramts zu bewältigen haben, zu sehr vielfältigen Kompetenzen führen müssen.

Es wird offensichtlich, dass die Inhalte des Studiums vor dem Hintergrund (schul-)pädagogischer, psychologischer und gesellschaftlicher Entwicklungen immer wieder neu zu justieren sind und auch immer wieder neu justiert werden. Zuletzt geschah dies durch die Einführung der kompetenzorientierten Bildungsstandards, die in Bezug auf das didaktische Dreieck eine Störung bedeutet haben (Vollrath 1987). Wurde früher von der Balance zwischen Wissen und Können bzw. Wissen und Verstehen im Mathematikunterricht gesprochen, haben die Neuerungen zunächst zu einer enormen Veränderung in der Sichtweise anzustrebender Kompetenzen geführt. Es ergibt sich für die Lehrerinnen- und Lehrerausbildung eine Komplexität an Anforderungen in Bezug auf das Ziel, einen guten Mathematikunterricht durchzuführen.

Welche Kompetenzen sind in der ersten Phase verstärkt zu fördern, damit die Lehramtskandidatinnen und -kandidaten ihrerseits die Kompetenzen der Schülerinnen und Schüler bewusst fördern können? Das wird im Einzelnen von der jeweiligen Kandidatin, dem jeweiligen Kandidaten abhängen, denn sie kommen ja mit verschiedenen Erfahrungen ins Studium. Es ist offensichtlich, dass es sich im Studium um eine Überfrachtung mit zu erwerbenden Kompetenzen handelt, wie übrigens schon Vollrath vor knapp dreißig Jahren mit Blick auf die Inhalte bemerkte. Die starke Betonung der einzelnen zu fördernden Kompetenzen bewirkt außerdem nur bedingt ein zielorientiertes Unterrichtshandeln. Das größere Rahmenthema, die Fragen, die hinter den mathematischen Ideen stehen, das große Ganze geht in den kleinschrittigen Definitionen einzelner Kompetenzen unter. Vor lauter Kompetenzförderung geht die Bildung in der Ausbildung und im Unterricht verloren, denn sie ist ja nicht die Summe aller Kompetenzen. War es früher die Überbetonung der Fakten, die das didaktische Gleichgewicht (Vollrath 1987) störten, überformt heute der Kompetenzbegriff Ausbildung und Unterricht. Natürlich können diese Zielsetzungen im Detail auch positive Auswirkungen haben: Lehramtskandidatinnen und -kandidaten werden durch die Anwendung des Kompetenzbegriffs dazu angehalten, sich genau zu überlegen, welche Kompetenzen sie auf welche Weise in ihrem Unterricht fördern wollen, ohne deswegen bereits die prozessorientierten Kompetenzen in ihrer Wirkung jeweils testen zu können.

Die Studierenden des Lehramtes an Grundschulen nehmen ihr Studium nicht immer aus Interesse an einem bestimmten Fach auf, sondern es überwiegt eher eine Vorstellung, sich entweder allgemein weiterzubilden, um für alle Fächer in der Grundschule gerüstet zu sein oder ihr Lieblingsfach ist eines der nichtmathematischen Fächer. Sehr häufig findet man auch den Wunsch, „etwas mit Kindern" zu tun haben zu wollen.

Diese Disposition am Anfang des Studiums ist keine gute Voraussetzung für eine interessierte Haltung gegenüber der Mathematik. Im Gegenteil finden sich häufig auch negative Einstellungen zur Mathematik, die sich im Laufe der Sekundarstufen ausgeprägt haben. Diesem gilt es, besonders zu Anfang des Studiums, mit motivierenden Angeboten zu begegnen, um das Interesse zum mathematischen Tun so zu wecken, dass das Unterrichten mathematischer Inhalte später gelingen wird. Aus Sicht der Studierenden gilt es, einen Zugang zur Mathematik zu eröffnen, der ihnen Möglichkeiten bietet, ihre Fachkompetenz an Leitideen zu entfalten. Dabei geht es in hohem Maße darum, die eigenen fachbezogenen und prozessorientierten Kompetenzen zu reflektieren, etwas, was ihnen in ihrer Schulzeit nicht abverlangt wurde, was aber für das zukünftige Unterrichten eine notwendige Basis ist. An dieser Stelle erscheint es sinnvoll, die studentische Perspektive im Detail einzunehmen und nach deren als innovativ erachteten Aspekten und Komponenten im Studium zu fragen.

Im Folgenden wird eine Studie vorgestellt, die an der Universität Erfurt durchgeführt wurde und die im Sinne einer qualitativen Erhebung ihren Schwerpunkt auf erste Erkenntnisse über Ansichten der Studierenden zu innovativen Aspekten in der Lehrerausbildung legt. Die Ergebnisse dieser Studie können trotz lokaler Erhebung dazu dienen, einen aufschlussreichen Einblick in das Verständnis Studierender von innovativen Konzepten zu erhalten.

Das Zusammenspiel unterschiedlicher Neustrukturierungen in der Lehrerausbildung in den verschiedenen Bundesländern gibt Anlass auszuloten, was Studierende als innovativ in ihrem Lehramtsstudium ansehen. Welche Strategien, welche Konzepte oder Neuerungsprozesse während des Studiums sehen Studierende des Lehramts als innovativ an?

Da die Studiensituationen sich schon an den einzelnen Standorten innerhalb eines Bundeslandes unterscheiden, lässt die Perspektive auf die Studierenden zunächst nur eine örtliche Studie zu, wollte man nicht eine vergleichende überregionale Untersuchung unternehmen. Solch eine umfassende Untersuchung müsste den verschiedenen Gegebenheiten an den einzelnen Standorten durch eine große Anzahl an Probanden gerecht werden. Eine derartige Untersuchung behalten wir uns für einen späteren Zeitpunkt vor.

7.3 Studie zum Innovationsverständnis Studierender an der Universität Erfurt

An der Universität Erfurt gibt es, ausgelöst durch den Bologna-Prozess, bereits seit 2004 eine Bachelor-Master-Struktur in der Lehrerausbildung. Typisch für den Standort Erfurt ist es, dass in der Regelstudienzeit von sechs Semestern für den BA-Abschluss nicht nur zwei Fächer studiert werden, sondern vier Grundschulfächer: Deutsch, Mathematik, Sachunterricht und Schulgarten oder Werken. Der Vorteil dieser Lehrerausbildungskonzeption ist es, dass die Studierenden die Hauptfächer ihres zukünftigen Unterrichts studieren. Der Nachteil dieses breit angelegten Konzepts besteht darin, dass allen Fächern damit weniger Leistungspunkte und damit weniger Zeit zur Verfügung stehen. Die Studierenden können mit dem Hauptfach „Primare und Elementare Bildung" (an den Thüringer Bildungsplan angelehnt, wonach primare Bildung in der Grundschule angelegt ist) mehrere Nebenfächer studieren, u. a. Mathematik, Germanistik, Anglistik, Kunst, Musik und Sport.

Zu den Besonderheiten des Studiums an der Universität Erfurt gehört das obligatorische Studium „Fundamentale", das neben der Haupt- und Nebenstudienrichtung die dritte Säule des Erfurter BA-Studiums mit 30 Leistungspunkten darstellt. Ziel ist das Erlernen von Grundlagen, die Erweiterung des Horizonts und das „Schauen über den Tellerrand".

Der viersemestrige Master of Education für das Lehramt Grundschule dient dem Erwerb einer anwendungsorientierten wissenschaftlichen Berufsqualifikation für die Tätigkeit als Lehrpersonen in den Fächern Deutsch, Mathematik, Sachunterricht und dem Studium eines vierten Faches, dem Schwerpunktfach. Das Fach Mathematik hat in diesem Studium neun Leistungspunkte zusammen mit 18 Leistungspunkten, die in schulpraktischen Studien erworben werden, wenn es als Schwerpunktfach Mathematik gewählt wird. Hinzu kommen an der Universität Erfurt, wie oben schon erwähnt, 15 Leistungspunkte für das komplexe Schulpraktikum mit einer Gruppensupervision und einer Reflexion, die aber nicht mathematikspezifisch zu sein braucht.

Die Studierenden haben fast ausschließlich das Ziel, später in der Grundschule zu unterrichten, sind aber nicht unbedingt für das Fach Mathematik motiviert, sondern zeigen vielfach die bekannte Einstellung, dass mit Abitur das elementare Rechnen im zukünftigen Unterricht gelingen wird.

7.3.1 Fragestellung

Um die Perspektive der Studierenden in Bezug auf den Begriff der Innovation in ihrem Studium in den Fokus zu nehmen, gilt es zu klären, ob sie eine Vorstellung von diesem Begriff haben und wie sie sich ihn umgesetzt in ihrem Studium denken können. Die Schwierigkeit dieser Studie liegt gerade darin, dass man nicht eine spezifische Einstellung oder Vorstellung zu dieser Frage voraussetzen kann, da die Studierenden mit dem „System der Lehrerausbildung" nicht hinreichend vertraut sind. Um ihr Verständnis hinsichtlich des Innovationsbegriffs zu erfassen und außerdem Kenntnis von ihren Vorstellungen zur Umsetzung dieser Idee in ihrem Studium zu erhalten, wurde ein Fragebogen so gestaltet, dass sich Fragen nach dem Verständnis abwechselten mit solchen nach ihrer Vorstellung. Außerdem sollten die Fragen zu den Vorstellungen so offen gestellt sein, dass eine Verschriftlichung naheliegt. Die Fragen bezogen sich auf die folgenden Aspekte:

- Verständnis des Begriffs „Innovation"
- Vorstellungen zur Umsetzung im Studium
- Vorstellungen zu Lehrveranstaltungen.

Neben den ersten Items nach Daten wie Alter, Studienphase (BA oder MaL) mit der entsprechenden Haupt- und Nebenstudienrichtung soll die erste Frage „Was verstehen Sie unter Innovation?" feststellen, welches Verständnis die Studierenden von dem Begriff haben. Hinzu kommen vier Aussagen, die klären sollen, welche Vorstellung sie mit dem Begriff verbinden:

- Innovativ ist nur etwas, das vollkommen neu ist.
- Innovationen dienen in erster Linie der Verbesserung.
- Innovationen lösen Bestehendes auf.
- Innovationen verändern Bestehendes.

Diese vier Aussagen sind enzyklopädischen Charakterisierungen des Innovationsbegriffs entlehnt.

Die nächste Frage ist „Wie stellen Sie sich eine innovative Lehrveranstaltung vor?". Dazu folgen in einer weiteren Frage Aussagen, die sie bejahen oder verneinen konnten:
Innovativ ist eine Lehrveranstaltung, wenn

- Medien vielfältig eingesetzt werden,
- andere Formen der Prüfungsleistung eingesetzt werden,
- sie das selbst gesteuerte Lernen unterstützt,
- dem Dozenten eine veränderte Rolle zukommt,
- die angebotenen Inhalte vielfältiger sind,
- die angebotenen Inhalte vertieft bearbeitet werden,
- andere Lernorte genutzt werden.

Die letzte Frage prüft, welche Art Lehrveranstaltung sie als innovativ bezeichnen und wie sie sich von anderen abhebt: „Denken Sie nun an eine von Ihnen besuchte Lehrveranstaltung, die Sie als ‚innovativ' bezeichnen würden. Beschreiben Sie, wodurch sich diese Veranstaltung auszeichnete."

Die Studierenden hatten im Sommersemester 2013 durch eine Onlinebefragung die Möglichkeit, zu ihren Einstellungen und Vorstellungen zum Begriff der Innovation in Zusammenhang mit ihrem Studium Stellung zu nehmen. Wir haben einen Fragebogen eingesetzt, den die Studierenden unabhängig von den Lehrveranstaltungen ausfüllen konnten. Es gab rund 80 Rückläufe, vorwiegend aus der ersten Phase des BA-Studiums.

7.3.2 Ergebnisse der Onlinebefragung

Der Rücklauf der Befragung ergab, dass knapp die Hälfte der Studierenden zwischen 22 und 25 Jahre alt ist, über die Hälfte der Studierenden den Studiengang BA PdK (Pädagogik der Kindheit, Vorläufer des heutigen Studienganges „Primare und elementare Bildung") belegt und eine nichtmathematische Nebenstudienrichtung gewählt hatten. Weniger als ein Viertel der Studierenden haben die Nebenstudienrichtung Mathematik gewählt. Von den 80 Rückläufen haben sich folgende Bewertungen bei den vorgegebenen Sätzen ergeben:

- Innovativ ist nur etwas, das vollkommen neu ist.
- Innovationen dienen in erster Linie der Verbesserung.
- Innovationen lösen Bestehendes ab.
- Innovationen verändern Bestehendes.

Diese Antworten zeigen, dass die Studierenden ein dem Begriff adäquates Verständnis haben (siehe Tab. 7.1).

Fasst man immer zwei Aussagen zusammen, erhält man die in Abb. 7.3 gezeigten Bewertungen.

Die nächste Frage betrifft die Einschätzungen zu innovativen Lehrveranstaltungen (siehe Tab. 7.2 und Abb. 7.4).

Tab. 7.1 Verständnis Studierender des Begriffs „Innovation"

N = 71	Neuheit	Verbesserung	Ablösung	Veränderung
Stimmt	9	39	2	26
Stimmt teilweise	41	29	50	40
Stimmt eher nicht	16	2	17	5
Stimmt nicht	5	1	2	0

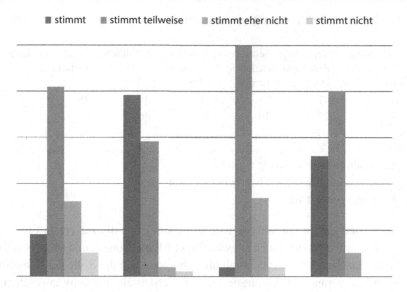

Abb. 7.2 Zur Vorstellung innovativer Lehrveranstaltungen

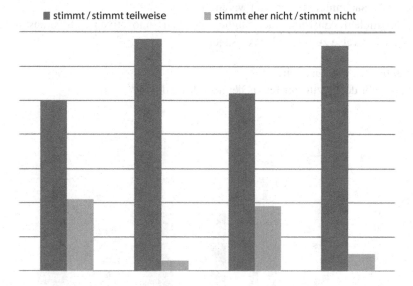

Abb. 7.3 Zusammengefasste Aussagen Studierender

Eine Lehrveranstaltung ist innovativ,

- wenn Medien vielfältig eingesetzt werden
- andere Formen der Prüfungsleistungen eingesetzt werden
- sie das selbst gesteuerte Lernen unterstützt
- dem Dozenten eine veränderte Rolle zukommt

Tab. 7.2 Absolute Häufigkeiten zu den Erwartungen Studierender an innovative Lehrveranstaltungen

N = 71	Vielfältiger Medieneinsatz	Veränderte Prüfungsleistung	Selbst gesteuertes Lernen	Veränderte Dozentenrolle	Inhaltliche Vielfalt	Inhaltliche Vertiefung	Lernort
Ja	46	41	61	35	35	28	50
Nein	25	29	10	36	36	43	21

- die angebotenen Inhalte vielfältiger sind
- die angebotenen Inhalte vertieft bearbeitet werden
- andere Lernorte genutzt werden.

Diese Antworten zeigen ein differenzierteres Ergebnis als die zur ersten Frage. Auffällig wird, dass für die Studierenden ein vielfältiger Medieneinsatz und selbstgesteuertes Lernen zu einer innovativen Lehrveranstaltung gehören. Auch die Rolle der Dozentinnen und Dozenten und veränderte Prüfungsleistungen werden als innovativ angesehen. Die Angabe der veränderten Lernorte lässt vermuten, dass den Studierenden die Lehrveranstaltungen zum Sachunterricht präsent waren.

Die schriftlichen Antworten der Studierenden zu innovativen Lehrveranstaltungen führten typischerweise zu folgenden Aussagen:

- Der praktische Anteil ist höher.
- … noch mehr der Bezug zur Praxis hergestellt wird.

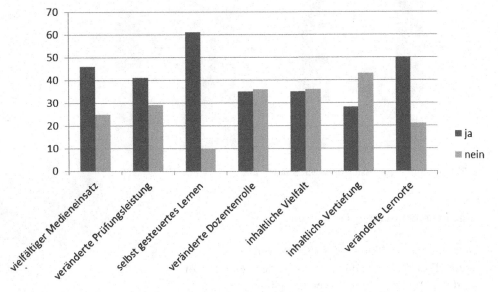

Abb. 7.4 Erwartungen an innovative Lehrveranstaltungen

- Es sollte eine Lehrveranstaltung sein, die einem eine neue Sicht auf bereits erlernte Dinge bringt. Sie sollte Neuheiten beinhalten oder motivieren, etwas Neues zu schaffen.
- Vom altmodischen „Vorpredigen" der Lehrinhalte wegkommen …
- Der Dozent ist nicht nur Wissensvermittler, sondern auch „Entertainer". Beispiele aus dem täglichen Leben, angewandte Wissenschaft und ein Schuss Humor. Der Lernende sollte weniger in die Passivität verfallen.
- Eine Lehrveranstaltung, in der neue Theorien, Methoden und Möglichkeiten für neue Wege aufgezeigt und diskutiert werden.
- Keine Ahnung. Falls damit gemeint ist, wie ich mir eine sinnvolle und gute Lehrveranstaltung vorstelle, dann stelle ich mir eine Lehrveranstaltung vor, in der ich hauptsächlich wirklich etwas lerne. Vor allem der Nutzen für die spätere Lehrertätigkeit sollte dargestellt werden.
- Einsatz neuer Medien.
- Schön wäre es, wenn eine innovative Lehrveranstaltung vor allem sich stellen würde, dass wirklich nur das gelehrt wird, was man später für den Beruf benötigt, für den wir eigentlich studieren. Des Weiteren ist eine innovative Lehrveranstaltung anschaulich, verständlich und eher im kleinen Rahmen gehalten.
- Bei einer innovativen Lehrveranstaltung lerne ich viel für meine spätere Unterrichtpraxis dazu. Bekomme zum Beispiel Tipps zum Umgang mit verschiedenen Unterrichtsinhalten und Anregung zur Umsetzung.

Aus den Antworten der Studierenden wird deutlich, dass sehr vielen der Bezug zur Praxis wichtig ist und dass sie ihn auch für innovativ in der Lehrerausbildung halten. Im Sinne von Shulman erwarten sie eine Berücksichtigung des „pedagogical content knowledge", insbesondere seine Betonung des „strategic knowledge" (Shulman 1986, S. 13). Denn in der Tat treten erst in der Unterrichtspraxis zutage, welche unterschiedlichen Möglichkeiten sich beim Handeln im Unterricht ergeben können. Weiter wird der Medieneinsatz als ein Merkmal moderner Lehre angesehen, auch in der Lehrerausbildung.

Darüber hinaus wird das Erschließen neuer Sichtweise als innovativ angesehen. Dies lässt sich wiederum interpretieren als Anliegen „professional knowledge" zu erwerben. Voraussetzung dafür ist die bereits angesprochene Reflexionsfähigkeit (vgl. Shulman 1986, S. 13).

Natürlich gibt es auch Wünsche, die sich auf die Verbesserung der allgemeinen Studienbedingungen richten. Dazu gehört der Wunsch nach kleineren Gruppen.

Zur qualitativen Interpretation gehört auch die Einsicht, dass manche Studierende Innovation per se mit einer Lehrerausbildung assoziieren, die aktuell ist und den Stand des Professionswissens entspricht. Und erwartungsgemäß hängen einige Aussagen der Studierenden auch mit den Vorstellungen und Eindrücken zusammen, die sie in anderen als mathematischen Lehrveranstaltungen während ihres Studiums gewonnen haben.

Die seit Längerem zu beobachtende Betonung des Praxisbezugs, die auch von den Studierenden immer wieder gefordert wird, hängt sicherlich damit zusammen, dass es in der

Vergangenheit durch das knappe Angebot an Fachpraktika durchaus zu wenig Praxis-
bezug gab. Heute ist aufgrund des Bologna-Prozesses eine andere Situation entstanden.
Allerdings ist nicht immer ein enger Bezug zur universitären Lehre gegeben. Innovativer
Praxisbezug könnte heißen, die Studierenden können das, was sie an der Universität ge-
lernt haben, im Unterricht auch direkt umsetzen. Die begleitenden Lehrpersonen an den
Schulen könnten so auch davon profitieren. Diese Idee erfordert von beiden Seiten eine
Offenheit gegenüber der jeweiligen Perspektive.

Der Medieneinsatz wäre kaum eine echte Innovation, denn er kommt ja auch schon
in der Schulzeit vor. Die Frage ist, auf welche Art er die Lehre verbessern könnte. Nicht
neu sind Unterrichtssequenzen, an denen Phasen des Unterrichts genau betrachtet werden
können.

Die Aussage, die Ausbildung ist dann innovativ, wenn eine neue Sichtweise eröffnet
wird, halte ich für eine ganz wichtige. Die Studierenden kommen ja mit Schulwissen
ins Studium, das eher algorithmisch gefärbt ist und weniger von umfassender fachlicher
mathematischer Kompetenz. Dies kann als Tribut an (vermeintliche) Anforderungen des
späteren Berufslebens verstanden werden. Insofern ist eine Ausbildung besonders dann als
innovativ anzusehen, wenn die Studierenden ein möglichst umfassendes mathematisches
Bild der Grundschulmathematik erhalten.

7.4 Diskussion

Die Ergebnisse der vorgestellten Studie erlauben keine auf alle Hochschulen verallge-
meinerbare Aussagen, denn bei der Interpretation der Studie ist in besonderem Maße der
Hintergrund der Teilnehmer in den Studiengängen der Universität Erfurt zu berücksichtigen. Studierende überblicken selten in einem hinreichenden Maße die Entwicklungen,
die zur Gegenwart geführt haben, was im Allgemeinen auch nicht zu erwarten ist. Darauf ist aber ein adäquates Verständnis des Innovationsbegriffs angewiesen. Daher sind
die Aussagen der Studierenden auch beeinflusst von einem schlagwortartigen Verständnis
des Innovationsbegriffs und seinen Ausprägungen und dem jeweiligen Hochschulkontext.
Insgesamt lassen die Antworten eine Tendenz erkennen, die dies bestätigt. Somit spie-
geln die Antworten der Studierenden auch die aktuelle teils idiomatische Verwendung des
Wortes wider, was ein Ergebnis für die Sprachforschung ist.

Ein wesentlicher Trend der bundesweiten Lehrerausbildung, der durch die Befragung
bestätigt wird, ist allerdings die Forderung der Studierenden nach Praxisbezug. Sie sehen
ihn u. a. in der Präsentation vieler Beispiele oder Hinweise, die für den Unterricht nützlich
sind. Auch das spiegelt das allgemeine Verständnis von Unterricht wider. Für eine wissenschaftlich orientierte Analyse wäre es natürlich wünschenswert, Studierende hätten auch
eine Perspektive auf theoriegeleitete Reflexionen.

Vorhersehbar war auch, dass vielfältiger Medieneinsatz als Kriterium für innovatives
Lehren und Lernen angesehen wird, was es ja auch de facto ist. Früher konnte Unterricht
beispielsweise nicht videografiert werden, was vielfältige Reflexionsmöglichkeiten bietet.

Da dies alleine noch nicht innovativ sein muss, stellt sich die Frage, wie und mit welchen Inhalten ein Medieneinsatz in der Lehrerausbildung von Nutzen wäre. Die Nennung des Medieneinsatzes spricht wiederum dafür, dass die Befragten das Innovative weniger in den Inhalten als in den Präsentationsformen vermuten.

Literatur

BMBF-Pressemitteilung Nr. 65 vom 30. März 2004.

Brändle, T. (2010). *10 Jahre Bologna-Prozess*. Wiesbaden: VS.

Burr, W. (2003). *Innovation in Organisationen*. Stuttgart: Kohlhammer.

Engelbrecht, A. (2010). *Kritik der Pädagogik Martin Wagenscheins*. Münster: LIT.

Jantowski, A. (2013). *Aspekte moderner Lehrerbildung. Impulse 59*. Bad Berka: Thüringer Institut für Lehrerfortbildung.

Klein, F. (1924). *Elementarmathematik vom höheren Standpunkte*. Bd. 1. Berlin: Springer.

KMK (Kultusministerkonferenz) (2004). Bildungsstandards im Fach Mathematik für den Primarbereich (Jahrgangsstufe 4). Beschluss der Kultusministerkonferenz vom 15.10.2004. www.kmk. org/fileadmin/Dateien/veroeffentlichungen_beschluesse/2004/2004_10_15-Bildungsstandards-Mathe-Primar.pdf. Zugegriffen: 14. Mai 2017.

Schumpeter, J. A. (1963). *History of economics analyses*. Abingdon: Routledge.

Shulman, L. S. (1983). Autonomy and obligation: the remote control of teaching. In L. S. Shulman & G. Sykes (Hrsg.), *Handbook of teaching and policy*. New York: Longman.

Shulman, L. S. (1986). Those who understand: knowledge growth in teaching. *Educational Researcher, 15*(2), 4–14.

Vollrath, H.-J. (1987). Störungen des didaktischen Gleichgewichts im Mathematikunterricht. *Der Mathematisch-Naturwissenschaftliche Unterricht, 40*, 373–378.

Weinert, F.-E. (2001). Vergleichende Leistungsmessung in Schulen – eine umstrittene Selbstverständlichkeit. In F. E. Weinert (Hrsg.), *Leistungsmessung in Schulen* (S. 17–31). Weinheim, Basel: Beltz.

Winter, H. (1989). *Entdeckendes Lernen im Mathematikunterricht. Einblicke in die Ideengeschichte und ihre Bedeutung für die Pädagogik*. Wiesbaden: Vieweg.

Winter, H. (1995). Mathematikunterricht und Allgemeinbildung. *Mitteilungen der Gesellschaft für Didaktik der Mathematik, 61*, 37–46.

Portfolioarbeit in der Grundschullehrerausbildung – „Lernraum" zur Anbahnung eines professionellen mathematikdidaktischen und mathematischen Unterrichtshandelns

8

Rose Vogel

Zusammenfassung

Es wird in diesem Beitrag davon ausgegangen, dass durch aktive Portfolioarbeit für die Grundschullehramtsstudierenden „Lernräume" eröffnet werden, die ihnen einen reflektierten Umgang mit den eigenen mathematischen und mathematikdidaktischen Lernprozessen ermöglichen. Durch die Vernetzung von Reflexionsanlässen und Rückmeldungen auf unterschiedlichen Ebenen des Lernprozesses sollen angehende Grundschullehrpersonen unterstützt werden, erste Schritte auf dem Weg zur Expertin, zum Experten mathematischen Lernens in der Grundschule zu gehen. Als Ebenen des Lernprozesses sind der individuelle Wissenserwerb, die Ebene des individuellen Wissensmanagements und die Ebene der Professionalisierung zu nennen. Neben der Vorstellung der Portfolioarbeit, die im Rahmen von Seminarveranstaltungen im Hauptstudium stattfindet, wird am Beispiel von ausgewählten schriftlichen Reflexionsprodukten aus studentischen Portfolios die Reflexionskompetenz auf unterschiedlichen Reflexionsebenen rekonstruiert.

8.1 Einführung

Zukünftige Grundschullehrerinnen und Grundschullehrer verstehen sich meist als Lehrpersonen, die bei Kindern die Ausbildung basaler Kompetenzen wie Schreiben, Lesen und Rechnen anregen und begleiten. Sie sind von der Anlage ihres Berufsfeldes her für alle Fächer zuständig. Dieses angenommene Berufsselbstverständnis wird relativiert durch die Lehrperson selbst, denn sie hat Präferenzen für einzelne Fächer. Mathematik ist hierbei ein

R. Vogel (✉)
Goethe-Universität Frankfurt am Main
Frankfurt am Main, Deutschland
E-Mail: vogel@math.uni-frankfurt.de

© Springer Fachmedien Wiesbaden GmbH 2018
R. Möller und R. Vogel (Hrsg.), *Innovative Konzepte für die Grundschullehrerausbildung im Fach Mathematik*, Konzepte und Studien zur Hochschuldidaktik und Lehrerbildung Mathematik, https://doi.org/10.1007/978-3-658-10265-4_8

Fach, das sicher nicht zu den Favoriten zählt. Können in einem Grundschullehramtsstudiengang fachliche Schwerpunkte von den Studierenden selbst gesetzt werden, würde das
Fach Mathematik wahrscheinlich nur von etwa einem Drittel der Studierenden gewählt.

Die im Jahr 2008 durchgeführte internationale Vergleichsstudie „Teacher Education
and Development Study: Learning to Teach Mathematics" (TEDS-M, vgl. Blömeke
et al. 2010a) zeigt, dass Studierende, die Mathematik vertieft studieren, zu 70 % „Unterrichtsprozesse in Mathematik geeignet strukturieren und evaluieren [können], u. a. indem
sie die Lösungsansätze von Lernenden interpretieren, Fehlvorstellungen identifizieren
und Veranschaulichungsmittel einsetzen, um Lernprozesse zu fördern." (Blömeke et al.
2010b, S. 240) In der Gruppe angehender Primarstufenlehrpersonen ohne Mathematik
als Schwerpunkt zeigt hingegen nur ein Viertel die gewünschte mathematikdidaktische
Kompetenz (vgl. Blömeke et al. 2010b, S. 240).

In der Konsequenz dieser Studie muss für die Grundschullehramtsstudiengänge ein
bestimmter mathematischer und mathematikdidaktischer Studienanteil gefordert werden. Im Aufruf „Mathematik in der Grundschule – Chaos in der Lehrerbildung" der
Gemeinsamen Kommission Lehrerbildung der Gesellschaft für Didaktik der Mathematik (GDM), der Deutschen Mathematiker-Vereinigung (DMV), der Gesellschaft für
Angewandte Mathematik und Mechanik (GAMM), der Konferenz der Mathematischen
Fachbereiche (KMathF) und dem Deutschen Verein zur Förderung des Mathematischen
und naturwissenschaftlichen Unterrichts (MNU) wird ein Studienanteil von mindestens
20 % formuliert (GDM et al. 2012). Diese Mindestforderung ist sicher gerechtfertigt,
denkt man an die anspruchsvolle Aufgabe der Gestaltung eines kompetenzorientierten
Mathematikunterrichts, die von Grundschullehrpersonen erfüllt werden soll.

Der für die Grundschule vorherrschende Anspruch, alle Fächer gleichermaßen zu unterrichten, stellt die wissenschaftliche Ausbildung zukünftiger Grundschullehrerinnen und
Grundschullehrer vor große Herausforderungen. Diesen hohen Anspruch sehen sich auch
die Studierenden gegenüber. Sie haben ihre Einstellungen, ihre Vorkenntnisse, ihre Motivation einzelnen Fächern gegenüber in besonderer Weise zu reflektieren, um adäquate professionelle Handlungskompetenz in den einzelnen Fächern aufbauen zu können. Hierfür müssen während des Lehramtsstudiums in den einzelnen Fachdisziplinen Lerngelegenheiten geschaffen werden. Portfolioarbeit bietet aus hochschuldidaktischer Perspektive eine mögliche konzeptionelle Rahmung, Lerngelegenheiten zu schaffen, die die Reflexion individuellen und gemeinsamen mathematischen und mathematikdidaktischen Lernens ermöglichen.

8.2 Portfolioarbeit in mathematikdidaktischen Vertiefungsseminaren

Unter Portfolioarbeit soll hier nicht die Zusammenstellung einer Sammelmappe im enge-
ren Sinne verstanden werden, sondern ein hochschuldidaktisches Konzept, das auf einem
Zusammenspiel von individuellem, kollaborativem, explorativem, forschendem und refle-
xivem Lehren und Lernen beruht.

Portfolioarbeit ist als dialogischer Prozess angelegt, der auf Kooperation aller Akteurinnen und Akteure setzt und eine weitreichende Partizipation vorsieht (z. B. bei der gemeinsamen Festlegung und Anwendung von Beurteilungskriterien) (Häcker und Seemann 2012, S. 29).

Mit dem Projekt „eLearning basiertes Portfolio (eLPort)" wurde die konzeptionelle Grundlage für die hier vorgestellte weiterentwickelte Seminarkonzeption gelegt (Vogel und Schneider 2012). (Das Projekt „eLPort" wurde im Rahmen des Förderprogramms der Goethe-Universität Frankfurt am Main zur Verbesserung der Lehre gefördert, Förderzeitraum: 2009–2012).

8.2.1 Projekt „eLPort" – Ausgangspunkt der weiterentwickelten Seminarkonzeption

Die Portfolioarbeit im Projekt „eLPort" orientierte sich am Ziel, für Studierende einen „Lernraum" zu schaffen,

der einen reflektierten Umgang mit den eigenen mathematischen und mathematikdidaktischen Lernprozessen ermöglicht. Außerdem werden die Studierenden dazu angeregt, an ihren Vorstellungen von Mathematiklernen zu arbeiten und erste Schritte auf dem Weg zu einer professionellen mathematischen und mathematikdidaktischen Handlungskompetenz zu gehen (Vogel und Schneider 2012, S. 133/134).

Ausgehend von einer Artefaktsammlung (Dokumentensammlung von Arbeitsprodukten), die während einer oder mehrerer Veranstaltungen des Studiums entsteht, werden einzelne Dokumente unter bestimmten Fragestellungen ausgewählt und auf der Grundlage unterschiedlicher Rückmeldungen überarbeitet und reflektiert. Auf diese Weise können unterschiedliche Arten von Portfolios aufgebaut werden: Arbeits- und Entwicklungsportfolio, Leistungsportfolio und Präsentationsportfolio (vgl. Vogel und Schneider 2012, S. 134 ff.) Diese Auswahl an Portfoliotypen orientiert sich an Arbeiten von Jervis (2009) und Baumgartner (2009) (vgl. auch Vogel und Schneider 2012, S. 134).

Da die Portfolioarbeit als integrativer Bestandteil der Seminararbeit betrachtet wird, wurde im Projekt „eLPort" ein hochschuldidaktisches Modell – „Lernen mit Portfolio" – entwickelt (vgl. Vogel 2013, S. 228 ff.; Vogel und Schneider 2012, S. 137 ff.), das die Analyse von bestehenden Seminaren und deren Weiterentwicklung zu Lehrveranstaltungen mit integrierter Portfolioarbeit konzeptionell unterstützt. Die „Dimension der Veranstaltungskonzeption" im Modell „Lernen mit Portfolio" sieht vor „konzeptionelle Elemente" der Seminarkonzeption – auch Lehr-Lern-Einheiten genannt – strukturell zu erfassen. Diese Lehr-Lern-Einheiten erfahren im jeweils konkreten Seminar eine inhaltliche, gruppenorientierte und zeitliche Konkretisierung. Durch die Identifikation von solchen „konzeptionellen Elementen" ist außerdem möglich, ein Unterstützungssystem für studentische Lernprozesse in Form von Rückmeldungen, Anregungen und Impulsen zu Reflexionsprozessen seminarspezifisch aufzubauen (vgl. Vogel 2013, S. 228/229). „Die studentischen

Lernprozesse werden im vorliegenden Modell auf drei Ebenen beschrieben: der Ebene des Lernmanagements, der Ebene des Wissensmanagements und der Ebene des Professionsmanagements" (Vogel 2013, S. 230). Diese Ebenen studentischen Lernens können im Verlauf eines Seminars in den verschiedenen Lehr-Lern-Einheiten auf diesen drei Lernebenen angeregt und unterstützt werden.

Die in „eLPort" initiierte Portfolioarbeit lässt sich als reflexive Portfolioarbeit im Sinne einer „systematische[n] Reflexion des eigenen Handelns" (Gläser-Zikuda et al. 2010, S. 11) charakterisieren (vgl. auch Bolle und Denner 2013). Driessen et al. (2005) heben „den Wert des reflexiven Portfolio-Einsatzes für den erfahrungsgeleiteten Professionalisierungsprozess hervor" (Gläser-Zikuda et al. 2010, S. 11):

> We regard reflection as a cyclic process of self-regulation in which students look back on their actions, analyse them, think up alternatives, try these out in practice, look back on them, etc. The objective of this process is to learn from experience. Reflection thus becomes a condition for professional development (ICLON, Graduate School of Education, Leiden University, Leiden, The Netherlands) (Driessen et al. 2005, S. 1230).

Das Besondere dieser Art der Portfolioarbeit ist die Praxisorientierung. Dies ist für Lehramtsstudiengänge gleichermaßen bedeutsam und geht im Grunde noch darüber hinaus. In der Lehrerbildung muss eigentlich von einem Person-Praxis-Theorie-Bezug ausgegangen werden, da auch die Lehrerpersönlichkeit „für das Handeln, den Erfolg und das Befinden im Lehrerberuf bedeutsam sind." (Mayr und Neuweg 2006, S. 183). Diesen Dreiklang, von Person, Praxis und Theorie, gilt es für die Studierenden, als nützlich und fundamental für ihre zukünftige Berufstätigkeit, verständlich zu machen.

Gelingensbedingungen für die reflexive Portfolioarbeit wurden von Driessen et al. (2005) empirisch untersucht. Die Autoren identifizieren nach Gläser-Zikuda et al. (2010) vier Bedingungen:

> (1) das Bereitstellen von differenziertem Coaching durch Mentoren als formative Feedbackquelle, (2) ein den Reflexionsfähigkeiten des Lerners angepasstes Verhältnis von vorgegebener Struktur und gestalterischen Freiräumen, (3) ein ausreichend relevanter, vielfältiger und bedeutsamer persönlicher Erfahrungsgrundstock als Reflexionsbasis und schließlich (4) die zusätzliche summative Bewertung der Portfolios als externer Anreiz für Lehrende und Lernende (Gläser-Zikuda et al. 2010, S. 11).

Aspekte und Spezifikationen dieser Gelingensbedingungen sind in der im Folgenden beschriebenen Seminarkonzeption aufgenommen. Dazu gehören:

- formative Feedbackelemente,
- Hinweisstrukturen zur Unterstützung der Studierenden bei der Erstellung von schriftlichen Reflexionen,
- gestaltete Lernräume, in denen die Studierenden eigene mathematische und mathematikdidaktische Lernerfahrungen wie auch Erfahrungen mit dem mathematischen Lernen von Kindern sammeln können,

- die Portfolioarbeit an unterschiedlichen Arbeitsprodukten mündet in ein Leistungsportfolio, das als Seminarleistung bewertet wird.

8.2.2 Weiterentwickelte Seminarkonzeption als Rahmung der Portfolioarbeit

Die Studienordnung für das Fach Mathematik im Lehramtsstudiengang Grundschule an der Goethe-Universität Frankfurt am Main sieht für das dritte Mathematikmodul insgesamt zwei Veranstaltungen im Umfang von vier Semesterwochenstunden vor. Diese sollen den Studierenden ermöglichen, die Kompetenz zu erwerben,

... auf der Basis ausgewählter mathematikdidaktischer Unterrichtstheorien mathematische Lehr-Lern-Prozesse in der Grundschule und den Klassen 5 und 6 zu konzipieren, zu realisieren und zu analysieren (Fachspezifischer Anhang zur SPoL 2005, Teil III 2008).

Mathematikdidaktische Unterrichtstheorien und Befunde aus der empirischen mathematikdidaktischen Unterrichtsforschung werden in Seminaren dieses dritten Moduls meist in Form von Referaten (Präsentationen, siehe Abb. 8.1) von Studierendentandems für die gesamte Seminargruppe vorbereitet und präsentiert. Die Gestaltung, Beobachtung und Analyse mathematischen Lernens von Kindern wird in Form eines sogenannten „Unterrichtsexperiments" im Sinne forschenden Lernens auch meist von Studierendentandems im Seminar umgesetzt. Die Seminarleitung kann entscheiden, ob sie beide „konzeptionellen Elemente" (Lehr-Lern-Einheiten) – Referat (Präsentation) und Schülerexperiment – in der konkreten Lehrveranstaltung anbietet oder nur eine dieser beiden. Meist werden beide Lehr-Lern-Einheiten – „Referat" und „Schülerexperiment" – in einem Seminar umgesetzt. Auf diese Weise kann erreicht werden, dass sich die Studierenden dem Seminarrahmenthema aus unterschiedlichen Perspektiven nähern und sie diese Perspektiven diskursiv in der konkreten Seminararbeit miteinander vernetzen.

Die Seminare in diesem vertiefenden Mathematikmodul werden meist unter einem thematischen Motto angeboten, das sich entweder an einem der inhaltsbezogenen mathematischen Kompetenzbereiche der Bildungsstandards (KMK 2005) wie „Zahlen und Operationen", „Raum und Form", „Muster und Strukturen", „Größen und Messen" und „Daten, Häufigkeit und Wahrscheinlichkeit" oder an einem der prozessorientierten allgemeinen Kompetenzbereiche wie „Argumentieren", „Kommunizieren", „Modellieren", „Darstellen" und „Problemlösen" orientiert. Möglich sind auch Themen, die quer zu diesen Kompetenzbereichen liegen wie z. B. „Diversität im Mathematikunterricht" oder „Mathematiklernen und Multimodalität".

Im Folgenden werden die beiden Lehr-Lern-Einheiten „Präsentation" (P) und „Schülerexperiment" im Detail vorgestellt und durch Beispiele aus dem Seminar „Mathematiklernen und Multimodalität" konkretisiert.

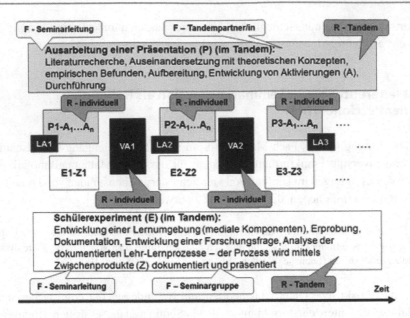

Abb. 8.1 Komponenten der Seminarkonzeption im Zeitverlauf

Ausarbeitung einer Präsentation (P) im Tandem

Das Motto des Seminars bestimmt die Themen der Präsentationen, die in den Tandems vorbereitet werden (siehe Beispiel 1). Im Verlauf des Semesters gibt es mehrere Präsentationen. Im Tandem bearbeiten die Studierenden über einen mehrwöchigen Zeitraum einen thematischen Schwerpunkt des Seminarrahmenthemas. Ausgehend von einem vorgegebenen zentralen Artikel für das Präsentationsrahmenthema stellen sie relevante Literatur zusammen, formulieren Ziele für ihre Präsentation und erarbeiten vor diesem Hintergrund eine Struktur für die Präsentation und die gemeinsame Arbeit mit ihren Kommilitoninnen und Kommilitonen. Die Präsentation soll bezüglich der gewählten Lehr-Lern-Methoden von dem jeweiligen Tandem abwechslungsreich gestaltet sein und neben inhaltliche Informationen in Form eines Kurvortrags auch Aktivierungen der Seminargruppe umfassen. Die Vorbereitung, Durchführung und Nachbereitung einer solchen Präsentation erzeugen „Artefakte" (Schreibprodukte), die überarbeitet und weiterentwickelt werden und von denen die Studierenden für das Leistungsportfolio Endprodukte zur Bewertung freigegeben. Dieser Prozess wird begleitet durch Rückmeldungen (Feedbacks) seitens der Tandempartnerin, des Tandempartners (F – Tandempartner/in) und der Seminarleitung (F – Seminarleitung) (vgl. Abb. 8.1; Vogel 2013, S. 230). So besteht für jedes Studierendentandem in der Vorbereitung ihrer Präsentation das Angebot, Ziele, die Auswahl der Literatur, die Gliederung, die Studierendenaktivierungen wie auch die digitale Präsentation mit der Seminarleitung zu diskutieren und weiterzuentwickeln. Gleichzeitig bietet die Arbeit im Tandem die Möglichkeit sich gegenseitig in Teilaspekten eine Rückmeldung zu geben. Die Durchführung im Seminar gibt im konkreten Handlungsvollzug dem Tandem ebenfalls eine Rückmeldung durch die Seminargruppe. Oftmals entscheidet sich das Tandem, die Präsentation unmittelbar nach der Durchführung von der Seminargruppe evaluieren zu lassen. Der Prozess des gemeinsamen Erarbeitens einer Präsentation im Tandem wird abschließend von dem Studierendentandem reflektiert (R-Tandem, Abb. 8.1). Diese gemeinsame Prozessreflexion stellt einen weiteren Bestandteil des Leistungsportfolios dar.

Beispiel 1

Mögliche Themen für die Präsentationen im Seminar zum Themenbereich „Mathematiklernen und Multimodalität":

- Bedeutung des Embodied Cognition Ansatzes für das Mathematiklernen
- Kommunikations- und Kooperationsmodelle und ihre Relevanz für das Mathematiklernen
- Mathematische Diskurse/Gespräche
- Mathematische Fachsprache – Unterrichtssprache – Alltagssprache
- Schreiben im Mathematikunterricht
- Gestikulieren im Mathematikunterricht
- Handeln im Mathematikunterricht
- Zeichnen im Mathematikunterricht
- Mathematische Inskriptionen – informelle Notizen und standardisierte Schreibweisen
- (Neue) Medien im Mathematikunterricht

Die Aktivierungen innerhalb der Präsentationen (A1 ... An) bieten den Studierenden der Seminargruppe entweder mathematische Lernanlässe oder Gelegenheiten sich aus mathematikdidaktischer Perspektive mit mathematischen Lernprozessen von Kindern oder der Gestaltung von Mathematikunterricht zu beschäftigen. Es wird z. B. mit Produkten von Schülerinnen und Schülern oder mit geeignet ausgewähltem Videomaterial in Kleingruppen gearbeitet. Hierzu entwickelt das Tandem passende Arbeitsaufträge, die dann von den Studierenden in Kleingruppen bearbeitet werden (siehe Beispiel 2 und Beispiel 3). Die Diskussionsergebnisse werden dann im Anschluss der gesamten Seminargruppe präsentiert. Die Aktivierungen während der Präsentation bieten Lernanlässe für die Studierenden auf den Ebenen des individuellen Wissenserwerbs, des individuellen Wissensmanagements oder der Ebene der Professionalisierung. Diese Ebenen des Lernprozesses können für die individuelle Reflexion (R – individuell, Abb. 8.1) dieser Aktivierungen von den Studierenden genutzt werden. Der Reflexionsprozess wird durch Fragen, die sich auf die Ebenen des Lernprozesses beziehen, unterstützt (siehe Abschn. 8.4; vgl. Vogel und Schneider 2012, S. 140).

Beispiel 2

Aktivierung aus der Präsentation „Mathematische Fachsprache – Unterrichtssprache – Alltagssprache":

Grundlage für den folgenden Arbeitsauftrag ist ein kurzes Transkript eines Schüler-Schülerinnen-Gesprächs zu einem operativen Päckchen:

„Betrachten Sie die Schüleräußerungen:

Über welche sprachlichen Kompetenzen verfügen die Schülerinnen und Schüler?

Welche sprachlichen Schwierigkeiten gibt es?

Welche Redemittel benötigen die Schülerinnen und Schüler, um das Rechenpäckchen vollständig und genau beschreiben zu können? Halten Sie die Ergebnisse fest."

Beispiel 3

Aktivierung aus der Präsentation „Zeichnen im MU":

Der Arbeitsauftrag an die Seminargruppe lautete:

„1. In den ausgeteilten Umschlägen findet ihr verschiedene Teile, mit denen man einen Pantographen bauen kann. Versucht, euer eigenes Zeicheninstrument zu bauen.

2. Findet heraus, wie das Zeichengerät funktioniert und probiert es anhand der beiliegenden Aufgabe aus."

Durchführung eines „Schülerexperiments" (E) im Tandem

In der Lehr-Lern-Einheit „Schülerexperiment" (E) (siehe Abb. 8.1) wird ebenfalls im Tandem gearbeitet. Hier steht die Auseinandersetzung mit mathematischen Lehr- und Lernprozessen von Kindern im Fokus der gemeinsamen Arbeit. Meist wird von den einzelnen Tandems eine Lernumgebung zu einem mathematischen Inhalt passend zur Seminarthematik entwickelt (vgl. Vogel 2013, S. 234). Die Beschreibung der Lernumgebung erfolgt mittels eines „mathematischen Situationspatterns" (Vogel 2014). Dieses Beschreibungsraster soll den Schreibprozess unterstützen und hilft gleichzeitig, wichtige Aspekte in der Konzeption einer Lernumgebung gemeinsam im Tandem in den Blick zu nehmen. Die Lernumgebungen werden teilweise medial durch Videopodcasts, die von den Studierenden selbst produziert werden unterstützt. Zwischenergebnisse aus der Tandemarbeit werden von Zeit zu Zeit im Seminar vorgestellt und diskutiert (E1–Z1, E2–Z2, …, Abb. 8.1). Auf diese Weise kann die Lernumgebung durch Rückmeldungen seitens der Seminargruppe und der Seminarleitung (F-Seminargruppe, F-Seminarleitung, Abb. 8.1) weiter optimiert werden.

Die Erprobung erfolgt mit Kindergruppen in Schulen. Die Durchführung der Lehr-Lern-Situationen werden videografiert. Auf diese Weise können die in der Lernumgebung angeregten mathematischen Lernprozesse entlang von Forschungsfragen untersucht werden. Von den Studierenden verwendete Analyseverfahren orientieren sich an der jeweiligen Forschungsfrage. Es kommen z. B. die Interaktionsanalyse (Krummheuer 2012), die Argumentationsanalyse (Krummheuer und Fetzer 2005) oder inhaltsanalytische Verfahren (Mayring 2008), die die Studierenden in anderen mathematischen/mathematikdidaktischen Modulen erlernt haben bzw. im Seminar selbst erlernen, zur Anwendung.

In der Durchführung des „Schülerexperiments" werden in den verschiedenen Seminaren unterschiedliche Schwerpunkte gesetzt. So kann entweder die Entwicklung einer Lernumgebung mit medialer Unterstützung im Zentrum der experimentellen Arbeit stehen. Die Erprobung und die Analyse mathematischer Lehr-Lern-Prozesse werden in diesem Fall dann in kleinerem Umfang durchgeführt. Stehen Lernumgebungen und mediale Materialien wie z. B. Erklärvideos aus vergangenen Seminaren zur Verfügung, können diese von den Experimenttandems genutzt werden. Damit rückt die Erprobung dieser Lernumgebungen und die sich anschließende Analyse mathematischer Lernprozesse von Kindern ins Zentrum der Tandemarbeit. Auch die direkte Beobachtung von Lernprozessen im Mathematikunterricht und deren Protokollierung steht als Möglichkeit für die Umsetzung eines „Schülerexperiments" zur Verfügung. Die erstellten Beobachtungsprotokolle sollten eine möglichst differenzierte Handlungs- und Situationsbeschreibung enthalten. Dies wird erreicht, indem während der Beobachtung eine detailorientierte Dokumentation erstellt wird, die im Anschluss an die Beobachtung „direkt mit Gesprächsnotizen zur Situation ergänzt und zeitnah fertig gestellt werden" sollten (de Boer 2012, S. 77). Die so entstandenen Beobachtungsdokumente bilden das Textmaterial für qualitative Analysen. Diese Varianten der Durchführung eines „Schülerexperiments" wurde für das Seminar „Mathematiklernen und Multimodalität" gewählt (siehe Tab. 8.1).

Tab. 8.1 Auszug aus einem Beobachtungsprotokoll

Zeit	Beobachtungen in sachlicher Beschreibung	Kommentar
10.45	L. heftet ein Arbeitsblatt mit der Einspluseins-Tafel in DIN A3 mit Magneten an die Tafel und erklärt, dass die Aufgabe für die Partnerarbeit darin besteht, die Aufgaben auszurechnen und in eine der drei Schwierigkeitsstufen einzuteilen. L. malt dazu neben die Arbeitsblätter die Schwierigkeitsstufen und erläutert diese. Sie sollen die Aufgaben grün, gelb oder rot anmalen, je nachdem wie schwer sie sie empfinden.	Grün = einfache Aufgaben Gelb = mittelschwere Aufgaben (für die ich evtl. Hilfsmittel brauche) Rot = schwere Aufgaben (nicht lösbar für mich)
10.50	… Einteilung der Gruppen und verteilen der Arbeitsblätter. Leo sucht sich einen Platz zum Arbeiten. Wir folgen ihm an seinen Platz.	Leo (S.L.) arbeitet heute alleine, da sein Partner von letzter Woche krank ist. […]
10.57	(L. kommt an Tisch zu Leo und guckt über sein Arbeitsblatt.) L.: Wenn 3 + 6 neun ergibt, was ergibt denn dann 4 + 6? (zeigt mit den Fingern ein Herz) Was ist denn das? S.L.: Ein Herz L.: Und was ergeben die verliebten Herzen immer? S.L.: Zehn. S.L. korrigiert sein Ergebnis und schreibt statt der 11 eine 10 unter die Aufgabe 4 + 6	Bei der Aufgabe 4 + 6 hat Leo 11 als Ergebnis aufgeschrieben

Es wird die Arbeit mit der Einspluseins-Tafel in einer ersten Klasse protokolliert. Das Beobachtungsprotokoll wird in Form einer dreispaltigen Tabelle (Zeit, Beobachtungen in sachlicher Beschreibung, Kommentar) nach dem Beobachtungsraster von Denner (2013, Anlage 1 und 2, S. 240–242) erstellt (siehe Tab. 8.1).

Die Studentin analysiert ihr Protokoll mithilfe eines inhaltsanalytischen Verfahrens nach Mayring (2008). Sie geht der Frage nach: „Welche Vorstellungen zeigen die beobachteten Kinder bezüglich der Zehnerergänzung bzw. der Zehnerzerlegung?"

Die gemeinsame inhaltliche Arbeit in den Experimentiertandems und Präsentationstandems wird ergänzt durch die Beschäftigung mit ausgewählter Literatur, die passend zu den einzelnen Präsentationsthemen zusammengestellt wird. Anhand von konkreten Literaturaufträgen (LA) werden die Präsentationen im Seminar vor- bzw. nachbereitet. Zwei bis drei gelungene Bearbeitungen von Literaturaufträgen werden von den Studierenden für ihr Leistungsportfolio und damit für eine Bewertung ausgewählt.

Die virtuelle Aufgabe (VA) (vgl. Beispiel 4) stellt eine hochschuldidaktische Lehr-Lern-Einheit dar, in der sich Studierende, meist individuell mit einer offenen Aufgabe mit explorativem Charakter aus dem mathematischen bzw. mathematikdidaktischen Bereich beschäftigen. Der Bearbeitungsprozess wir dokumentiert und abschließend reflektiert (Vogel 2013, S. 233 f.).

Beispiel 4

Virtuelle Aufgabe (VA) aus dem Seminar „Mathematiklernen und Multimodalität":
   Suchen Sie sich einen der folgenden fünf mathematischen Begriffe aus:

Mitte, parallel, Umfang, Oberfläche, Bruch

und erklären diesen auf drei verschiedene Weisen:

1. durch einen Text
2. durch Pantomime
3. durch Handlungen am Material.

   Dokumentieren Sie Ihre Erklärungen.
   Die Pantomime bzw. die Handlungen am Material können sie in Form eines Videos oder einer Bilderfolge festhalten.

Neben den Gelingensbedingungen von Driessen et al. (2005) (siehe Abschn. 8.2.1), die in der Seminarkonzeption zur Anwendung kommen, formulieren Ziegelbauer et al. (2013) weitere Gelingensbedingungen, die sich auf der Selbstbestimmungstheorie der Motivation nach Deci und Ryan (1993) begründen. Hier werden für intrinsische und extrinsische Motivation drei Bedingungen formuliert: (1) Bedürfnis nach Kompetenz oder Wirksamkeit, (2) Bedürfnis nach Autonomie oder Selbstbestimmung sowie (3) Bedürfnis nach sozialer Eingebundenheit oder sozialer Zugehörigkeit (vgl. Vogel 2001, S. 81). Das Lernerlebnis und die Relevanz für die spätere Berufstätigkeit werden in den Seminaren mit Portfolioarbeit von allen Studierenden auch nach anfänglicher Skepsis als sehr positiv eingeschätzt. So beschreibt eine Studentin ihr Kompetenzerleben in ihrer schriftlichen Reflexion wie folgt:

> Ich bin froh und stolz darauf, vor dem Ende meines Studiums wenigstens einmal eine Aufgabe gemacht zu haben, die komplett von mir/uns selbst erstellt wurde. Es gab keine Vorlage, an der man sich hätte orientieren können, oder ein Protokoll, welches bereits bis ins kleinste Detail von jemandem erstellt wurde und mit dem man die Analyse hätte durchführen können. Der Besuch in der Schule, das Schreiben des Protokolls und abschließend die Analyse dieses Protokolls, dies alles beruht auf eigener Arbeit und ich bin froh darüber, dabei so viel Neues gelernt zu haben. (Studentin aus einem Experimenttandem des Seminars)

In dieser Reflexion kommen motivationale Gelingensbedingungen der Studentin zum Ausdruck, indem sie die Möglichkeit zum autonomen Handeln in der Auseinandersetzung mit mathematischen Lernprozessen von Kindern im Mathematikunterricht betont.

8.3 Professionelles mathematikdidaktisches und mathematisches Handeln

Professionelles mathematikdidaktisches und mathematisches Handeln wird hier als Teil der professionellen Handlungskompetenz einer Lehrperson gesehen. Das „heuristische Modell professioneller Handlungskompetenz" von Baumert und Kunter (2006, S. 479), das vielen empirischen Studien im Bereich der mathematischen Professionsforschung zugrunde liegt (vgl. Blömeke et al. 2010a), geht von verschiedenen Wissensdomänen aus, die Basis für die Entwicklung einer professionellen Handlungskompetenz darstellen.

8.3.1 Professionelles Handeln – eine begriffliche Annäherung

Ausgehend von diesem Modell lässt sich professionelles Handeln als ein Handeln beschreiben, das auf pädagogischem, fachlichem, fachdidaktischem Wissen, Wissen über Lernprozesse und Organisationswissen aufbaut (vgl. Baumert und Kunter 2006, S. 482; vgl. auch Shulman 1986, 1987). Das Professionswissen ist unterschiedlich repräsentiert, zum einen als „theoretisch-formales" Wissen und zum anderen als „praktisches Wissen" (vgl. Baumert und Kunter 2006, S. 483). In der Verschränkung mit praktischem Unterrichtswissen und der jeweiligen individuellen „motivationalen Orientierung" und den individuellen „Werthaltungen" (Baumert und Kunter 2006, S. 482) gegenüber dem jeweiligen Fach kommt das Professionswissen in Unterrichtshandlungen situativ zum Ausdruck. Es ist notwendig diese professionelle Handlungskompetenz im Lehramtsstudium zu begründen, im Vorbereitungsdienst zu erweitern und im Beruf stetig weiterzuentwickeln. Diese Anforderung gilt sicher für professionelles fachliches und fachdidaktisches Handeln gleichermaßen.

Nowadays, we can more than ever before assume that without critical thinking, reflective reconsideration of taken actions and theory-base actualization of educational practice, the comtemporary demands of good education are no longer manageable (Reitinger 2014, S. 40).

Professionelles Handeln zeichnet sich dadurch aus, dass in schulischen Lehr-Lern-Situationen die beteiligten Personen in ihrer Interaktion und Auseinandersetzung mit der Sache so wahrgenommen werden, dass das gruppenbezogene und individuelle Lernen begleitet und sachadäquat unterstützt werden kann. Dazu sind Handlungsroutinen notwendig, die professionell aufgebaut und weiterentwickelt werden müssen. Handlungsroutinen sind hier nicht als ein Handeln nach Rezepten zu verstehen, sondern als Handlungen, die entsprechend den Anforderungen der Situation schnell abgerufen werden können. Erst die Reflexion derselben anhand von Theorie- und Berufswissen sowie den berufstypischen Werten und Zielen lässt sie zu professionellen Handlungen werden (Bauer 1998). Die Professionalisierung der Arbeit von Lehrpersonen beruht auf Reflexionsprozessen von Anwendungssituationen und umfasst das gesamte Berufsleben, welches sich über die gesamte Spanne des beruflichen Handelns vom ersten Praktikum bis zur Pensionierung bzw. Ausscheiden aus dem Beruf erstreckt.

> Zusammenfassend lässt sich feststellen, dass zur Entwicklung von Professionalität ein Wandel von Wahrnehmungsstrukturen bedeutsam ist. Elementare Handlungssituationen werden von Experten gespeichert und typisiert, sodass sich ein jederzeit abrufbares „Fallrepertoire" entwickelt, welches diese souverän handeln lässt (Denner und Gesenhues 2013, S. 67).

Für einen solchen Professionalisierungsprozess gibt das Experten-Novizen-Paradigma einen möglichen Rahmen. In diesem Kontext wurde von Koch-Priewe (2002) „in Anlehnung an das Fünf-Stufen-Modell von Dreyfus und Dreyfus (1988) ein Professionalisierungsmodell für (angehende) Lehrpersonen entwickelt, welches die Prozesse der Professionalisierung vom Novizen zum Experten stufenweise abbildet" (Denner und Gesenhues 2013, S. 68). In diesem Entwicklungsprozess wird auf die Wahrnehmung von Unterrichtsprozessen und unterrichtliches Handeln fokussiert und deren Entwicklung im Kontext des Lehrerberufs beschrieben.

8.3.2 Bedeutung von Reflexion für die Entwicklung professionellen Handelns

> Reflexivität gilt als Kern pädagogischer Professionalität, unabhängig davon, ob es sich um ein Professionsverständnis handelt, das einem berufsbiografischen, handlungstheoretischen, kompetenztheoretischen oder strukturtheoretischen Ansatz verpflichtet ist (Denner und Gesenhues 2013, S. 59).

Unter Reflexion wird im Kontext von Schule meist ein Nachdenken über stattgefundenes unterrichtliches Handeln verstanden, mit dem Ziel aus diesem Handeln zu lernen und gewonnene Erkenntnisse für ein späteres unterrichtliches Handeln nutzbar zu machen (vgl.

Göhlich 2011, S. 140). Denner (2013, S. 82) beschreibt in Anlehnung an Schön (1983) drei „Reflexionsvarianten": „Reflexion in der Handlung oder Situation", „Reflexion über die Handlung oder Situation" und „Reflexion nach einer Handlung". Alle Reflexionsvarianten wären für einen Seminarkontext nutzbar. Die in der hier beschriebenen Portfolioarbeit verwendete Variante ist die „Reflexion über die Handlung oder Situation".

> Dies geschieht, wenn die klärungsbedürftige Situation analysiert wird, wenn nach Auslösern, Zusammenhängen und Wirkungen gesucht wird und wenn diese mit theoriegestütztem Erklärungswissen in Verbindung gebracht werden (Denner 2013, S. 84).

In der Beschreibung dieser Variante wird auch die Bedeutung der Reflexion für die Verbindung von Theorie und Praxis deutlich. Durch die Vergegenwärtigung des situativen Handelns soll eine Grundlage für die Reflexion entstehen. Mit der Analyse und Interpretation des rekonstruierten Geschehens werden Ansatzpunkte für Theoriebezüge geschaffen, um so alternative Handlungsoptionen zu entwickeln. Denner und Gesenhues (2013, S. 77 f.) beschreiben diese Reflexionsschritte als „Reflexionszyklus", in dem die „Vermittlung zwischen Praxis, Person und Theorie" stattfinden kann. Die Autorinnen sehen folgende sechs Reflexionsschritte vor (Denner und Gesenhues 2013, S. 77): (1) Praxisbeispiel aufnehmen, (2) Selbstwahrnehmung festhalten, (3) Analysieren, (4) Interpretieren, (5) Theoriebezüge herstellen, (6) Handlungsoptionen entwickeln.

In der hier beschriebenen Seminarkonzeption wird das Reflektieren nicht auf Unterrichtsprozesse in der Schule bezogen, sondern auf das individuelle mathematische und mathematikdidaktische Lernen von Lehramtsstudierenden. Hochschuldidaktische Ziele für diese Art des Vorgehens sind

1. die Reflexion eigenen Lernhandelns dafür zu nutzen, spätere Lernhandlungen von Schülerinnen und Schülern besser verstehen und begleiten und in entsprechendes professionelles Unterrichtshandeln übersetzen zu können
2. das individuelle Bild von mathematischem und mathematikdidaktischem Lernen zu reflektieren und weiterzuentwickeln.

Damit bildet das konkrete Handeln in Lehr-Lern-Situationen in einem Lehramtsstudium den Ausgangspunkt für die Reflexion der Studierenden. Für manche der Reflexionen wird in der vorgegebenen Reflexionshilfe die schriftliche Beschreibung der Situation angeregt. Aber auch in Reflexionen, für die es nicht spezielle Hinweise gibt, wird meist mit einer Beschreibung der Situation begonnen (siehe Abschn. 8.4). Diese verschriftliche Vergegenwärtigung der Situation unterstützt einerseits die Fokussierung auf die Situation und gleichzeitig erlaubt sie eine gewisse Distanzierung. Es zeigt sich in den Beschreibungen auch, in welcher Weise die Situation wahrgenommen wurde. Der im Reflexionszyklus von Denner und Gesenhues (2013, S. 77) beschriebene Schritt der „Analyse" fokussiert auf den Teil der Reflexion, in dem die Situation, die Sache oder das Handeln „in die jeweiligen Bestandteile, die anschließend geordnet, untersucht und ausgewertet werden mit dem Ziel, zu neuen Einsichten zu kommen", zerlegt werden. „Beim Interpretieren (lat. Interpretatio) geht es um das plausible oder theoriegestützte Erklären und Deuten einer Aussage oder sozialen Situation mit der Zielperspektive das pädagogische Verstehen zu fördern und auf diese Weise Impulse für die nächsten Handlungsschritte zu eröffnen." (Denner und Gesenhues 2013, S. 78) Die einzelnen Schritte des vorgestellten Reflexionszyklus helfen Reflexionsprodukte von Studierenden zu analysieren und Aspekte des Reflexionsprozesses in den Reflexionen zu identifizieren. Dies zeigt die dargestellte systematische Analyse der beiden Autorinnen Denner und Gesenhues (2013, S. 80 ff.) von Reflexionsprodukten Studierender, entstanden in einem Schulpraktikum.

Im folgenden Kapitel wird eine erste Analyse von Reflexionsprodukten der Studierenden aus einem mathematikdidaktischen Vertiefungsseminar, in dem reflexive Portfolioarbeit zum Einsatz kam, vorgestellt. Diese Analyse orientiert sich am Reflexionszyklus nach Denner und Gesenhues (2013) und prüft, inwieweit die Reflexionen der Studierenden Aspekte des beschriebenen Reflexionszyklus zeigen.

8.4 Reflexionskompetenz von Studierenden in mathematikdidaktischen Vertiefungsseminaren – erste Analyseergebnisse

Es werden hier erste Analyseergebnisse von Reflexionsprodukten aus dem exemplarisch ausgewählten Seminar „Mathematiklernen und Multimodalität" vorgestellt. Die gemeinsamen Tandemreflexionen der Studierenden beziehen sich auf die Erstellung einer Präsentation bzw. der Arbeit an einem „Unterrichtsexperiment". Zur Unterstützung des reflexiven Schreibprozesses werden in der Portfolioarbeit den Studierenden schriftlich formulierte Impulse zur Verfügung gestellt. Diese sind an den jeweiligen Arbeitsauftrag gebunden. So werden z. B. für die Reflexionen ausgewählter Lernaktivitäten im Rahmen der „Präsentation" (P) auf den drei Ebenen des Lernprozesses (vgl. Abschn. 8.1) strukturierende Fragen als Reflexionshilfen angeboten:

- Welche neuen Erkenntnisse über meinen mathematischen Lernprozess konnte ich mitnehmen? (Ebene des individuellen Wissenserwerbs)
- Welche Verknüpfungen zu anderen Lernbereichen meines Studiums konnte ich herstellen? (Ebene des Wissensmanagements)
- Welche Erkenntnisse für meine spätere Arbeit als Grundschullehrerin, als Grundschullehrer konnte ich aus dem Arbeitsauftrag gewinnen? (Ebene der Professionalität)

Inwieweit diese auf die Lehr-Lern-Einheit der „Aktivitäten während der Präsentationen" bezogenen Reflexionshinweise auch für die Tandemreflexion genutzt werden, kann nicht rekonstruiert werden. Die Tandemreflexionen zu der Arbeit an einer Präsentation oder an der Durchführung eines „Schülerexperiments" werden in den bisher mit diesem Konzept durchgeführten Seminaren in dieser Weise nicht unterstützt. Hier sind die

Studierenden frei in der Art und Weise der Gestaltung ihrer Reflexion. Diese Situationsbeschreibung gilt für die hier analysierten Dokumente.

Grundlage der hier vorgestellten ersten Analyseeindrücke sind 19 Reflexionsprodukte aus dem exemplarisch ausgewählten Seminar „Mathematiklernen und Multimodalität" die von insgesamt 38 Studierenden in Tandems erstellt wurden. Die Rekonstruktion der Reflexionskompetenz der Studierenden orientiert sich am beschriebenen Reflexionszyklus (siehe Abschn. 8.3). Der Reflexionszyklus enthält alle zentralen Aspekte, die für einen gelungenen Reflexionsprozess relevant sind. Die Analyse ist noch sehr grob und soll erste Antworten auf die folgende Frage geben:

Welche Reflexionsschritte des Reflexionszyklus und welche Ausgestaltung lassen sich in den schriftlichen Tandemreflexionen rekonstruieren?

Die Zusammenstellung erster Ergebnisse wird exemplarisch mithilfe der folgenden Reflexionsbeispiele (Auszüge aus den Reflexionen eines Experimenttandems, Tab. 8.2 und eines Präsentationstandems, Tab. 8.3) belegt. Die Rekonstruktion erfolgt entlang der Reflexionsschritte des Reflexionszyklus.

Tab. 8.2 Auszug aus der Reflexion eines Experimenttandems (Material T3)

1	„Im Rahmen des Seminars wurden wir auf die bevorstehenden
2	Schülerbeobachtungen systematisch vorbereitet. Erste Erfahrungen
3	durften wir beim Beobachten einer Gruppe mit der Arbeit an „logischen
4	Blöcken" machen, die wir im Anschluss daran ausschnittsweise
5	protokollierten. Durch die Seminarleitung erhielten wir stets eine
6	sachdienliche Rückmeldung. Als sehr hilfreich für unser weiteres Vorgehen
7	erwies sich die Einsicht und die zusätzlichen Informationen der
8	festgehaltenen Beobachtungen unserer Kommilitonen. Zur Unterstützung
9	unserer weiteren Vorgehensweise wurde uns ausreichend Literatur zur
10	Verfügung gestellt, die wir für unsere Vorbereitung nutzten. Auch die
11	Hinweise zum gezielten Beobachten und Schreiben der Protokolle,
12	erwiesen sich als sehr hilfreich. Bis dahin war uns nicht bewusst, dass eine
13	klare Trennung zwischen objektivem und subjektivem Empfinden
14	einzuhalten ist.
15	Unsere Unsicherheiten bezüglich der Schülerbeobachtungen wurden beim
16	gemeinsamen Sammeln möglicher Beobachtungsaufträge (z. B.: Wie
17	unterstützt die Gestik das mathematische Arbeiten?) während des
18	Seminars größtenteils abgebaut.
19	Zur fundierten Vorbereitung gehörte auch eine intensive
20	Auseinandersetzung mit dem Profil der Schule. Besonders gespannt waren
21	wir auf die Umsetzung der inklusiven Beschulung und die Verwirklichung
22	der jahrgangsgemischten Klassen im Unterricht.
23	[...]

Tab. 8.2 (Fortsetzung)

24	Bei unserem zweiten Hospitationsbesuch beobachteten wir die beiden
25	Mädchen gleich von Beginn der Mathematikstunde an. Nun waren wir
26	ihnen schon bekannt und sie fühlten sich nicht mehr so kontrolliert durch
27	uns. Dadurch trauten wir uns auch während der Arbeitsphase dichter an
28	die Schülerinnen heran.
29	[...]
30	Nach jeder abgeschlossenen Beobachtung setzten wir uns im Anschluss
31	Daran zusammen, um das Protokoll anzufertigen.
32	[...]
33	Als sehr dienlich erwiesen sich die Fotos, die wir von den abgeschlossenen
34	Arbeitsblättern und Hefteinträgen der beiden Schülerinnen machten.
35	Dadurch ließen sich unsere Aufzeichnungen mit den Bildern abgleichen und
36	die einzelnen Arbeitsschritte besser nachvollziehen.
37	[...]
38	Im Nachhinein glauben wir, dass eine Beobachtung eines inszenierten
39	Zustandes, so wie wir ihn beispielsweise in dem Grundlagenkurs PS
40	durchführten, zielführender wäre. Die Situation hätte so aufbereitet
41	werden können, dass der Fokus gleichermaßen das Mathematiklernen und
42	die Multimodalität abdeckt. Des Weiteren hätten wir uns bereits im
43	Vorfeld in das Thema einlesen können und somit noch gezieltere
44	Beobachtungen durchführen können."

Erste Analyseergebnisse

1. Praxisbeispiel aufnehmen/Lernsituation aufnehmen

Die zu reflektierenden Schreibprodukte haben im Gegensatz zu den von Denner & und Gesenhues (2013) analysierten nicht ihren Ursprung in einer schulpraktischen Veranstaltung, sondern vielmehr in einem mathematikdidaktischen Vertiefungsseminar. Die Situationen und damit die mathematischen und mathematikdidaktischen Handlungen, auf die sich die Reflexionen beziehen, sind entweder Präsentationen, die von dem Tandem für die Studierenden im Seminar vorbereitet und mit ihnen durchgeführt werden oder ein durchgeführtes „Schülerexperiment". Hier handelt es sich um Begegnungen mit mathematischem Lernen von Kindern in konkreten Unterrichtssituationen (siehe Beispielseminar in diesem Aufsatz) oder in einer eher experimentellen Situation.

In den studentischen Reflexionen wird die Situation, auf die sich die Ausführungen bezieht, von den Studierenden zunächst meist ausführlich beschrieben (Tab. 8.2, Z19 bis Z36). In diesen Beschreibungen werden ganz unterschiedliche Perspektiven auf die Situation deutlich, die häufig Aspekte von Selbstwahrnehmung enthalten (Tab. 8.2, Z20 bis Z22). So wird von manchen Tandems die Chronologie der gemeinsamen Arbeit thema-

Tab. 8.3 Auszug aus der Reflexion eines Präsentationstandems (Material T17)

1	„[…]
2	Allgemein stellte sich heraus, dass die kritische Betrachtung der Apps nicht
3	so aufschlussreich war, wie erhofft. So konnten wir zum einen nur
4	Negativbeispiele finden. Zum anderen ist die Einsetzbarkeit von Apps in der
5	Grundschule allgemein fraglich. So können der Zugang sowie der Umgang
6	mit den technischen Geräten (Smartphone und Tablett) vor allem in den
7	unteren Klassenstufen nicht vorausgesetzt werden. Aufgrund der Einsicht
8	hätte der Fokus in Bezug auf die Referatsplanung eher auf den
9	computerbasierten Lernprogrammen liegen sollen.
10	Sicherlich ist das Vorstellen von Apps sinnvoll, um einen Überblick über die
11	Möglichkeiten erhalten zu können, jedoch nicht so umfangreich wie in
12	unserem Referat. Wenn wir das Referat noch einmal halten könnten,
13	würden wir diese Erkenntnisse einbeziehen und den Schwerpunkt anders
14	legen. Im Fokus stünden die computerbasierten Lernprogramme, wobei die
15	Studierendenaktivierung gleich lauten würde:
16	[…]
17	Hierdurch wird das oben genannte Lernziel hinsichtlich der kritischen
18	Betrachtung des Programms nochmals unterstrichen. Dieser Aufgabe
19	könnte mehr Zeit zur Verfügung stehen, damit sie den Vorgaben
20	entsprechend bearbeitet werden kann und eine intensive
21	Auseinandersetzung möglich ist. Denn nur durch eine intensive
22	Untersuchung wird die Komplexität einer analytischen Betrachtung des
23	Programms deutlich.
24	[…]"

tisiert, von anderen die Besonderheit der Aufgabe und von dritten das Funktionieren der gemeinsamen Arbeit in das Blickfeld gerückt. Dies wird angereichert durch Formulierungen, die auf Interesse oder Befürchtungen schließen lassen.

Es kommt aber auch vor, dass Tandems die Situation nur punktuell sachlich wiedergeben. Es erfolgt sofort eine Bewertung der Situation, indem über das Gelingen des Arbeitsauftrags nachgedacht wird. So wird in Tab. 8.3 von den Studierenden ihre didaktische Entscheidung in Frage gestellt (Z2 bis Z9). Hier folgt der Reflexionsschritt (4) und (5) auf eine verkürzte bis fast nicht vorhandene Situationsbeschreibung. Damit wird nicht deutlich, warum z. B. die Apps negativ eingeschätzt werden, und die Einschätzung, dass Apps doch in einer Präsentation zum Thema „(Neue) Medien im Mathematikunterricht" vorgestellt werden sollen (Z10 bis Z12), bleibt im Spekulativen.

2. Selbstwahrnehmung festhalten

Dieser Aspekt konnte in den schriftlichen Reflexionsprodukten nur punktuell identifiziert werden (Tab. 8.2, Z20 bis Z22). Dies liegt eventuell darin begründet, dass die Unmittelbarkeit des Eindrucks nicht gegeben ist. Vielmehr wird rückblickend ein Prozess in den Blick genommen, der sich fast über ein Semester erstreckt. Die unmittelbare individuelle Befindlichkeit kann von den Betroffenen nur indirekt rekonstruiert werden, da der Prozess schon stattgefunden hat. Als Ausdruck einer punktuellen Selbstwahrnehmung kann die Beschreibung emotionale Befindlichkeiten, wie z. B. Stress, Freude, Unsicherheit und Zufriedenheit beschrieben werden (Tab. 8.2, Z27 bis Z28). Selbstwahrnehmungen, die sich auf Handlungen beziehen, lassen sich kaum in den Schreibprodukten identifizieren.

3. Analysieren

Die Analysen der Situations- und Selbstwahrnehmungsbeschreibungen beziehen sich oft auf Schwierigkeiten, die im Arbeitsprozess aufgetreten sind. Der Arbeitsprozess selbst und in welcher Form sich diese Schwierigkeiten äußern wird eher selten beschrieben. Es werden sowohl technische Schwierigkeiten wie Probleme im Zeitmanagement und in der Interaktion im Tandem von den Studierenden genannt. Eine explizite Analyse der Themen, die in der Beschreibung der Situation und der Selbstwahrnehmung deutlich werden, ist in den Schreibprodukten nicht zu finden. Sie lassen sich aber durchaus in den Schreibprodukten rekonstruieren. Im Reflexion 2 lassen sich zwei Themen identifizieren: der Einsatz von Apps im Mathematikunterricht der Grundschule und der systematische kritische Umgang mit „Programmen" für den Unterricht (siehe Tab. 8.3). Im Zentrum des Beispiels 1 steht das Erstellen eines Beobachtungsprotokolls (siehe Tab. 8.2).

4. Interpretieren und (5) Theoriebezüge herstellen

Interpretationen bzw. Deutungsversuche und Theoriebezüge formieren sich eher in allgemeinen Andeutungen in den Reflexionen (Tab. 8.2, Z8 bis Z14). Die im Reflexion 1 sich andeutende ausführliche Vorgehensweise bei der Erstellung eines Beobachtungsprotokolls (siehe Tab. 8.2, Z30 bis Z31) lässt einen Rückschluss auf die Deutungsversuche der Studierenden zu. Sie gehen vermutlich davon aus, dass bestimmte Handlungsroutinen wie mündlicher Austausch der Notizen unmittelbar nach der Beobachtung und das Erstellen von Fotos zu besseren Protokollergebnissen führen. In Reflexion 2 lässt die Formulierung in Zeile 22 (siehe Tab. 8.3) ebenfalls den Schluss zu, dass die Studierenden annehmen, dass die Komplexität von computerbasierten Lernprogrammen nur mithilfe „analytischer Betrachtung" sinnvoll durchgeführt werden kann.

5. Handlungsoptionen entwickeln

Handlungsoptionen werden z. B. genannt, wenn Schwierigkeiten in der Bearbeitung des Arbeitsauftrags, d. h. während der Durchführung des Experiments oder der Präsentation identifiziert werden.

So wird in der Reflexion 1 von den Studierenden eine alternative Form der Beobachtung von mathematischen Lernprozessen von Kindern beschrieben (siehe Tab. 8.2, Z38 bis 44). Die Formulierung der Studierenden deutet daraufhin, dass ihnen die Beobachtung im Mathematikunterricht zu wenig kalkulierbar erscheint und damit zu wenig zielgerichtet für den Seminarfokus. Inszenierte Lernprozesse mit wenigen Kindern erscheint ihnen hierfür geeigneter. Auch wird die Herstellung eines Theoriebezugs hier als einfacher eingeschätzt (siehe Tab. 8.2, Z42 bis Z44). Diese Rückmeldung seitens der Studierenden gibt auch Hinweise für die Seminarkonzeption und bestätigt gewissermaßen die Arbeit mit Lernumgebungen, die von den Studierenden konzipiert, erprobt, dokumentiert und analysiert werden (siehe Abschn. 8.2).

In der Reflexion 2 werden als Alternative für die Auseinandersetzung mit Mathematik-Apps computerbasierte Lernprogramme genannt (siehe Tab. 8.3, Z12 bis Z15).

Insgesamt zeigen diese ersten Analysen, dass die Reflexionen der Studierenden die einzelnen Schritte des Reflexionszyklus durchaus enthalten, aber häufig nicht explizit und eher verkürzt. Dies hat häufig zur Folge, dass die Tiefe der Reflexion darunter leidet. Indem die einzelnen Reflexionsschritte explizit und unter Einhaltung der jeweiligen Anforderung durchgeführt werden, kann zum einen von der reflektierenden Person die nötige Distanz (Situationswahrnehmung) und zum anderen Aspekte der eigenen Betroffenheit (Selbstwahrnehmung) wahrgenommen werden. Auf dieser Grundlage können die individuellen, situativen Themen für die weitere Reflexion identifiziert werden (Analyse). Für diese identifizierten Themen können Deutungen versucht und Theoriebezüge hergestellt werden (Interpretieren und Theoriebezüge herstellen). Der abschließende Reflexionsschritt (Handlungsoptionen entwickeln) mündet im Rahmen des Lehramtsstudiums in reflektierte Lernhandlungen und dem Aufbau von mathematischem und mathematikdidaktischem Unterrichtswissen.

8.5 Zusammenfassung und Ausblick

Die in der Seminarkonzeption umgesetzte reflexive Portfolioarbeit hat sich über viele Seminare hinweg als fruchtbringend für alle Beteiligte gezeigt. Sie schafft „Lernräume", in denen sich Grundschullehramtsstudierende mit mathematischen Fragen im schulischen Lehr-Lern-Kontext beschäftigen können. Der Gestaltungsauftrag von offenen, explorativen mathematischen Lernumgebungen bzw. dem Beobachten von Lernprozessen im Mathematikunterricht motiviert zum Nachdenken über die darin enthaltene Mathematik und schafft Lernanlässe, das im Studium punktuell erworbene mathematische und mathematikdidaktische Wissen zu vernetzen und Bezüge zu anderen Studieninhalten herzustellen.

Die geplanten nächsten Schritte sind:

• Die Reflexionsprodukte der Studierenden noch genauer zu analysieren und die Analyseergebnisse für die Weiterentwicklung von Unterstützungsangeboten der gemeinsamen und der individuellen Reflexionsprozesse der Studierenden zu nutzen.
• Ein Erhebungsinstrument für mathematische und mathematikdidaktische Reflexionskompetenz zu entwickeln und zu erproben.

Die Weiterentwicklung der vorgestellten Seminarkonzeption wie Forschungen im Kontext der Reflexionskompetenzentwicklung angehender Grundschullehrpersonen wird im Rahmen des vom BMBF geförderten Projekts „Lehrerbildung vernetzt entwickeln (Level) – Kompetenzentwicklung im Lehramt durch die systematische Analyse von Unterrichtssituationen in fächer- und phasenübergreifenden Kooperationen" an der Goethe-Universität Frankfurt/Main weitergeführt.

Mittlerweile ist im Rahmen des Projekts Level der hier beschriebene „Reflexionszyklus" nach Denner und Gesenhues (2013) eingeflossen in ein Reflexions-Lern-Modul, das die Studierenden bei ihren Reflexionsprozessen begleitet und einzelne Reflexionsschritte anleitet. Entlang der einzelnen Schritte dieser entwickelten „Reflexionsspirale" gibt es eine ausführliche Anleitung für die Reflexion. Die einzelnen Schritte werden anhand von Beispielen und eigenen Schreibprodukten in Seminarsitzungen ausführlich besprochen.

„Level – Lehrerbildung vernetzt entwickeln" wird im Rahmen der gemeinsamen Qualitätsoffensive Lehrerbildung von Bund und Ländern aus Mitteln des Bundesministeriums für Bildung und Forschung unter dem Förderkennzeichen FKZ 01JA1519 gefördert. Die Verantwortung für den Inhalt dieser Veröffentlichung liegt beim Autor.

Literatur

Bauer, K.-O. (1998). Pädagogisches Handlungsrepertoire und professionelles Selbst von Lehrerinnen und Lehrern. *Zeitschrift für Pädagogik, 44*(3), 343–359.

Baumert, J., & Kunter, M. (2006). Stichwort: Professionelle Handlungskompetenz von Lehrkräften. *Zeitschrift für Erziehungswissenschaften, 9*(4), 469–520.

Baumgartner, P. (2009). Developing a taxonomy for electronic portfolios. In P. Baumgartner, S. Zauchner & R. Bauer (Hrsg.), *The potential of E-portfolios in higher education* (S. 13–44). Innsbruck: Studienverlag.

Blömeke, S., Kaiser, G., & Lehmann, R. (Hrsg.). (2010a). *TEDS-M 2008. Professionelle Kompetenz und Lerngelegenheiten angehender Primarstufenlehrkräfte im internationalen Vergleich.* Münster: Waxmann.

Blömeke, S., Kaiser, G., Döhrmann, M., Suhl, U., & Lehmann, R. (2010b). Mathematisches und mathematikdidaktisches Wissen angehender Primarstufenlehrkräfte im internationalen Vergleich. In S. Blömeke, G. Kaiser & R. Lehmann (Hrsg.), *TEDS-M 2008. Professionelle Kompetenz und Lerngelegenheiten angehender Primarstufenlehrkräfte im internationalen Vergleich* (S. 195–251). Münster: Waxmann.

De Boer, H. (2012). Pädagogische Beobachtung. Pädagogische Beobachtungen machen – Lerngeschichten entwickeln. In H. de Boer & S. Reh (Hrsg.), *Beobachtung in der Schule – Beobachten lernen* (S. 65–82). Wiesbaden: Springer VS.

Bolle, R., & Denner, L. (2013). Das Portfolio „Schulpraktische Studien" in der Lehrerbildung – Genese, empirische Befunde und ein bildungstheoretisch fokussiertes Modell für eine theoriegeleitete Portfolioarbeit. In B. Koch-Priewe, T. Leonhard, A. Pineker & J. Ch Störtländer (Hrsg.), *Portfolio in der LehrerInnenbildung. Konzepte und empirische Befunde* (S. 74–111). Bad Heilbrunn: Klinkhardt.

Deci, E. L., & Ryan, R. M. (1993). Die Selbstbestimmungstheorie der Motivation und ihre Bedeutung für die Pädagogik. *Zeitschrift für Pädagogik, 39*(2), 223–238.

Denner, L. (2013). *Professionalisierung im Kontext Schulpraktischer Studien – aber wie? Grundlagen – Lehr-Lernsettings – empirische Befunde.* Hohengehren: Schneider Verlag.

Denner, L., & Gesenhues, D. (2013). Professionalisierungsprozesse im Lehramtsstudium – eine explorative Studie zu Analyse, Interpretation und Handlungsoption. In R. Bolle (Hrsg.), *Professionalisierung im Lehramtsstudium: Schulpraktische Kompetenzentwicklung und theoriegeleitete Reflexion* (S. 59–119). Leipzig: Leipziger Universitätsverlag.

Dreyfus, H. L., & Dreyfus, S. E. (1988). *Künstliche Intelligenz. Von den Grenzen der Denkmaschine und dem Wert der Intuition.* Hamburg: Rowohlt.

Driessen, E., van Tartwijk, J., Overeem, K., Vermunt, J., & van der Fleuten, C. (2005). Conditions for successful reflective use of portfolios in undergraduate medical education. *Medical Education, 39*, 1230–1235.

Fachspezifischer Anhang zur SPoL 2005, Teil III (2008). Studienfach Mathematik im Studiengang Lehramt an Grundschulen (L1). http://www.satzung.uni-frankfurt.de/2008/Lehramt/MathL1.pdf. Zugegriffen: 15. Febr. 2015.

GDM, DMV, & MNU (2012). Aufruf von der Deutschen Mathematiker-Vereinigung (DMV), der Gesellschaft für Angewandte Mathematik und Mechanik (GAMM), der Gesellschaft für Didaktik der Mathematik (GDM), der Konferenz der Mathematischen Fachbereiche (KMathF) und dem Deutschen Verein zur Förderung des mathematischen und naturwissenschaftlichen Unterrichts (MNU). madipedia.de/images/f/fc/12-Aufruf_Grundschule.pdf. Zugegriffen: 15. Febr. 2015.

Gläser-Zikuda, M., Rohde, J., & Schlomske, N. (2010). Empirische Studien zum Lerntagebuch- und Portfolio-Ansatz im Bildungskontext – ein Überblick. In M. Gläser-Zikuda (Hrsg.), *Lerntagebuch und Portfolio aus empirischer Sicht* (S. 3–34). Landau: Verlag Empirische Pädagogik.

Göhlich, M. (2011). Reflexionsarbeit als pädagogisches Handlungsfeld. In W. Helsper & R. Tippelt (Hrsg.), *Pädagogische Professionalität.* Zeitschrift für Pädagogik, 57. Beiheft. (S. 138–152). Weinheim, Basel: Beltz.

Häcker, T., & Seemann, J. (2012). Portfolioarbeit – eine Einübung aller Beteiligter in kritische Reflexion. *Computer + Unterricht, 86*, 28–31.

Jervis, K. (2009). Standards. Wie kommt man dazu? Erfahrungen mit dem Portfoliokonzept in den USA. In I. Brunner, T. Häcker & F. Winter (Hrsg.), *Das Handbuch Portfolioarbeit. Konzepte, Anregungen, Erfahrungen aus Schule und Lehrerbildung* (3. Aufl., S. 46–52). Seelze-Velber: Kallmeyer.

KMK (Kultusministerkonferenz) (2005). Bildungsstandards im Fach Mathematik für den Primarbereich (Jahrgangsstufe 4). Beschluss der Kultusministerkonferenz vom 15.10.2004. http://www.kmk.org/fileadmin/veroeffentlichungen_beschluesse/2004/2004_10_15-Bildungsstandards-Mathe-Primar.pdf. Zugegriffen: 15. Febr. 2015.

Koch-Priewe, B. (2002). Der routinierte Umgang mit Neuem. Wie die Professionalisierung von Junglehrern und Junglehrerinnen gelingen kann. In S. Beetz-Rahm, L. Denner & T. Riecke-Baulecke (Hrsg.), *Jahrbuch für Lehrerforschung und Bildungsarbeit* (Bd. 3, S. 311–324). Weinheim: Juventa.

Krummheuer, G. (2012). Interaktionsanalyse. In F. Heinzel (Hrsg.), *Methoden der Kindheitsforschung. Ein Überblick über Forschungszugänge zur kindlichen Perspektive* (S. 234–247). Weinheim: Beltz Juventa.

Krummheuer, G., & Fetzer, M. (2005). *Der Alltag im Mathematikunterricht. Beobachten – Verstehen – Gestalten.* München: Elsevier.

Mayr, J., & Neuweg, G. H. (2006). Der Persönlichkeitsansatz in der Lehrer/innen/forschung. Grundsätzliche Überlegungen, exemplarische Befunde und Implikationen für die Lehrer/innen/bildung. In M. Heinrich & U. Greiner (Hrsg.), *Schauen, was 'rauskommt. Kompetenzförderung, Evaluation und Systemsteuerung im Bildungswesen* (S. 183–206). Wien: LIT.

Mayring, Ph (2008). *Qualitative Inhaltsanalyse. Grundlagen und Techniken.* Weinheim: Beltz.

Reitinger, J. (2014). Beyond reflection – thinking outside the box of a necessary but not sufficient condition for successful education in a heterogeneous world. In D. Hollick, M. Neißl, M. Kramer & J. Reitinger (Hrsg.), *Heterogenität in pädagogischen Handlungsfeldern.* Kassel: kassel university press.

Schön, D. A. (1983). *The reflective practitioner.* London: Temple Smith.

Shulman, L. S. (1986). Those who understand: knowledge growth in teaching. *Educational Researcher, 15*(2), 4–14.

Shulman, L. S. (1987). Knowledge and teaching. Foundation of the new refor. *Harward Educational Researcher, 57*(1), 1–22.

Vogel, R. (2001). *Lernstrategien in Mathematik. Eine empirische Untersuchung mit Lehramtsstudierenden.* Hildesheim: Franzbecker.

Vogel, R. (2013). Portfolioarbeit als Ort der Selbstreflexion im Lehramtsstudium (am Beispiel des Faches Mathematik). In B. Koch-Priewe, T. Leonhard, A. Pineker & J. C. Störtländer (Hrsg.), *Portfolio in der LehrerInnenbildung. Konzepte und empirische Befunde* (S. 226–236). Bad Heilbrunn: Klinkhardt.

Vogel, R. (2014). Mathematical situations of play and exploration as an empirical research instrument. In U. Kortenkamp, B. Brandt, C. Benz, G. Krummheuer, S. Ladel & R. Vogel (Hrsg.), *Early mathematics learning. Selected papers of the POEM conference* (S. 223–236). New York: Springer.

Vogel, R., & Schneider, A.-K. (2012). Portfolioarbeit angehender Grundschullehrerinnen und -lehrer im Fach Mathematik. In M. Zimmermann, C. Bescherer & C. Spannagel (Hrsg.), *Mathematik lehren in der Hochschule – Didaktische Innovationen für Vorkurse, Übungen und Vorlesungen* (S. 133–142). Hildesheim: Franzbecker.

Ziegelbauer, S., Ziegelbauer, C., Limprecht, S., & Gläser-Zikuda, M. (2013). Bedingungen für gelingende Portfolioarbeit in der Lehrerinnen- und Lehrerbildung – empiriebasierte Entwicklung eines adaptiven Portfoliokonzepts. In B. Koch-Priewe, T. Leonhard, A. Pineker & J. C. Störtländer (Hrsg.), *Portfolio in der LehrerInnenbildung. Konzepte und empirische Befunde* (S. 112–121). Bad Heilbrunn: Klinkhardt.

Reflektieren als aktivierendes Element in der Mathematiklehrerbildung

Markus A. Helmerich und Eva S. Hoffart

Zusammenfassung

Ausgehend von einem Leitbild für die Lehrer(innen)bildung, das ein reflektiertes Handeln in den Fokus rückt, wird ein Orientierungsrahmen für ein breites Verständnis von Reflektieren präsentiert. Anschließend wird eine besondere Seminarform vorgestellt, in der Lehramtsstudierende mathematische Projekte für Schülerinnen und Schüler vorbereiten, durchführen und analysieren. Seminarbegleitend werden Reflexionsprozesse auf vielen Ebenen aktiviert und unterstützt, um das eigene Lernen im Studium zu verbessern und auf die Herausforderungen in den Spannungsfeldern des Lehrberufs vorbereitet zu sein.

9.1 Ein Leitbild für die Lehrerbildung

Aus der Erfahrung universitärer Lehr- und Schulpraxis heraus zeigt sich, dass sich Lehren und Lernen sowie unterrichtliches Handeln in Spannungsfeldern vollzieht, die die Lehrpersonen vor die Herausforderung stellen, eine handlungsleitende Balance zu finden. Im Rahmen der intensiven Auseinandersetzung mit der Wirksamkeit von Lehrerbildung (vgl. Helmerich 2011, 2012) zeigte sich, dass diese oft gehemmt wird durch die Tendenz der Studierenden, auf der Basis von Erfahrungen der eigenen Schulzeit und bestimmten Einstellungen gegenüber der Gestaltung von Lehr-Lern-Prozessen im Mathematikunterricht nach klaren und eindeutigen Verhaltensmustern zu suchen und sich für einen der Pole der

M. A. Helmerich (✉) · E. S. Hoffart
Universität Siegen
Siegen, Deutschland
E-Mail: helmerich@mathematik.uni-siegen.de

E. S. Hoffart
E-Mail: hoffart@mathematik.uni-siegen.de

© Springer Fachmedien Wiesbaden GmbH 2018
R. Möller und R. Vogel (Hrsg.), *Innovative Konzepte für die Grundschullehrerausbildung im Fach Mathematik*, Konzepte und Studien zur Hochschuldidaktik und Lehrerbildung Mathematik, https://doi.org/10.1007/978-3-658-10265-4_9

Spannungsfelder zu entscheiden, anstatt sich der produktiven Kraft der Spannungsfelder im Prozess zu stellen. Es kristallisierten sich vor allem fünf Spannungsfelder des Lehrens und Lernens heraus, die für die Mathematikdidaktik und die Hochschullehre eine zentrale Rolle spielen:

- Form und Inhalt: Wie erlebe ich das Wechselspiel von Mathematik als abstraktem System und mir bzw. anderen Menschen als komplexen, inhaltlich handelnden Wesen?
- Strenge und Anschaulichkeit: Wie und auf welcher Ebene begründe ich/begründet man mathematisches Tun?
- Offenheit und Geschlossenheit beim Lehren und Lernen: Wie kann ich/man mathematische Lernprozesse gestalten und mathematisches Handeln analysieren?
- Produkt und Prozess: In welchen Prozessen entstehen mathematische Produkte?
- Singuläres und Reguläres: Was sind die „roten Fäden" in der Mathematik? Welche Brüche und Kontinuitäten erlebe ich/erleben andere dabei?

Beschreibungen von Spannungsfeldern des Mathematikunterrichts finden sich in der mathematikdidaktischen Fachliteratur, die als Grundlage für die Formulierung der obigen Spannungsfelder dienten. So werden bei Krauthausen und Scherer „zunächst unvereinbare Gegensätze" (Krauthausen und Scherer 2007, S. 299) beschrieben, die auch nichtfachspezifische Spannungen wie Schülerinnen- und Schülerorientierung und Fachorientierung oder Heterogenität und selbstverantwortetes Lernen umfassen. Weitere Anknüpfungspunkte liefern auch die aktuellen Diskussionen um Kompetenzen und Arbeiten zum Professionswissen von Lehrerpersonen, in denen Spannungen als Belastungen für Lehrpersonen beschrieben werden. So benennt Helsper (1996, S. 530 f., 2004) „konstitutive professionelle Antinomien des Lehrerhandelns", die sich in der Schwierigkeit ausdrücken, sich in der Rolle als Lehrperson in Bezug auf Fragen nach Distanz und Nähe zurechtfinden zu müssen. In Baumert und Kunter (2006) wird dieser Ansatz von Helsper wie folgt erläutert:

> Nimmt man die Rede von der antinomischen Struktur des Lehrerhandelns ernst, bedeutet dies, dass Lehrkräfte im Handlungsvollzug notwendigerweise Entscheidungen zu treffen haben, die den widerstreitenden Geltungsansprüchen nicht gleichzeitig entsprechen können. Erträglich und produktiv zu wenden ist diese Situation nur, wenn in einem freiwilligen Arbeitsbündnis die Ansprüche der Sache und der Person wechselseitig in der Hoffnung auf Lernen und Entwicklung „lebenspraktischer Autonomie" anerkannt werden (Baumert und Kunter 2006, S. 471).

Ausgehend von diesen Befunden wurde in der Arbeitsgruppe für Didaktik der Mathematik der Universität Siegen ein Bildungskonzept entwickelt, das solche Spannungen nicht als Konflikte ausweist, sondern als Pole eines Handlungsstrangs, die in der aktiven Auseinandersetzung mit den Spannungen die Lehr-Lern-Prozesse bereichern. Als Leitidee für die Bildung im Lehramtsstudium etablierte sich das Ziel, Lehrpersonen zu einer reflektierten Handlungsfähigkeit innerhalb der Spannungsfelder des Lehrens und Lernens von

Mathematik zu befähigen. Diese Handlungsfähigkeit zeichnet sich durch ein umfassendes mathematisches Repertoire und der bewussten Haltung gegenüber diesem Wissen und Können aus. Sie muss sich sowohl in der Fachmathematik und der Mathematikdidaktik als auch im praktischen Handeln im Mathematikunterricht bewähren, wie es die Leitidee der Siegener Lehrerbildung zusammenfasst (vgl. Helmerich 2011).

Eine Umsetzung dieser Bildungsleitidee findet über aktivierende Elemente in den Lehrveranstaltungen und in Praxisprojekten an der Universität Siegen statt. Die Studierenden sind herausgefordert, sich den Spannungsfeldern in Reflexion anregenden Aufgaben und kleinen Praxiselementen zu stellen, sich ihren eigenen Haltungen bewusst zu werden oder über andere Positionen nachzudenken, um so die eigene Sichtweise zu verändern.

9.2   Aktivierende Elemente zum Reflektieren in der Lehrerbildung

In der Lehrerbildung an der Universität Siegen werden verschiedene aktivierende Elemente eingesetzt. Aus der Evaluation der Lehrveranstaltungen geht hervor, dass sie alle zu einer Auseinandersetzung mit den Inhalten der Lehrveranstaltungen, der Bedeutung für schulische Lehr-Lern-Prozesse und unterrichtliches Handeln anregen. Weiter zeigen die Rückmeldungen aus den Evaluationen, dass sie zudem den Aufbau eigener Positionen gegenüber Konzepten und Situationen und so die Reflexionsprozesse zum Aufbau von Haltungen fördern.

In einem Projektseminar, das in den nachfolgenden Abschnitten noch eingehender beschrieben wird, erfolgt Aktivierung durch die Vorbereitung handlungsorientierter Projekte und das selbstständige, aktive Handeln in der Begleitung der Projektarbeit. Dabei werden die Studierenden angeregt, zuvor erworbenes Wissen über didaktische Konzepte und Maßnahmen, zu mathematischen Zusammenhängen und ihre bisherigen Einstellungen zu mathematischen Projekten anzuwenden. Das konzipierte Projekt wird mit Schülerinnen und Schülern umgesetzt, um in den anschließenden Reflexionen über den Arbeitsprozess und das eigene Handeln sich seiner Haltungen bewusst zu werden und ggf. Anpassungen vorzunehmen. So erfolgt durch die Aktivierung in der Lehrerbildung nicht nur eine „Erziehung zum Tätigsein, sondern eine Erziehung durch Tätigsein" (vgl. Schröder 2002, S. 178).

Die Aktivierung verfolgt auch das Ziel, die Studierenden den zu Beginn des Artikels beschriebenen Spannungsfeldern auszusetzen. So werden Situationen geschaffen, in denen Entscheidungen getroffen werden sowie reflektierte Handlungen und Aktionen erforderlich sind. Erst in diesen Entscheidungen „unter Druck" werden tiefergehende Haltungen offenbar, die anderweitig durch antrainierte Verhaltensweisen überdeckt werden (vgl. Wahl 1991, S. 56). In der Reflexion des unterrichtlichen, aktiven Handelns in Spannungsfeldern können handlungsbeeinflussende Haltungen und Überzeugungen aufgedeckt und in ihrer Bedeutung und Tragweite bewusstgemacht werden. Anschließend kann dann in den gemeinsamen Reflexionsprozessen mit den Studierenden an der behutsamen Weiterentwicklung und Anpassung an eine ausbalancierte Haltung hingearbeitet werden. Die

Aktivierung zielt also auf das vertiefte Lernen und Verstehen von mathematischem und mathematikdidaktischem Wissen (Ebene des Repertoires), das Nachdenken und Reflektieren auf der Haltungsebene und den Aufbau von flexiblen Handlungsmustern für das Agieren in Lehr-Lern-Situationen der Schulpraxis (Performanzebene).

Aktivierungen erfolgen seit langer Zeit auch in den Vorlesungen, zum Beispiel in Form von „Murmelphasen", in denen sich die Studierenden über ihre Ansichten zum präsentierten Inhalt mit ihrer Nachbarin, ihrem Nachbarn austauschen dürfen, um Fragen zu klären und Emotionen zu kanalisieren. In den Präsenzphasen der Übungsgruppen zu unseren Lehrveranstaltungen werden Studierende beispielsweise durch Rollenspiele (zu Interaktionen im Lehrenden-Lernenden-Verhältnis), Provokationen (durch Situationen, die zum Widerspruch und zur Diskussion herausfordern), Simulationen (von Elterngesprächen, Briefwechseln mit Bildungsinstitutionen, Verwaltungen und Lernpartnerinnen und Lernpartnern etc.), und auch den bewährten Austausch über Lösungswege und Ergebnisse (mit Vergleichen der Lösungswege und Diskussion der präsentierten Standpunkte) angeregt. Diese Aktivierungen dienen immer auch dazu, die Kommunikation über die eigenen Standpunkte und so die Auseinandersetzung mit den Haltungen anzustoßen und reflektierend zu verändern. Ganz gezielt zur Reflexion und Darlegung ihrer Positionen werden Studierende aufgefordert in Aufgaben, in denen über Sinn und Bedeutung von Inhalten und didaktischen Konzepten geschrieben werden soll, oder in denen zu Aussagen von Schülerinnen und Schülern und didaktischen Theorien Stellung bezogen werden soll. Auch der Austausch in „Blended Learning"-Arrangements über die eigene Haltung und der Haltung anderer in Foren sowie Schreibaufträgen dienen ebenfalls diesem Ziel.

9.3   Orientierungsrahmen für das Reflektieren in der Lehrerbildung

Die Bedeutung der Reflexion in der Lehrerbildung ist in der Fachliteratur der verschiedenen Wissenschaftsdomänen unumstritten. So beschreibt Müller (2011, S. 8) das Reflektieren als basale Dimension des Lehramtsstudiums, um dem notwendigen Theorie-Praxis-Transfer im Ansatz gerecht werden zu können. Trotz des Konsenses über diese Anforderung zeigt sich in der Literatur wie auch an den Universitäten ein breites Spektrum des Verständnisses von Reflexion und damit auch der Umsetzung des Reflektierens in der Praxis des Lehramtsstudiums.

Auf Grundlage der Leitidee der Siegener Lehrerbildung und den zuvor aufgezeigten Spannungsfeldern wird das Reflektieren als ein „(Zurück)blicken auf", „in Beziehung setzen zu" und „Nachdenken über" einen Gegenstand oder eine Handlung aufgefasst (vgl. Helmerich und Hoffart 2014). Damit knüpfen wir an Herzig et al. (2005) an, die Reflexionsleistungen von Lehramtsstudierenden als Möglichkeit nutzen, Theorie und Praxis in der ersten Phase der Lehrerbildung zu verbinden. Weyland und Wittmann (2010) differenziert die hierbei relevanten Wissenskategorien aus, in dem sie folgende drei Bezugssysteme definieren: Die Wissenschaft als Fachwissenschaft und Fachdidaktik mit ihrer zugehörigen Wissensform der Erkenntnis, die Praxis mit der Wissensform der Erfah-

Abb. 9.1 Orientierungsrahmen zum Reflektieren in der Lehrer(innen)bildung

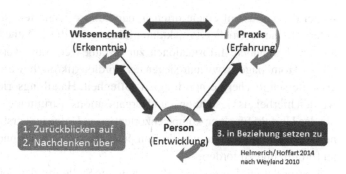

Helmerich/ Hoffart 2014
nach Weyland 2010

rung und die individuelle Person mit der Wissensform der Entwicklung. Anhand der Modifikation dieses Beziehungsmodells durch die Benennung der oben genannten Reflexionstätigkeiten „(Zurück)blicken auf", „in Beziehung setzen zu" und „Nachdenken über" lassen sich nun verschiedene Bezugssysteme und Wissensformen aufzeigen: Die Studierenden können über die Mathematik selbst, den Umgang mit Mathematik durch die Schülerinnen und Schüler oder sich daraus ergebende Konsequenzen für mathematische Lernprozesse reflektieren. Ebenso reflektieren die Lehramtsstudierenden ihr eigenes Handeln in mathematikunterrichtlichen Situationen (vgl. Helmerich und Hoffart 2014). Im Vordergrund steht hierbei, dass angehende Lehrpersonen erklären können sollten, warum und wieso sie auf eine bestimmte Art und Weise unterrichtlich handeln (vgl. Rottländer und Roters 2008). Ergänzend dazu sollte das Reflektieren sowohl von den Lehrenden als auch von den Lehramtsstudierenden als eine förderliche Haltung angesehen werden.

Das in Abb. 9.1 dargestellte Modell zum Reflektieren bietet eine gute Orientierung, um die Leitidee der Siegener Lehrerbildung, die Studierenden als zukünftige Lehrpersonen zu einer reflektierten Handlungsfähigkeit innerhalb der Spannungsfelder des Lehrens und Lernens zu befähigen, in den Lehrveranstaltungen umzusetzen.

9.4 Aktivierung zum Reflektieren von Studierenden am Beispiel des Seminars „Schüler(innen) handeln, forschen und entdecken"

Das in der Regel über 15 Wochen laufende Seminar „Schüler(innen) handeln, forschen und entdecken" (MatheWerkstatt) richtet sich an Studierende des Grund-, Haupt- und Realschullehramtes mit dem Unterrichtsfach Mathematik. Grundsätzlich gliedert sich die zweistündige Veranstaltung in drei Strukturelemente: Eine mehrwöchige Einführung mit der gesamten Seminargruppe, eine individuelle Konzeptions- und Praxisphase der einzelnen Kleingruppen sowie eine erneut gemeinsam stattfindende Abschlussphase in den letzten Semesterwochen. Die grundlegende Intention der Veranstaltung ist eine Einführung in und Sensibilisierung für die Idee des kompetenzorientierten Mathematikunterrichts. Die Umsetzung dieser Idee erfolgt durch die Konzeption, Erprobung und Analyse eines ausgewählten Projektthemas mit Schülerinnen und Schülern aus Siegener Schulen,

wobei der Fokus auf einem offenen, handlungsorientierten, sinnstiftenden Mathematikunterricht liegt. Ort der Projektdurchführung ist die „MatheWerkstatt" der Universität
Siegen. Für nähere Informationen zur „MatheWerkstatt" verweisen wir auf die zugehörige Homepage (www.uni-siegen.de/fb6/didaktik/mathewerkstatt/?lang=de), die somit
als außerschulischer Lernort fungiert. Offenheit, Handlungsorientierung und Sinnstiftung
werden hierbei als Gestaltungs- und Organisationsinstrumente der Lehrperson verstanden,
die das Umfeld für einen kompetenzorientierten Unterricht erst ermöglichen und somit eine Grundlage darstellen, um die Kompetenzen der Schülerinnen und Schüler umfassend
zu fördern und zu fordern.

Begründet wird dieses Vorgehen an dieser Stelle mit der Forderung von Abels (2011),
dass die Studierenden selbst Teil einer Praxis sein müssen, die sie unmittelbar erfahren
und sich selbst erschließen können, um über Lehren und Lernen im Mathematikunterricht
reflektieren zu können. Dass die im Seminar eingebundene Art von Praxis durchaus eine
andere ist als das spätere alltägliche Unterrichten, ist uns als Lehrende und Seminarleitung
sehr wohl bewusst (vgl. Liebsch 2010, S. 15). Doch die Möglichkeit, auf Grundlage des
vorgestellten Orientierungsrahmens (siehe Abb. 9.1) zu unterschiedlichen Schwerpunkten hinsichtlich der drei Bezugssysteme zu reflektieren, kann die Studierenden auf ihrem
Weg zu einer professionellen Kompetenzentwicklung unterstützen. Eine Möglichkeit, wie
die später im Beruf ausgeführten Routinen als automatisierte Handlungen entstehen können, sind unbewusste Anpassungs- oder Nachahmungsmuster. So sollten Lehrerinnen und
Lehrer sowohl die Fähigkeit als auch die Bereitschaft zur Selbstreflexion und Selbstver-
besserung zeigen, das heißt, den eigenen Unterricht in seiner Gesamtheit in den Blick zu
nehmen und selbstkritisch zu hinterfragen (vgl. Helmke 2003, S. 53). In der Veranstaltung sensibilisieren wir die Studierenden dafür, ihrem Wissen, ihrem Denken und ihrem
Handeln bewusst Aufmerksamkeit zu widmen. Diese Impulse werden dann zusätzlich
mündlich oder schriftlich kommuniziert.

Im weiteren Verlauf werden die verschiedenen Seminarphasen und darin angeregte Reflexionen dargestellt.

Phase 1: Einstieg in den Themenkomplex
In einer ersten Sequenz des Seminars geht es um die Beschäftigung mit der Frage, wie
ein „guter Mathematikunterricht" im Sinne eines kompetenzorientierten Mathematikunterrichts beschrieben werden kann und was diesen charakterisiert. Jeder redet von gutem
Unterricht, aber was heißt das eigentlich? Immer wieder zeigt sich, dass die Lehramtsstudierenden eine eher diffuse Idee von der Güte des Mathematikunterrichts besitzen, und
gleichzeitig Schwierigkeiten haben, die passenden Worte für angemessene Beschreibungen desselben zu finden. Um dieser spürbaren Ratlosigkeit entgegenzuwirken, nähern wir
uns dieser Frage in einem Einstieg mittels der sogenannten Kopfstandmethode an. Hierbei setzen sich die Seminarteilnehmerinnen und -teilnehmer zunächst in Einzelarbeit mit
der konträren Frage nach den Merkmalen eines schlechten Mathematikunterrichts auseinander. Hierzu notiert jeder Studierende drei Aspekte, die sodann in einer folgenden
Gruppenarbeitsphase kommuniziert und ggf. zusammengefasst werden. Anhand dieser

Zwischenergebnisse erfolgt eine Umkehrung der Merkmale ins Positive, die dann wiederum die Charakterisierung eines guten Mathematikunterrichts ermöglicht. In der sich anschließenden Plenumsphase stellen die einzelnen Gruppen ihre Merkmale vor und halten sie in einem Schaubild an der Tafel fest. Das gemeinsame Arbeitsprodukt wird als Fotoprotokoll allen Seminarteilnehmenden zur Verfügung gestellt. Mit Fokus auf die stattfindende Reflexion in dieser Seminarphase sind zwei Aspekte zu betonen: Einerseits wird in den Diskussionen und Begründungen der abschließenden Sammlungsphase deutlich, dass die notierten Merkmale meist aus den Erfahrungen als Schülerinnen und Schüler des eigenen erlebten Mathematikunterrichts herrühren, womit wir uns mit der Sprache des Orientierungsrahmens zum Reflektieren innerhalb des Bezugssystems Person bewegen. Ebenso zeigen sich „Blitzlichter" des bis dato erworbenen theoretischen Wissens aus dem Lehramtsstudium, dem es jedoch häufig noch an Bedeutung fehlt, sodass es lediglich bei einer Benennung von didaktischen Schlagworten bleibt. Demnach tangiert dieser Arbeitsimpuls auch das Bezugssystem der Wissenschaft, das mit Blick auf das eigene Wissen gut mit der eigenen Person in Beziehung gesetzt werden kann.

Im Anschluss folgt eine Erinnerung an die in den Bildungsstandards und Kernlehrplänen verankerte Kompetenzorientierung. Anhand eines Aufgabenbeispiels aus dem Mathematikunterricht wird erarbeitet, wie sich der – den Lehramtsstudierenden nicht unbekannte – Paradigmenwechsel von der Input- zur Output-Orientierung im Detail niederschlägt. Im Fokus steht auch hier wieder das Bezugssystem der Wissenschaft, wenn anhand ausgewählter Texte der (fach-)didaktischen Literatur, Merkmale eines kompetenzorientierten Unterrichts vorgestellt und gemeinsam erarbeitet werden. Auch in dieser Sequenz berichten die Studierenden häufig von ihren Erfahrungen und Erlebnissen im eigenen Mathematikunterricht. Nicht selten scheitert es hier an der Passung von Erlebten, Gehörtem und Gelerntem, sodass die Denk- und Entwicklungsprozesse im Sinne des In-Beziehung-Setzens auch hier wieder angestoßen werden.

Weiterführend angeregt werden diese Reflexionstätigkeiten durch die Präsentation zweier Videos aus dem Projekt KIRA (Kinder rechnen anders) an der Universität Dortmund (http://kira.dzlm.de/unterricht-offen-und-zielorientiert/entdeckendes-lernen-im-mathematikunterricht). In beiden Videos wird eine Aufgabe von Viertklässlern in Gruppenarbeit gelöst. Einmal nimmt die Lehrperson eine passivistische Grundposition des Lernens ein, was sich in der Bearbeitung der Aufgabe anhand eines fragend-entwickelnden Unterrichtsgesprächs mit Dominanz der Lehrperson zeigt. Im zweiten Video hingegen wird mit der eigenverantwortlichen Bearbeitung der Aufgabe durch die Viertklässler ohne Anwesenheit der Lehrperson eine aktivistische Grundposition des Lernens eingenommen. Anhand dieser Videos erhalten die Studierenden einen Eindruck, wie bedeutsam die Lehrerrolle, damit verbunden das Lehrerhandeln, in einer Lernsituation sein kann und sie sehen, wie es sich auf die Lernprozesse der Schülerinnen und Schüler auswirken kann. Die offene Diskussion der Studierenden im Anschluss an dieses Beispiel aus dem Bezugssystem Praxis ist stets sehr rege und muss durch die Seminarleitung nur durch wenige Impulse angeregt werden. Auch an dieser Stelle ist deutlich spürbar, wie bisherige Routinen und Denkweisen der Lehramtsstudierenden angesprochen und auch aufgebrochen werden. Dokumentiert ist dies in zahlreichen Verschriftlichungen der Reflexionsanlässe, aus denen an dieser Stelle ein Kommentar exemplarisch angeführt wird:

> Das zweite Video zeigt mir, dass man als Lehrperson durchaus den Mut haben sollte, die Schüler einfach Mal selbst arbeiten zu lassen, was oft schwer fällt, da man immer das Bedürfnis hat, zu helfen und für die Schüler da zu sein.

Phase 2: Vorbereitungen und Planungen der mathematischen Projekte
Aufgabe der Studierenden ist die Konzeption von Lernarrangements die zu den mathematischen Gegenständen des gewählten Themas verschiedene handlungsorientierte Zugänge ermöglichen und leistungsdifferenzierende Lernangebote machen. Es sollen unterrichtliche Situationen geschaffen werden, die in der Begleitung des Arbeits- und Lernprozesses durch die Lehramtsstudierenden sehr herausfordernd sind, und gleichzeitig spannende Projektverläufe und Produkte der Schülerinnen und Schüler hervorbringen, die für anschließende Analysen und Reflexionen genutzt werden können. Im Seminar werden zentrale didaktische Leitideen in der Gestaltung von Lehrmaterialien und Aufgabenimpulsen vorgestellt, wie sie beispielsweise in der Mathekartei aus dem Lehrwerk „Spürnasen Mathematik" verwirklicht sind (Lengnink 2012; Helmerich und Lengnink 2013). Zu diesen Leitideen gehört die Sinnstiftung durch das Angebot lebensweltlich fundierter Kontexte der Projekte, Handlungsorientierung als Einstieg in die Arbeit durch Anregungen zum Ausprobieren, Experimentieren und enaktives Arbeiten, Erleben von Mathematik durch die aktive Auseinandersetzung sowie Erkundungs- und Entdeckungsmöglichkeiten für alle auf verschiedenen Niveaus, und das Reflektieren von Sinn und Bedeutung gemeinsam mit den Schülerinnen und Schülern.

Zusätzlich soll ein offener Arbeitsprozess gefördert werden, der sich vor allem auch in einer inhaltlichen Öffnung zeigt und zu Erfahrungen speziell mit den Spannungsfeldern Offenheit und Geschlossenheit sowie Produkt und Prozess führt: Divergente Lösungswege, verschiedene Lösungen und Ergebnisse in unterrichtlichen Situationen zu zulassen und individuelle Interpretationen der Bedeutungen für die Lebenswelt aufzunehmen, ist selbst für erfahrene Lehrpersonen nicht immer einfach und gibt zahlreiche Anlässe für Analysen und Reflexionen des unterrichtlichen Handelns in den Projekt- und Seminarphasen durch die Lehramtsstudierenden. Die Reflexionsprozesse stärken hier die Sicht der Studierenden auf das Bezugssystem Wissenschaft mit der Mathematik und ihrer Didaktik durch ein tiefgehendes Nachdenken über bedeutsame mathematische Inhalte und ihrer angemessenen Vermittlung.

Phase 3: Konzeption der Projektvormittage
Die Konzeption der geplanten Projektvormittage erfolgt nicht mit der gesamten Seminargruppe, sondern in selbstgewählten Teilgruppen, die sich in den ersten Wochen der gemeinsamen Einführungen finden. Da sich die Veranstaltung, wie zuvor beschrieben, an Studierende des Grund-, Haupt- und Realschullehramtes richtet, finden sich häufig auch

schulstufengemischte Gruppen zusammen, womit der so genannte „Blick über den Tellerrand" möglich wird. Sowohl für die spätere gruppeninterne Videoreflexion als auch für den gemeinsamen Rückblick am Ende des Semesters sind diese Zusammensetzungen als extrem produktiv hervorzuheben, weil sie das Bezugssystem Person bereichern.

In den folgenden Seminarwochen sind die Gruppen von Studierenden organisatorisch relativ eigenständig. Alle Gruppen stehen in dieser Zeit in reger Kommunikation mit der Seminarleitung, deren Aufgabe es ist, Lerngruppen, Termine und Themenwünsche zu sammeln, um dann die Organisation der Projektvormittage mit den Studierendengruppen in Gang zu bringen. Inhaltlich arbeiten die Lehrenden in diesen Wochen individuell mit den einzelnen Gruppen zusammen, beraten sie in der Vorbereitung, geben Rückmeldung und weiterführende Arbeitsimpulse. So steht den Studierenden zur Analyse des Projektthemas und des in der Kartei zur Verfügung stehenden Materials ein detaillierter Analysebogen zur Verfügung. Neben der grundsätzlichen thematischen Einordung (beispielsweise. „Worum geht es?" oder „Wie verhält es sich mit dem Lehrplanbezug?") werden die Studierenden auch zu Fragen einer möglichen Umsetzung hingeführt (beispielsweise „Welche Differenzierungsmöglichkeiten gibt es? Welche Optionen für Einstiege in das Thema und in den Projektvormittag?"). Anhand dieser Analyse konzipieren die einzelnen Gruppen unter Berücksichtigung aller verabredeten Bedingungen ihre Projektvormittage. Im Überblick wird die Konzeption zu Ablauf, Inhalt und Methode der Seminarleitung in knapper schriftlicher Form vorgelegt, sodass hier ggf. nochmals intensiv Rücksprache gehalten werden kann und die Planung für die spätere Rückschau verfügbar wird. In dieser Phase wird vor allem im Bezugssystem Praxis reflektiert.

Phase 4: Der Projektvormittag
Nach der intensiven Vorbereitungs- und Planungsphase finden ab der Mitte des Semesters die Matheprojektvormittage der einzelnen Seminargruppen statt. Bisher wurden hier mit Kindergartengruppen, Grundschulklassen sowie Gesamtschulklassen aus Siegen und der Umgebung unterschiedliche Lernarrangements aus allen mathematischen Inhaltsbereichen umgesetzt. Die Studierenden werden an diesem Vormittag auf vielen Ebenen gefordert: Neben dem Bemühen, die Konzeption nun in der Realität umzusetzen, kommt es innerhalb der Gruppe stets zur Konfrontation mit nicht bedachten organisatorischen oder inhaltlichen Fragen oder auch zu spannenden Momenten in den Direktbegegnungen mit den Schülerinnen und Schülern. Die Studierenden melden prinzipiell zurück, dass der Projektvormittag in ihrem subjektiven Zeitempfinden mehr als schnell vorüberzieht, sie die zahlreichen Reize kaum vollständig aufnehmen, geschweige denn verarbeiten können. Um die Projekte als wertvolle Momente des Bezugssystems Praxis nutzen zu können, wird besonderen Wert auf eine ausführliche und vielfältige Dokumentation des Projektvormittags gelegt. Neben diversen Videoaufnahmen werden Fotos als zusätzliche Momentaufnahmen gemacht. Ebenso werden Dokumente der Schülerinnen und Schüler fotografiert, sofern sie für eine anschließende Sammlung und Auswertung nicht im Original vorliegen können. Zusätzlich verfassen die Lehramtsstudierenden am Semesterende Projektberichte, die ausführliche Reflexionsanteile enthalten.

Phase 5: Gruppeninterne Videoreflexion

Aufgrund der kompakten Situation an den Projektvormittagen hat sich gezeigt, dass eine ausführliche Besprechung im direkten Anschluss wenig ergiebig ist. So findet nach den Stunden der gemeinsamen Arbeit in der „MatheWerkstatt" lediglich eine kurze Blitzlichtrunde statt, aus der die Lehramtsstudierenden mit ihren kommunizierten Eindrücken, gemeinsamen Notizen und Denkimpulsen nach Hause gehen.

Jede Gruppe erscheint eine Woche nach der Projektumsetzung, um zunächst eine gruppeninterne Videoreflexion durchzuführen. Diese Konfrontation mit den Aufnahmen ist meist eine neue Erfahrung für die Studierenden. Anhand der Videos ermöglichen wir eine Auseinandersetzung mit den eigenen gemachten Erfahrungen und Handlungen in Zusammenhang mit dem Projektvormittag. Aus dieser kritischen Distanz und mit Fokus auf die eigene Person werden die Studierenden aufgefordert, eine Selbstbeobachtung durchzuführen, die Wahrnehmung und Beschreibung des eigenen Unterrichts steht hier im Vordergrund. Ebenso bietet sich die Möglichkeit, einen gemeinsamen Blick auf die Videoaufnahmen mit gemeinsamen Fragestellungen zu werfen, eine sogenannte Teambeobachtung wird durchgeführt. Um eine gemeinsame Rahmung für die Gruppenreflexion als auch die abschließende Seminarphase zu schaffen, wird sich bislang noch weitestgehend auf die Einstiegs- und Abschlusssequenzen der Projektvormittage beschränkt. Die gruppeninterne Videoreflexion wird mithilfe eines Impulsbogens angeleitet (siehe Abb. 9.2)

I. Finden Sie sich in Ihrer Projektgruppe zusammen.
Formulieren Sie vor Ansicht der Videosequenz die Intention Ihrer Abschlussphase!n Sie sich zunächst auf folgende Fragen:

- Gibt es eine Ergebnissicherung? Welcher Art? Können die Schüler Ergebnisse präsentieren?
- Haben die Schüler Gelegenheit Ihren Lernzuwachs zu zeigen? Wie?
- Gibt es einen Transfer des Erlernten? Einen Rückblick?

II. Verteilen Sie die folgenden Kommentaraufträge in Ihrer Projektgruppe

- Kommentare zum Lehrerverhalten
- Kommentare zum Schülerverhalten
- Kommentare zum fachlichen Gehalt

III. Notieren Sie bitte:

- Das erstaunt mich am meisten
- Das finde ich gut
- Das würde ich beim nächsten Mal anders machen

Abb. 9.2 Impulsbogen für die gruppeninterne Videoreflexion

Nach einer Erläuterung der darauf enthaltenen Fragen zieht sich die Seminarleitung zunächst zurück, um den Studierenden eine möglichst freie Atmosphäre für die Betrachtung und Diskussion der Videoaufnahmen zu bieten.

Zu Beginn der gruppeninternen Reflexion halten die Studierenden anhand des ersten Impulses zunächst noch einmal die Intentionen der geplanten und durchgeführten Einstiegs- bzw. Abschlussphasen stichwortartig fest. Erst nach diesem erneuten Bewusstwerden der geplanten Ziele sehen sich die Gruppen ihr Video ein erstes Mal an. Während eines zweiten Durchgangs werden die Fragen zu Unterrichtsentwürfen und den damit verbundenen Intentionen beantwortet und anhand des Videomaterials diskutiert (siehe Impuls II, Abb. 9.2). Der dritte Impuls lenkt die Konzentration der Seminarteilnehmenden entweder auf das Verhalten der Lehrperson, das Verhalten der Schülerinnen und Schüler oder den fachlichen Gehalt der betrachteten Sequenz. Es zeigt sich, dass die bewusste Fokussierung auf diesen drei Ebenen hilft, strukturierte Kommentare zu notieren, über die in der Gruppe anschließend produktiv diskutiert werden kann.

Ein vierter Reflexionsschritt erlaubt das erneute Anschauen der Videosequenz und fordert anhand der vorgegebenen Impulse „Das erstaunt mich am meisten", „Das finde ich gut" und „Das würde ich beim nächsten Mal anders machen" zu völlig offenen Bemerkungen auf (siehe Impuls IV, Abb. 9.2). Diese Möglichkeiten werden von den Studierenden entsprechend vielfältig genutzt und verdeutlichen dadurch den aktuellen Fokus der Studierenden auf ihr Handeln. Spannend ist es, dass vor allem bei der letzten Frage häufig substantielle, die Mathematik betreffende Aspekte, angeführt werden. So liest man beispielsweise zu einem Projekt zu geometrischen Grundfiguren mit Vorschulkindern folgende Bemerkung:

> Beim Einstieg hat meiner Meinung nach gefehlt, dass wir die Eigenschaften jeder geometrischen Form nochmal konkret aufgezählt haben, sodass es nochmal hervorgehoben wird als zentrale Information, die die Kinder abspeichern müssen.

Ist der Impulsbogen bearbeitet, kommt die Seminarleitung wieder zu der Projektgruppe dazu, um ein rückblickendes Gespräch über die Ergebnisse und Erfahrungen der Gruppenreflexion zu führen.

Der Mehrwert derartiger Videoanalysen ist bereits in diesem ersten Gespräch fassbar: Die Studierenden nehmen aus der Distanz Dinge wahr, die sie als Beteiligte in der Lernsituation nicht bemerkt haben, teils auch sicher nicht bemerken konnten. Die Aufmerksamkeit lag während der Projektumsetzung auf anderen Aspekten. Sagen wir es hier abschließend mit den Worten eines Studierenden:

> Ein weiterer positiver Aspekt war die Reflexion mittels Videoaufnahmen. Man hatte dadurch die Möglichkeit sich selbst zu beobachten und einen anderen Blickwinkel auf das eigene Verhalten während einer Unterrichtssituation einzunehmen. Dieser Effekt wurde durch den zeitlichen Abstand zwischen Unterrichtsstunde und vorführen der Videoaufnahmen noch verstärkt.

Das Potential der Videoaufnahmen wird dadurch deutlich, dass Reflexionen in Anlehnung an Schön (1983) im Rahmen der universitären Lehrerbildung häufig nur eine
„reflection on action" sein können, oder eigentlich noch weniger, eine „reflection on
possible actions". Durch die Einbeziehung der Videos als Fallbeispiele können die Reflexionsprozesse die Lehramtsstudierenden während des Studiums darin fördern, sich ihrer
Haltung in Bezug auf Lehre, Lernen und Lernumgebungen bewusst zu werden und zu
erleben, wie sich dies auf ihre Leistung im Klassenzimmer auswirkt. Das reflektierte
Wissen über die Überzeugungen und Einstellungen, über Potenziale und Bedrohungen
in den Spannungsfeldern führen zu einer Stärkung der Lehrerpersonen in ihren späteren
Reflexionsprozessen „in action" (vgl. Schön 1983). Es zeigt sich immer wieder, dass die
Projektvormittage zahlreiche Optionen für eine Reflexion in und zwischen allen drei Be-
zugsebenen – Wissenschaft, Praxis und Person – bieten.

Phase 6: Austausch und Zusammenführung
Während der Phase der Projektkonzeption und -durchführung arbeiten die Studierenden
bis auf eher zufällige Begegnungen in den offenen Seminarsitzungen ausschließlich in ihren Projektgruppen. Von den Planungen, Schwierigkeiten im Arbeitsprozess und Erfahrungen der anderen Arbeitsgruppen bekommen die Kleingruppen demnach wenig mit. Umso
bedeutsamer ist der initiierte Austausch in der letzten Seminarphase. Die Projektgruppen
erhalten den vorbereitenden Arbeitsauftrag die inhaltliche und organisatorische Rahmung
des Projekts und einen skizzenhaften Überblick des Projektvormittags vorzubereiten. Zusätzlich werden sie angehalten, einen Videoausschnitt ihrer Wahl vorzustellen, um mit der
Seminargruppe anhand einer Frage oder eines Impulses zu arbeiten. Anhand dieser Auftr-
äge sind die Studierenden per se aufgefordert, den bisherigen Prozess in seiner Gänze Revue
passieren zu lassen, zu strukturieren und letztlich eine in der Gruppe begründete Auswahl
zu treffen. Die geforderten Kurzpräsentationen von nicht länger als 30 min erfordern demnach weitaus mehr als eine Zusammenfassung der Projekte, sondern auch hier werden erneut unterschiedliche Reflexionstätigkeiten mit unterschiedlichen Bezügen gefordert.

Phase 7: Gemeinsame Abschlussreflexion und Projektberichte
Nach den Kurzpräsentationen der Projektvormittage geht die Arbeit im Seminar über
in eine gemeinsame Analyse und sich anschließender Abschlussreflexion. Bereits die
Präsentation der von einzelnen Projektgruppen identifizierten Schwierigkeiten ist lernförderlich. Diese werden jetzt noch einmal in der Gesamtgruppe auf den Punkt gebracht
und zum Thema gemeinsamer Reflexion gemacht. Die Studierenden begrüßen den gemeinsamen Rückblick zum Semesterende, da er ihnen einen guten Einblick in die Arbeit
der anderen Gruppen ermöglicht. Über den Blick in die Projekte selbst können unterschiedliche Herangehens- und Umgangsweisen beobachtet oder diskutiert werden. Gerade
hinsichtlich der Abläufe und der Aspekte, die anders gelaufen sind als geplant oder erwartet, erweitern die Studierenden ihr Repertoire auf dem Weg zu einer professionellen
Selbstentwicklung. Diese Form des Austausches erachten die Studierenden als relevant
und hilfreich für die gesamte Seminargruppe.

In den bereits erwähnten Projektberichten werden die Reflexionen weiterführend konkretisiert und vertieft. Die aus dem Impulsbogen bereits bekannten Ebenen Lehrperson und Schülerin und Schüler werden beibehalten und erweisen sich als sinnvolle Orientierung für die Lehramtsstudierenden. Auf den beiden Ebenen werden dann die verschiedenen Wissensformen Erkenntnis, Erfahrung und Entwicklung (siehe Abb. 9.1) in unterschiedlicher Tiefe und unterschiedlicher Intensität von den Studierenden angesprochen. Diese Heterogenität ist aufgrund der individuellen Erfahrungen und Lernprozesse der Studierenden als völlig natürlich anzusehen. Auch hier zitieren wir aus einem Projektbericht, womit die Bedeutung der Reflexionsanlässe und -gelegenheiten nochmals von einem Studierenden selbst hervorgehoben wird:

> Dabei haben wir unsere Planung, Vorbereitung und Erwartung mit dem tatsächlichen Ablauf verglichen. Wir haben analysiert, was uns gelungen ist, reflektiert, warum etwas nicht funktionierte und überlegt, was man in bestimmten Situationen hätte anders machen können. Des Weiteren reflektierten wir den Lernprozess der Schüler, indem wir ihre Arbeitsprozesse und Ergebnisse analysierten. Auch auf dieser Ebene haben wir unsere Erwartungen im Vorfeld mit der eigentlichen Zielerreichung verglichen.

9.5 Zusammenschau und Ausblick

Mit dem Ziel der professionellen Selbstentwicklung ist es uns im Lehramtsstudium wichtig, die Studierenden auf ihrem Weg hin zu Lehrpersonen mit einer reflektierten Handlungsfähigkeit innerhalb der Spannungsfelder des Lehrens und Lernens von Mathematik zu begleiten und zu unterstützen. Wir machen es uns zur Aufgabe, das Reflektieren in seiner Unterschiedlichkeit anzustoßen und zu fordern. Im Rahmen des in diesem Artikel skizzierten Projektseminars bieten sich zahlreiche Anlässe zum Reflektieren: Reflektieren im Sinne des Nachdenkens über Lehr- und Lernprozesse während der Mathematikprojekte und über Dokumente, Ergebnisse und Äußerungen von Schülerinnen und Schülern, Reflektieren als zurückschauen auf das eigene Handeln in den Projekten oder das Reflektieren über den Zusammenhang von eigenen Vorerfahrungen und eigene Einstellungen auf das Handeln in unterrichtlichen Situationen. Besonders das Herausarbeiten und Dokumentieren der subjektiven Theorien als verborgenes Wissen gelingt an vielen Stellen. Dieses Wissen wird nun greifbar und kann mit neuem theoretischen Wissen und den aktuellen Handlungserfahrungen erweitert werden (vgl. Herzig et al. 2005, S. 49). So beschreiben die Studierenden in ihrem persönlichen Fazit des Abschlussberichts den Projekttag und das Seminar „[als] eine sehr gute Möglichkeit sich im Umfeld Schule zu erproben und Erfahrungen zu sammeln". Weiterhin wird betont, dass „interessante theoretische und praktische Feinheiten gelernt werden ...". Die konsequente Aufforderung zum Reflektieren als ein Zurückblicken auf, in Beziehung setzen zu und Nachdenken über die eigene Haltung, die Handlungen in den mathematischen Lehr-Lern-Situationen oder den mathematischen Gehalt der Projekte wird von den Studierenden weitestgehend als positiv für den eigenen Lern- und Entwicklungsprozess gewertet:

Das Seminar zielt auf ständige Reflexion in verschiedenen Bezugssystemen ab. Im Referendariat wird Reflexion als selbstverständlich vorausgesetzt und hier bekommt man die Möglichkeit mit Unterstützung (durch Dozentin oder Material) das Reflektieren frühzeitig zu üben. Man kann hier für sich persönlich Schwachstellen feststellen und hat noch genug Zeit seine Fähigkeiten auszubauen.

Zukünftig werden wir an einer Weiterentwicklung des Seminars und der darin enthaltenen Reflexionsanlässe arbeiten. Hierzu gehört beispielsweise eine Überarbeitung der Impulsbögen für die gruppeninterne Videoreflexion. Weiterhin sollen von diesen gruppeninternen Reflexionsphasen Audioaufnahmen angefertigt werden, um die Reflexionsprozesse der Lehramtsstudierenden weiterführend analysieren zu können. Das Potential solcher Audioaufnahmen liegt für die Studierenden im Bewusstmachen der subjektiven Theorien, die in der Besprechung der Videos und der Rechtfertigung des eigenen Handelns gegenüber anderen zugänglich werden. Daraus können wichtige Erkenntnisse für mögliche Hemmnisse in der Wirksamkeit der Lehrerbildung abgeleitet werden und für die Weiterentwicklung der Seminare in Form einer bewussten Konfrontation mit diesen Einstellungen und Haltungen genutzt werden. Auch sollen die Videoaufnahmen während der Projektvormittage erweitert werden, um potentielles Reflexionsmaterial für die Arbeit mit den Studierenden zur Verfügung zu haben.

Literatur

Abels, S. (2011). *LehrerInnen als „Reflective Practitioner". Reflexionskompetenz für einen demokratieförderlichen Naturwissenschaftsunterricht* (1. Aufl.). Wiesbaden: VS.

Baumert, J., & Kunter, M. (2006). Stichwort: Professionelle Kompetenz von Lehrkräften. *Zeitschrift für Erziehungswissenschaften, 9*(4), 469–520.

Helmerich, M. (2011). Fachmathematische Aspekte eines Bildungsrahmens für die Mathematiklehrer(innen)bildung. In R. Haug & L. Holzäpfel (Hrsg.), *Beiträge zum Mathematikunterricht 2011* (S. 363–366). Münster: WTM.

Helmerich, M. (2012). Spannungsfelder der Mathematikdidaktik in der Lehrer(innen)bildung. In M. Ludwig & M. Kleine (Hrsg.), *Beiträge zum Mathematikunterricht 2012* (S. 365–368). Münster: WTM.

Helmerich, M., & Hoffart, E. (2014). Der Einsatz von Videos zur Aktivierung der Reflexion in der Lehrerbildung – Ein Praxisbericht aus der Mathematikdidaktik. In J. Roth & J. Ames (Hrsg.), *Beiträge zum Mathematikunterricht 2014* (S. 515–518). Münster: WTM.

Helmerich, M., & Lengnink, K. (2013). *Spürnasen Mathematik. Mathekartei.* Berlin: Duden Paetec.

Helmke, A. (2003). *Unterrichtsqualität erfassen, bewerten, verbessern* (4. Aufl.). Seelze: Kallmayersche Verlagsbuchhandlung.

Helsper, W. (1996). Antinomien des Lehrerhandelns in modernisierten pädagogischen Kulturen. In A. Combe & W. Helsper (Hrsg.), *Pädagogische Professionalität. Untersuchungen zum Typus pädagogischen Handelns* (S. 521–570). Frankfurt am Main: Suhrkamp.

Helsper, W. (2004). Antinomien, Widersprüche, Paradoxien: Lehrerarbeit – ein unmögliches Geschäft? Eine strukturtheoretisch-rekonstruktive Perspektive auf das Lehrerhandeln. In B.

Koch-Priewe, F.-U. Kolbe & J. Wildt (Hrsg.), *Grundlagenforschung und mikrodidaktische Reformansätze zur Lehrerbildung* (S. 45–99). Heilbronn: Klinkhardt.

Herzig, B., Grafe, S., & Reinhold, P. (2005). Reflexives Lernen mit digitalen Videos. In M. Welzel & H. Stadler (Hrsg.), *Nimm doch mal die Kamera! Zur Nutzung von Videos in der Lehrerbildung* (S. 45–64). Münster: Waxmann.

Krauthausen, G., & Scherer, P. (2007). *Einführung in die Mathematikdidaktik* (3. Aufl.). München: Elsevier.

Lengnink, K. (2012). *Spürnasen Mathematik. Mathekartei*. Berlin: Duden Paetec.

Liebsch, K. (2010). Wissen und Handeln. Ein Plädoyer zur Gestaltung des Theorie/Praxis-Verhältnisses. In K. Liebsch (Hrsg.), *Reflexion und Intervention – Zur Theorie und Praxis Schulpraktischer Studien* (S. 9–25). Baltmannsweiler: Schneider Verlag.

Müller, S. (2011). Reflexion als Schlüsselkatgorie? Eine Einleitung. In S. Müller (Hrsg.), *Reflexion als Schlüsselkategorie? Praxis und Theorie im Lehramtsstudium* (S. 5–11). Baltmannsweiler: Schneider Verlag.

Rottländer, D., & Roters, B. (2008). Verbindungen in Unsicherheit?! Pragmatistische Anmerkungen zur Lehrerbildungsdiskussion. *Reflexives Lernen. Bildungsforschung*, 8(5), 1–14.

Schön, D. A. (1983). *The reflective practitioner. How professionals think in action*. London: Temple Smith.

Schröder, H. (2002). *Lernen – Lehren – Unterricht: Lernpsychologische und didaktische Grundlagen* (2. Aufl.). München: Oldenbourg Wissenschaftsverlag.

Wahl, D. (1991). *Handeln unter Druck. Der weite Weg vom Wissen zum Handeln bei Lehrern, Hochschullehrern und Erwachsenenbildnern*. Weinheim: Deutscher Studien Verlag.

Weyland, U., & Wittmann, E. (2010). *Expertise. Praxissemester im Rahmen der Lehrerbildung. 1. Phase an hessischen Hochschulen*. Berlin: DIPF.

Tutorenschulung als Basis für ein kompetenzorientiertes Feedback in fachmathematischen Anfängervorlesungen

10

Jürgen Haase, Reinhard Hochmuth, Peter Bender, Rolf Biehler, Werner Blum, Jana Kolter und Stanislaw Schukajlow

Zusammenfassung

Das Projekt KLIMAGS (**K**ompetenzorientierte **L**ehr**I**nnovation im **MA**thematikstudium für die **G**rund**S**chule) ist das zentrale Projekt der Arbeitsgruppe „Mathematik im Lehramt Grund-, Haupt- und Realschule" des Kompetenzzentrums Hochschuldidaktik Mathematik (khdm, http://www.khdm.de) an den Standorten Kassel und Paderborn. In

J. Haase (✉) · P. Bender · R. Biehler
Universität Paderborn
Paderborn, Deutschland
E-Mail: juergenh@mail.uni-paderborn.de

P. Bender
E-Mail: bender@math.upb.de

R. Biehler
E-Mail: biehler@math.uni-paderborn.de

R. Hochmuth
Universität Hannover
Hannover, Deutschland
E-Mail: hochmuth@idmp.uni-hannover.de

W. Blum · J. Kolter
Universität Kassel
Kassel, Deutschland
E-Mail: blum@mathematik.uni-kassel.de

J. Kolter
E-Mail: jana.kolter@gmx.de

S. Schukajlow
Universität Münster
Münster, Deutschland
E-Mail: schukajlow@uni-muenster.de

© Springer Fachmedien Wiesbaden GmbH 2018   235
R. Möller und R. Vogel (Hrsg.), *Innovative Konzepte für die Grundschullehrerausbildung im Fach Mathematik*, Konzepte und Studien zur Hochschuldidaktik und Lehrerbildung Mathematik, https://doi.org/10.1007/978-3-658-10265-4_10

KLIMAGS wurden für diesen Studiengang spezielle Kompetenzraster (angelehnt an die KMK-Bildungsstandards) für die Bereiche „Arithmetik" und „Geometrie" entwickelt, darauf aufbauend unterschiedliche innovative Maßnahmen zur Verbesserung der Lehramtsausbildung etabliert und durch eigens entwickelte kompetenzorientierte Leistungstests evaluiert. In diesem „Best-Practice"-Beitrag wird die im Rahmen von KLIMAGS durchgeführte Tutorenschulung zur Veranstaltung „Arithmetik in der Grundschule" vorgestellt und insbesondere der zweitägige Eingangsworkshop beschrieben, bei dem der Fokus auf einer Kompetenzorientierung des Feedbacks und der Betreuung im späteren Übungsbetrieb lag.

10.1 Einleitung

Das khdm-Projekt KLIMAGS beforscht die fachmathematischen Lehrveranstaltungen der ersten Studiensemester für Studierende des Grundschullehramtes an den Universitäten Kassel und Paderborn. Nähere Informationen zu KLIMAGS und dem khdm sind im Abschnitt „Ziele des KLIMAGS-Projekts" im Beitrag von Kolter et al. (2018) enthalten. Zentrale Fragen sind, welches fachbezogene Wissen die Studienanfänger von der Schule mitbringen, wie sich dieses Wissen für die beiden fachmathematischen Vorlesungen im Verlauf der ersten Studiensemester entwickelt und wie sich der fachbezogene Kompetenzerwerb der Studierenden effizient unterstützen lässt. Für diese Unterstützung wurden im Projektverlauf verschiedene innovative Maßnahmen entwickelt und in den Lehrbetrieb implementiert. Die in diesem „Best-Practice"-Beitrag vorgestellte Tutorenschulung ist eine dieser Unterstützungsmaßnahmen. Bei einer Analyse von Korrekturen und Kommentaren (Feedback) zu Übungsaufgabenbearbeitungen der Studierenden aus dem Wintersemester 2011/2012 wurden diese von uns zwar überwiegend als hilfreich eingestuft, wir konnten jedoch auch Potenzial für Verbesserungen identifizieren. Daraufhin wurde im Wintersemester 2012/2013 zur Veranstaltung „Arithmetik für die Grundschule" an der Universität Kassel (und im nachfolgenden Semester in ähnlicher Form zur Veranstaltung „Geometrie für die Grundschule") eine Tutorenschulung mit Fokus auf ein kompetenzorientiertes Feedback durchgeführt. Der vorliegende Artikel konzentriert sich auf die Darstellung des vor Semesterbeginn durchgeführten zweitägigen Eingangsworkshops. Auf die semesterbegleitenden Schulungsmaßnahmen sowohl fachmathematischer als auch didaktischer Art wird hier nur am Rande eingegangen.

  In KLIMAGS wird Kompetenzorientierung pragmatisch im Sinne der Bildungsstandards für die verschiedenen Schulformen (KMK 2004, 2005a, 2005b, 2012) aufgefasst und ein entsprechendes Kompetenzraster mit den drei Dimensionen „allgemeine mathematische Kompetenzen", „Inhaltsbereiche" und „Anforderungsbereiche" genutzt, das für die Gebiete „Arithmetik" und „Geometrie" der beiden fachmathematischen Anfängervorlesungen konkretisiert und adaptiert wurde. Wie im Kontext der Bildungsstandards ist damit auch in KLIMAGS das Anliegen verbunden, „ein vernetztes, kumulatives, anschlussfähiges und auf Verstehen ausgerichtetes Lernen, bei dem den allgemeinen mathematischen Kompetenzen im kognitiven und affektiven Bereich eine zentrale Rolle zukommt" (Walther et al. 2008, S. 22) zu fördern. Insbesondere wurde den Tutorinnen und Tutoren in der Schulung mit dem Kompetenzraster ein strukturierendes Werkzeug vorgestellt, das sie später bei ihrer Tutorentätigkeit als Heuristik nutzen sollen, um das Feedback zu den Übungsaufgabenbearbeitungen der Studierenden gezielter im Sinne der Kompetenzorientierung zu gestalten.

Im folgenden Abschnitt erläutern wir kurz, welche Rahmenbedingungen und welches pragmatische Verständnis von Feedback, Kompetenz und Tutorenschulung (im Sinne von Prämissen) dem Projekt zugrunde lagen. Danach liefern wir einen Überblick über die Tutorenschulung sowie eine ausführliche Darstellung des durch KLIMAGS veränderten Übungsbetriebes und des vor Semesterbeginn durchgeführten zweitägigen Eingangsworkshops. Abschließend stellen wir die Ergebnisse einer Kurzevaluation des Eingangsworkshops durch die Schulungsteilnehmerinnen und -teilnehmer vor und geben einen kurzen Ausblick auf weitere Aktivitäten und die Zukunft der Tutorenschulung am Standort Kassel.

10.2   Rahmenbedingungen und der Schulung zugrunde gelegte Prämissen

In diesem Kapitel skizzieren wir zunächst im Anschluss an diesen Überblick Rahmenbedingungen für Tutorien für fachmathematische Lehrveranstaltungen. Die etablierte Schulung fokussiert vor allem auf die Förderung eines effektiven Feedbacks. Unser zugrunde gelegtes Verständnis davon erläutern wir kurz in einigen Dimensionen im Abschn. 10.2.1. Dass ein fachbezogenes Kompetenzraster, siehe dazu Abschn. 10.2.2, ein hilfreiches heuristisches Werkzeug zur Formulierung von Feedback sein kann, stellt eine weitere unserer Prämissen dar. Im Abschn. 10.2.3 finden sich einige wenige einordnende Bemerkungen zu Tutorenschulungen an Hochschulen allgemein und zum Vorgängerprojekt LIMA.

Eine (fach-)mathematische Veranstaltung an einer Hochschule setzt sich traditionell aus einer zentralen Lehrveranstaltung (der Vorlesung), aus eng an diese Lehrveranstaltung angebundene (Präsenz-)Übungen bzw. (Begleit-)Tutorien, aus zugehörigen häuslichen Übungsaufgaben sowie einer eigenverantwortlich zu gestaltenden Lernzeit zusammen. Die Übungen können in vielerlei Formaten stattfinden: als Zentralübung, an der alle Studenten am selben Termin und am selben Ort teilnehmen; als Kleingruppenübung; als „Vorrechenübung" auf der Basis von „Musterlösungen" für die häuslichen Übungsaufgaben; mit oder ohne Präsenzaufgaben, die „ad hoc" in der Übung gelöst werden sollen; ... Diese Formate können in Rein- oder in fast beliebiger Mischform auftreten, auch sind verschiedene Formate im Rahmen einer Veranstaltung möglich. Allen Übungsformaten ist gemein, dass sie die Inhalte der Vorlesung unterstützend vertiefen, veranschaulichen und/oder festigen sollen.

Auch die Leitung der Übungen variiert: So gibt es Lehrveranstaltungen, bei denen die Übungen von der Dozentin, vom Dozenten der Vorlesung selbst, von wissenschaftlichen Mitarbeiterinnen und Mitarbeitern oder erfahrenen Studierenden höherer Fachsemester durchgeführt werden. Unabhängig davon sind die Aufgaben und Rollen der Übungsleiterinnen und -leiter (im Weiteren als Tutorinnen und Tutoren bezeichnet) vielfältig. Zu diesen gehören beispielsweise die Gruppenleitung, die Moderation der Übung und eine Lernbegleitung bis hin zur Vermittlung der Lerninhalte selbst. Rückmeldungen zu ihren Lernbemühungen erhalten Studierende in der Regel sowohl in den Übungen als auch durch die Korrektur der häuslichen Übungsaufgaben. Im ersten Fall erfolgt die Rückmeldung mündlich durch die Tutorin, den Tutor. Sie richtet sich dabei meist an die ganze Lerngruppe und greift ausgewählte Situationen auf, ist in der Regel also nicht individuell an den spezifischen Bedürfnissen einzelner Studierender ausgerichtet. Im zweiten Fall erfolgt die Rückmeldung schriftlich und bezieht sich auf die individuellen Bearbeitungen einzelner Studierender. Manchmal erschöpft sich die individuelle Spezifik allerdings in der Angabe der erreichten Punktzahl einer Hausaufgabenbewertung.

10.2.1 Feedback

Unter „Feedback" verstehen wir hier eine pädagogische Rückmeldung (im universitären Kontext) im Sinne von Hattie und Timperley (2007, S. 81):

> ... feedback is conceptualized as information provided by an agent (e. g., teacher, peer, book, parent, self, experience) regarding aspects of one's performance or understanding. A teacher or parent can provide corrective information, a peer can provide an alternative strategy, a book can provide information to clarify ideas, a parent can provide encouragement, and a learner can look up the answer to evaluate the correctness of a response. Feedback thus is a „consequence" of performance.

Nach Hattie und Timperley (2007, S. 86) ist Hauptaufgabe von Feedback, die Differenz zwischen gegenwärtigem Verstehen und gegenwärtiger Leistung zu einem angestrebten Ziel zu verringern. Die Autoren identifizieren drei Hauptfragen, auf die ein effektives Feedback eingehen muss:

- Where am I going? (What are the goals?)
- How am I going? (What progress is being made towards the goal?)
- Where to next? (What activities need to be undertaken to make better progress?)

Für einen erfolgreichen Lernprozess sehen sie das Setzen von (Lern-)Zielen als entscheidenden Aspekt von Feedback, wobei die Ziele breit gefächert sein können „and include items such as singing a song, running a race, noting beauty in a painting, sanding a piece of wood, or riding a bicycle" (Hattie und Timperley 2007, S. 88). Ziele ermöglichen ein effizientes Arbeiten. Um bei der Frage „Where am I going?" eine Unterstützung zu leisten, muss ein Feedback Informationen enthalten, welche Art oder welches Niveau von Leistung (performance) zu erreichen ist. Nach Locke und Latham (1990, S. 197) soll ein Feedback Studierenden ermöglichen, angemessene Ziele zu setzen, die eigene Leistung beim Verfolgen dieser Ziele zu kontrollieren und, wenn nötig, Anstrengung, Richtung und auch Strategie ihres Lernens anzupassen. Hattie und Timperley (2007, S. 88 f.) ergänzen, dass ein Feedback die Adressaten dazu befähigen soll, sich neue Ziele zu setzen, wenn die bisherigen erreicht wurden. Hierdurch wird ein dauerhafter Lernprozess am Laufen gehalten.

Bezogen auf die Frage „How am I going?" soll ein Feedback Auskunft über den Stand bezüglich eines (persönlichen) Leistungszieles geben. Die Frage „How am I going?" sollte jedoch nicht allein über einen Test oder andere quantitative Leistungsmessungen beantwortet werden, da diese den Studierenden häufig wenig Auskunft darüber geben, „how they are going" (Hattie und Timperley 2007, S. 89).

Der Beitrag zur Frage „Where to next?" darf nicht nur aus der Parole „mehr von dem Bisherigen!" bestehen, sondern sollte Hinweise enthalten, die zur Weiterentwicklung des Lernens führen:

> These may include enhanced challenges, more self-regulation over the learning process, greater fluency and automaticity, more strategies and processes to work on the task, deeper understanding, and more information about what is and what is not understood. This feed-forward question can have some of the most powerful impacts on learning (Hattie und Timperley 2007, S. 90).

Die drei genannten Hauptfragen werden üblicherweise als Einheit und nicht einzeln für sich beantwortet, da Informationen, inwieweit (How am I going?) Ziele (Where am I going?) erreicht wurden, eng zusammenhängen und auch direkt zu Hinweisen zum weiteren Vorgehen (Where to next?) führen.

Lob, Tadel oder externe Belohnungssysteme als Feedback verbessern nach Hattie und Timperley die Leistung nicht nennenswert, da diese Formen der Rückmeldung selten substanzielle Informationen in Richtung der drei Hauptfragen enthalten.

Klieme et al. (2010) unterscheiden in einer Untersuchung an Schülerinnen und Schülern der Sekundarstufe drei Formen von Feedback: sozial vergleichend, kriterial und prozessbezogen:

> Die sozial vergleichende Bedingung beinhaltete den Vergleich der individuellen Schülerleistung mit der durchschnittlichen Leistung der Klasse [...]. In der kriterialen Bedingung wurde die Schülerleistung anhand von Kompetenzstufenmodellen [...] mit dem Lernziel der Realschüler der neunten Jahrgangsstufe verglichen. In der prozessbezogenen Bedingung wurden anhand von Beispielaufgaben spezifische Stärken und Schwächen sowie entsprechender Verbesserungs- und Übungsbedarf [...] aufgezeigt (Klieme et al. 2010, S. 68 f.).

Dabei zeigte sich, „dass insbesondere die kriteriale Rückmeldung auf der Basis von Kompetenzstufenmodellen signifikant bessere Effekte hatte als eine sozialnormorientierte Rückmeldung, wie sie in Schulklassen üblich ist" (Klieme et al. 2010, S. 73). Die drei hervorgehobenen Formen von Feedback sind offenbar grundsätzlich auch auf den universitären Lehrbetrieb und insbesondere auf die Lehre in Übungsgruppen übertragbar. Um sie im Tutoriumsbetrieb zu etablieren, erscheinen Vorgaben von Dozentinnen und Dozenten hinsichtlich anzuwendender Kriterien als sinnvoll und nützlich.

10.2.2 Das KLIMAGS-Kompetenzraster

Für das Projekt KLIMAGS wurde ein Kompetenzraster entwickelt, das analog zu den
Bildungsstandards für die verschiedenen Schulformen drei Dimensionen unterscheidet.
Das für die Veranstaltung „Arithmetik für die Grundschule" entwickelte Kompetenzraster enthält in einer ersten Dimension die aus den Bildungsstandards für die Schule bekannten „allgemeinen mathematischen Kompetenzen" (Prozesskompetenzen), siehe dazu
Abb. 10.1 (KMK 2004, 2005a, 2005b, 2012; konkretisiert für die Sekundarstufe I bei
Blum et al. 2006, bzw. für die Grundschule bei Walther et al. 2008). Für eine zweite Dimension wurden die Inhalte der Vorlesungen analysiert und in einzelne Bereiche unterteilt.
Die dritte Dimension beschreibt drei gestufte Anforderungsbereiche, die den Projektbeteiligten als für (Lehramts-)Studierende der Mathematik angemessen erschienen (siehe dazu
auch Kolter et al. 2018):

- Stufe 1: Routineverfahren/-wege oder Routineargumentationen wiedergeben oder anwenden.
- Stufe 2: mehrschrittige Verfahren/Argumentationen wiedergeben oder anwenden; Ansätze Dritter nachvollziehen und anwenden; Fehler in gegebenen Argumentationen
oder Rechnungen identifizieren.
- Stufe 3: komplexe Strategien/Modelle/Wege finden und nutzen, Ansätze Dritter nachvollziehen, bewerten, Fehler identifizieren und ggf. korrigieren; Verfahren vergleichen;
Inhalte oder Argumentationsstränge auf verschiedenen sprachlichen Niveaus formulieren; Vorgehensweisen verallgemeinern.

Abb. 10.1 Das KLIMAGS-Kompetenzraster

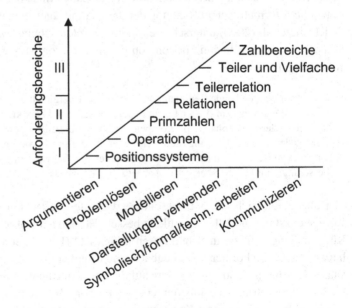

Anhand der Übungsaufgabe in Abb. 10.2 soll exemplarisch die Einordnung in das Kompetenzraster verdeutlicht werden. Die Aufgabe ist in erster Linie in den Inhaltsbereich „Teiler und Vielfache" einzuordnen, weist aber auch Elemente des Inhaltsbereichs „Primzahlen" auf.

Der Aufgabenstellung sind zunächst vielfältige mathematische Informationen zu entnehmen, und ein mathematischer Sachverhalt ist in eigenen Worten darzulegen. Mit Blick auf die Voraussetzungen der Studierenden handelt es sich dabei nicht um Routineargumentationen, weshalb dies zu einer Einordnung der Aufgabe in den Anforderungsbereich II im Kompetenzbereich „Kommunizieren" führt. Das Erklären des geforderten Sachverhaltes erfordert darüber hinaus die Kompetenz „Argumentieren" auf einem überschaubaren mehrschrittigen Niveau und wird hier trotz der substanziellen Argumentationsanforderungen noch in Anforderungsbereich II eingeordnet, da die Erläuterungen beispielbezogen und nicht allgemein zu geben sind. Das abgebildete und das in Aufgabenteil b) zu zeichnende Hasse-Diagramm erfordern die Kompetenz „Darstellungen verwenden", die aufgrund der nicht routinemäßigen Überlagerung zweier Hasse-Diagramme ebenfalls in den Anforderungsbereich II einzuordnen ist. Auch die Darstellung der Zahlen als Primfaktorzerlegung fordert diese Kompetenz, jedoch hier auf Anforderungsbereich I: In Aufgabenteil a) sind die Primfaktorzerlegungen aller Zahlen bereits im Aufgabentext vorgegeben. Daher wird die Kompetenz „symbolisch/formal/technisch Arbeiten" hier lediglich auf einem basalen Niveau angesprochen. Im Aufgabenteil b) müssen hingegen die Primfaktorzerlegungen selbst ermittelt werden. Da die Zahlen recht klein sind, wird hier lediglich formales Arbeiten im Anforderungsbereich I benötigt.

Der unten stehenden Abbildung können Sie entnehmen, wie man aus den zu den Zahlen $18 = 2^1 \cdot 3^2$ und $24 = 2^3 \cdot 3^1$ gehörenden Hasse-Diagrammen sowohl den zugehörigen ggT als auch das zugehörige kgV direkt ablesen kann. So sieht man sofort:

$$ggT(18, 24) = 2^1 \cdot 3^1 \qquad \text{bzw.} \qquad kgV(18, 24) = 2^3 \cdot 3^2$$

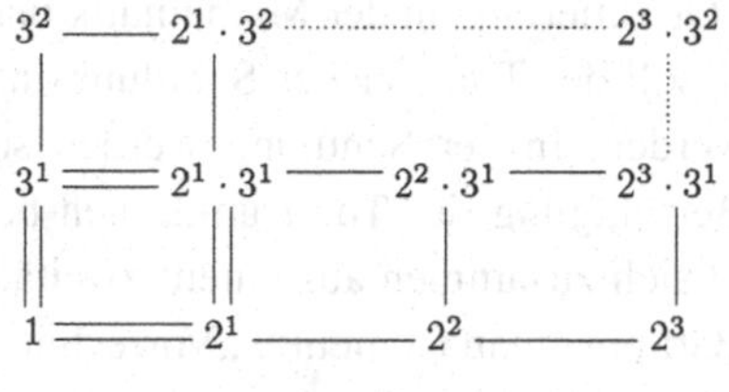

a) Erklären Sie obige Abbildung in Ihren eigenen Worten: Wie kann man „ablesen", dass hier gilt $ggT(18, 24) = 2^1 \cdot 3^1$ bzw. $kgV(18, 24) = 2^3 \cdot 3^2$? Beziehen Sie sich dabei auf die Definition für ggT und kgV aus der Vorlesung.

b) Ermitteln Sie analog zu obiger Vorgehensweise $ggT(27, 30)$ und $kgV(6, 27)$.

Abb. 10.2 Beispiel einer Übungsaufgabe

10.2.3   Tutorenschulungen an Hochschulen

Nach Biehler et al. (2012) stehen bei hochschuldidaktisch orientierten Tutorenschulungen neben der Rollen- und Aufgabenklärung oft Elemente der Gruppensteuerung im Vordergrund, ebenso findet sich häufig eine Auseinandersetzung mit Vortrags- und Feedbacktechniken. Für viele Fachrichtungen decken diese Inhalte die nächstliegenden Anforderungen an Tutorinnen und Tutoren ab und gewährleisten vermutlich eine adäquate Qualifizierung. Die Besonderheiten, denen die Tutorinnen und Tutoren einer mathematischen Fachveranstaltung begegnen und die sich neben den spezifischen fachlichen Anforderungen vor allem aus der besonderen Funktion der Übungsgruppen und den zu bearbeitenden Übungsaufgaben ergeben, bleiben bei diesen allgemeinen Tutorenschulungen allerdings weitgehend unberücksichtigt. Diese unbefriedigende Situation stellte den Ausgangspunkt für das im LIMA-Projekt an den Universitäten Kassel und Paderborn entwickelte Schulungskonzept dar, welches wiederum die Grundlage für die in KLIMAGS durchgeführte Tutorenschulung bildete und das wir deshalb im Folgenden kurz beschreiben:

> LIMA setzt an der Schnittstelle Schule-Hochschule im Studiengang Lehramt Mathematik für Haupt- und Realschulen an und verfolgt das Ziel, den Studienanfängern diesen schwierigen Übergang zu erleichtern. [...] Neben der Umgestaltung der Vorlesung und des Übungsbetriebs [...] steht besonders die Qualifizierung von Tutoren im Vordergrund (Biehler et al. 2012, S. 33).

Aufbauend auf Konzepten von Siburg und Hellermann (2009) sowie Liese (1994) wurde in LIMA ein Schulungskonzept entwickelt, das u. a. durch Simulation der Übungssituation unter Verwendung realer mathematischer Übungsaufgaben und unter Berücksichtigung der in Mathematikübungsgruppen anfallenden Tutorenaufgaben „den Bezug zur Mathematik [...] gewährleisten" soll (Biehler et al. 2012, S. 40). Mittels dieser Simulation sollen die Übungsgruppenleiterinnen und -leiter ihre später im Tutorium zu erfüllenden Funktionen und Rollen (vgl. Einleitung von Abschn. 10.2) in einem geschützten Umfeld erproben können. Durch die Orientierung an der Mathematik und an den Funktionen und Rollen als Tutorin, als Tutor soll der Transfer der Schulungsinhalte in den eigentlichen Übungsbetrieb unterstützt werden. In der Schulung werden sogenannte „Checklisten" erstellt, die später bei der Bewältigung der Tutorfunktionen behilflich sein sollen. Das LIMA-Schulungsdesign setzt sich zusammen aus einem zweitägigen Eingangsworkshop mit den Themenbereichen „Gruppenmanagement", „Vorrechnen", „Anleiten von Kleingruppenarbeit" sowie „Korrigieren und Feedbackgeben zu Hausaufgaben", einem halbtägigen Korrekturworkshop, einem Workshop zum Mathe-Treff (einer „Sprechstunde" der Tutorinnen und Tutoren für die Studierenden), einer wöchentlichen Tutorenbesprechung mit konkretem Vorlesungsbezug zur Behebung möglicher fachbezogener Defizite der Tutorinnen und Tutoren, einer Hospitation der Tutorien durch die Schulungsleiter sowie einer kollegialen Hospitation der Tutorinnen und Tutoren untereinander. Den Abschluss der Maßnahme bildet ein Endtreffen, in dem die Teilnehmenden ihre eigene Entwicklung reflektieren und der Schulungsleiterin, dem Schulungsleiter ein Feedback zum

Verlauf der Schulung geben sollen. Eine ausführlichere Darstellung des LIMA-Schulungskonzeptes findet sich auf der Homepage http://www.lima-pb-ks.de/komponenten/tutorenqualifizierung.html.

10.3   Die KLIMAGS-Tutorenschulung

Die Tutorinnen und Tutoren in den Übungen zur hier betrachteten Lehrveranstaltung „Arithmetik für die Grundschule" an der Universität Kassel waren ausnahmslos studentische Hilfskräfte (SHK). Dabei handelte es sich um Studierende höherer Fachsemester, die aufgrund besonders guter fachlicher (und „sozialer") Leistungen in einem personenbezogenen Auswahlverfahren eingestellt worden waren. Sie hatten die Veranstaltung entweder selbst in ihrem Studium besucht und mit hervorragenden Leistungen bestanden oder studierten sehr erfolgreich einen fachmathematisch anspruchsvolleren Studiengang, zum Beispiel Lehramt Mathematik für Gymnasien. Zur neunzigminütigen Vorlesung wurden wöchentlich fünf sechzigminütige Kleingruppenübungen mit je rund 25 Teilnehmenden angeboten. Inhalt der Übungen war die Besprechung der wöchentlich aus vier Aufgaben bestehenden und individuell zu bearbeitenden Übungsblätter. Im betrachteten Wintersemester 2012/2013 waren in der Veranstaltung „Arithmetik für die Grundschule" neun SHK beschäftigt.

10.3.1   Veränderter Übungsbetrieb

Bis zum Wintersemester 2011/2012 wurden die SHK in der Veranstaltung „Arithmetik für die Grundschule" an der Universität Kassel entweder als Korrektorinnen, Korrektoren oder als Tutorinnen, Tutoren und nur in vereinzelten Ausnahmen in beiden Funktionen zugleich eingesetzt.

Wöchentlich wurden Übungsblätter mit je vier Aufgaben ausgegeben. Den Korrektorinnen, Korrektoren oblag es, für je eine Aufgabe eine Hälfte der Bearbeitungen der Studierenden zu korrigieren und mit einem möglichst hilfreichen Feedback zu kommentieren. Die Tutorinnen und Tutoren leiteten alleinverantwortlich je eine Übungsgruppe, in der die Aufgaben der Übungsblätter von der Tutorin, dem Tutor besprochen wurden. In der Regel hatten die Tutorinnen, die Tutoren keine Übungsaufgaben korrigiert, hatten also in der Regel keinen authentischen Eindruck davon, wie die Aufgaben gelöst worden waren. In Ausnahmefällen haben Tutorinnen und Tutoren die Korrektorinnen und Korrektoren unterstützt und so zumindest einen punktuellen Einblick in die Bearbeitungen einer von vier Übungsaufgaben bekommen.

Ein Grund für diese Trennung war, dass es so leichter fiel, geeignete Kandidatinnen und Kandidaten entweder als Korrektorinnen, Korrektoren oder als Tutorinnen, Tutoren zu gewinnen, denn nicht jedem Studierenden liegt es, vor einer Gruppe von (etwa gleichaltrigen) Mitstudierenden als Tutorin, als Tutor aufzutreten, bzw. nicht jede Studentin, jeder

Student möchte wöchentlich viele Stunden damit verbringen, Aufgabenbearbeitungen zu korrigieren. Zudem ist mit dieser Arbeitsteilung die Hoffnung verbunden, dass Studierende auf jeweils ihrem Gebiet eine höhere Kompetenz entwickeln und einbringen können. Wie bereits erwähnt, wird dies allerdings damit erkauft, dass die (reinen) Tutorinnen und Tutoren nur aus zweiter Hand Informationen über die Qualität der Aufgabenbearbeitung und den fachlichen Kenntnisstand der Übungsgruppenteilnehmenden erhalten.

Im Rahmen des Projektes KLIMAGS wurde im darauffolgenden Wintersemester 2012/2013 der Übungsbetrieb der Veranstaltung neu organisiert. Jede SHK wurde nun gleichzeitig als Korrektorin, als Korrektor und als Tutorin, als Tutor eingesetzt. Da mit der Verknüpfung der beiden Tätigkeiten auch höhere Anforderungen an die SHK einhergingen, wurden jeweils zwei SHK zu einem Tandem zusammengefasst, in dem sie gemeinsam eine Übungsgruppe mit festen Teilnehmenden betreuten. Lediglich ein besonders erfahrener Student, der bereits in mehreren Durchgängen Tutor sowie Korrektor in der Veranstaltung war, hat seine Übungsgruppe alleine geleitet. Bei der Zusammenstellung der Tutorentandems wurde darauf geachtet, dass mindestens eine bzw. einer aus dem Team bereits Erfahrung als Tutorin, als Tutor mitbrachte. Die beiden Mitglieder eines Tandems korrigierten die Aufgabenbearbeitungen ihrer Übungsgruppenteilnehmenden selbst; dabei übernahm in der Regel jede Tutorin, jeder Tutor zwei der vier Übungsaufgaben komplett. Diese zwei Aufgaben hat sie, er dann in der Übung federführend präsentiert. Die andere Tutorin, der andere Tutor hatte sich soweit in die Aufgaben der Partnerin, des Partners eingearbeitet, dass sie, er ebenfalls auf Rückfragen reagieren und der Partnerin, dem Partner bei Problemen zur Seite stehen konnte. Gleichzeitig hat sie, er im Sinne einer kollegialen Hospitation jeweils einen Beobachtungsbogen ausgefüllt, um der Partnerin, dem Partner ein Feedback zu seiner Präsentation zu geben.

Durch die Korrektur der Aufgabenbearbeitungen gewannen die Tutorinnen und Tutoren einen tieferen Einblick in den Leistungsstand ihrer eigenen Übungsgruppe und konnten auf dieser Grundlage Entscheidungen bezüglich der Gestaltung des Tutoriums treffen, etwa gezielt einzelne Aufgabenteile mehr oder weniger intensiv bearbeiten oder weglassen, konkret auf offenkundig gewordene fachliche Defizite eingehen oder besonders „auffällige" (sowohl positive als auch negative) Aufgabenbearbeitungen kompetenzorientiert diskutieren. Das KLIMAGS-Kompetenzraster diente dabei als strukturierendes Hilfsmittel zur Vorbereitung der Übung. Auf Basis der Korrekturen konnten die SHK in ihrer Übungsgruppe ein „sozial vergleichendes" Feedback geben. Auch über den Leistungsstand und die Defizite der Gesamtgruppe der Studierenden konnten sich die Tutorinnen und Tutoren in der wöchentlichen Tutorenbesprechung informieren. Um die Tutorinnen und Tutoren im Vorfeld auf den veränderten Übungsbetrieb vorzubereiten und in die oben herausgehobenen Aspekte eines effektiven Feedbacks einzuführen, wurde die Tutorenschulung vor Beginn des Semesters durchgeführt. Der zweitägige Eingangsworkshop sollte dabei sowohl die Teilnehmerinnen und Teilnehmer auf ihre Rolle als Tutorin und Tutor vorbereiten als auch ein Teamgefühl wecken und die Zusammenarbeit unter den Tutorinnen und Tutoren fundieren.

10.3.2   Das Schulungskonzept

Die KLIMAGS-Tutorenschulung fokussiert in erster Linie auf die Belange einer fachmathematischen Lehrveranstaltung und greift dabei zentrale Komponenten des LIMA-Schulungskonzeptes auf (vgl. Abschn. 10.2.3). Neben allgemeinen hochschuldidaktischen Elementen, zum Beispiel dem Gruppenmanagement, liegt ein Schwerpunkt der Schulung auf
der Förderung eines kompetenzorientierten Feedbacks durch die Tutorinnen und Tutoren
als Feedbackgeberin, als Feedbackgeber und die Übungsgruppenteilnehmenden als Feed-
backnehmenden. Hierunter fällt sowohl ein schriftliches Feedback zu den studentischen
Übungsaufgabenbearbeitungen als auch ein mündliches Feedback in den Übungsgruppen.
Die Schulung der Tutorinnen und Tutoren sollte zu einem qualifizierteren Feedback führen
und dieses wiederum, gemäß den aus Unterrichtsstudien bekannten Effekten eines guten
Feedbacks, zu besseren Leistungen der Studierenden.

Da in der Veranstaltung „Arithmetik für die Grundschule" in den Übungsgruppen keine Präsenzaufgaben bearbeitet wurden, wurde der LIMA-Schulungsteil „Kleingruppen
leiten", der sich mit diesem Aspekt befasst, nicht in die KLIMAGS-Tutorenschulung übernommen. Die Schulungsteile „Gruppenmanagement", „Vorrechnen" (hier „Simulation des
Übungsbetriebes" genannt) und „Korrigieren und Feedbackgeben zu Hausaufgaben" wurden aus LIMA übernommen und angepasst. Der in LIMA zeitlich vom Eingangsworkshop
getrennte Korrekturworkshop wurde in KLIMAGS in jenen integriert. Da im betreffenden
Semester alle Übungen zeitgleich stattfanden, wurde die gegenseitige kollegiale Hospitation durch die jeweiligen Tutorenpartnerinnen und -partner geleistet und auf standardisierten Beobachtungsbögen festgehalten. Eine Hospitation durch die Schulungsleiterin,
den Schulungsleiter konnte aus Kapazitätsgründen nicht durchgeführt werden. In der Veranstaltung „Arithmetik für die Grundschule" war an der Universität Kassel bereits eine
wöchentliche Tutorenbesprechung etabliert und stellte somit keine Neuerung durch KLI-
MAGS dar. In dieser von der wissenschaftlichen Mitarbeiterin, dem wissenschaftlichen
Mitarbeiter der Veranstaltung geleiteten Besprechung wurden neben dem fachlichen Hintergrund auch die (Teil-)Ziele der aktuellen Vorlesungssitzung respektive der aktuellen
Übungsaufgaben und deren Einordnung in die Gesamtveranstaltung diskutiert. Dies sollte
die Tutorinnen und Tutoren in die Lage versetzen, bei der Formulierung des Feedbacks
die von Hattie und Timperley (2007) genannten Hauptfragen zu berücksichtigen. Die
besprochenen (Teil-)Ziele konnten darüber hinaus als Grundlage für kriteriale Feedback-
komponenten dienen (vgl. Klieme et al. 2010). In den wöchentlichen Besprechungen fand
auch ein intensiver Austausch der Tutorinnen und Tutoren untereinander statt, der es ihnen ermöglichte, typische Probleme, Defizite und Fehlvorstellungen sowie Fähigkeiten
der Studierenden zu identifizieren und so einen Einblick in den Leistungsstand der Gesamtgruppe zu gewinnen.

10.3.3 Der Eingangsworkshop

An dem zweitägigen Eingangsworkshop nahmen alle neun Tutorinnen und Tutoren teil. Alle Teilnehmenden hatten einige Tage vor der Schulung eine Übungsaufgabe mit den Kopien dreier studentischer Bearbeitungen (aus dem Vorjahr) mit der Aufforderung erhalten, diese vorab zu „korrigieren", d. h. sie mit Kommentaren (Feedback) und mit Punkten zu versehen. Die Teilnehmenden hatten zu diesem Zeitpunkt noch keine Informationen über die Inhalte und Ziele des Workshops; sie sollten die Aufgaben so korrigieren, wie sie es aus ihrer eigenen Tutorentätigkeit oder als Studierende (als Feedbacknehmende) gewohnt waren. Auf diese Übungsaufgaben wurde im Verlauf des ersten Schulungstages zurückgegriffen, und die vorab angefertigten Korrekturen wurden analysiert und überarbeitet.

Der erste Schulungstag bestand aus Übungen zu allgemeinen Aspekten der Lehr-/Lernqualität, zum KLIMAGS-Kompetenzraster, zum kompetenzorientierten Feedback, zu Diagnose und Korrektur von Übungsaufgaben und aus dem Aufstellen von Korrekturregeln im Sinne von „Checklisten" (vgl. Liese 1994). Am zweiten Schulungstag wurde die Präsentation von Übungsaufgaben vor der Gruppe der Teilnehmenden simuliert. Abb. 10.3 zeigt einen Überblick über den Ablauf.

Der erste Schulungsblock „allgemeine Aspekte der Lehr-/Lernqualität" wird in diesem Beitrag nicht weiter berücksichtigt. Er bestand aus allgemeinen hochschuldidaktischen Komponenten und enthielt keine Elemente, die speziell auf mathematische Fachveranstaltungen zugeschnitten waren.

Schulungsteil „Kompetenzorientierung und Feedback"
Dieser Schulungsteil bestand aus einer Vorstellung des KLIMAGS-Kompetenzrasters sowie aus einem theoretischen Input zum Feedback, in dem die von Hattie und Timperley (2007) formulierten drei Hauptfragen und die verschiedenen Feedbackformen nach Klie-

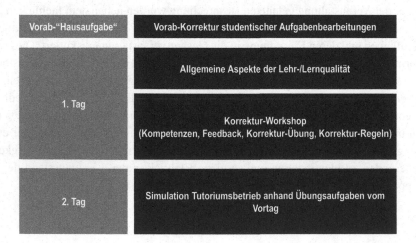

Abb. 10.3 Ablaufplan des Eingangsworkshops

me et al. (2010) thematisiert wurden. Das Kompetenzraster wurde in der Tutorenschulung und später im Übungsbetrieb als eine Art Checkliste genutzt, mit der die Tutorinnen und Tutoren die Bearbeitungen der Studierenden mit den geforderten Kompetenzen der Aufgabe abglichen. Mithilfe dieses Abgleichs war dann ein differenziertes und effektives Feedback möglich. Dabei bildeten die Dimensionen der Prozesskompetenzen und der Inhaltsbereiche eine Grundlage, auf der die Tutorinnen und Tutoren – die sich ja selbst noch in ihrer fachlichen und didaktischen Ausbildung befanden – ihr Feedback vorstrukturieren konnten. Das Kompetenzraster diente gewissermaßen als Heuristik, um den Blick auf die Aufgabenbearbeitung zu schärfen. Auf dieser Grundlage wurde dann jeweils das eigentliche fachliche Feedback formuliert. Dieses unterscheidet sich naturgemäß nicht unbedingt von Feedback, das nach anderen, z.B. allgemeinen unterrichtlichen Prinzipien erstellt wird.

Zusammen mit den Schulungsteilnehmenden wurden mehrere authentische Studierendenlösungen analysiert und bezüglich eines möglichen Feedbacks diskutiert. Daran anschließend fanden sich die Teilnehmenden zu Kleingruppen zusammen. Je drei Teilnehmende hatten vorab die gleiche Übungsaufgabe mit Studierendenlösungen zur Vorbereitung bekommen (s. Abb. 10.2 und 10.4), die sie nun erneut gemeinsam bearbeiteten. Dabei sollten sie sowohl Gemeinsamkeiten als auch Unterschiede zwischen ihren einzelnen Kommentierungen diskutieren, wie auch speziell ihre Kommentare mithilfe des Kompetenzrasters so überarbeiten, dass das Feedback Informationen zur Beantwortung der genannten drei Hauptfragen liefert. Jede Gruppe erstellte eine gemeinsame (Überarbeitung der) Kommentierung der Übungsaufgaben, die anschließend im Plenum vorgestellt und diskutiert wurde. Die Tutorinnen und Tutoren sollten den Studierenden mithilfe des Rasters auf Kompetenzebene rückmelden, inwieweit die Anforderungen (Where am I going?) bereits erfüllt waren und worin ggf. noch die Lücke zu den Anforderungen bestand. Sie sollten Defizite, Fehlvorstellungen sowie Fähigkeiten identifizieren und mit einem Feedback versehen (How am I going?). Sie sollten dann Hinweise oder Impulse geben, was aus ihrer Sicht unternommen werden kann, um Lücken zu schließen (Where

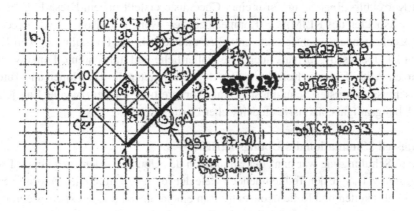

Abb. 10.4 Beispiel einer studentischen Lösung

to next?). Durch die Aufgliederung entlang des Kompetenzrasters wurde es den Tutorinnen und Tutoren erleichtert, unterschiedliche Rückmeldungen zu allen Aspekten der
einzelnen Aufgaben zu geben und eventuelle Defizite, aber auch erfüllte Anforderungen
möglichst präzise auf Kompetenzebene zu lokalisieren. Dies soll nun anhand einer Studierendenlösung zu der bereits in Abschn. 10.2.2 gezeigten Aufgabe illustriert werden.

Abb. 10.4 zeigt eine Studierendenlösung von Aufgabenteil b) der Übungsaufgabe aus
Abb. 10.2. Die Primfaktorzerlegungen der Zahlen 27 und 30 sind fehlerfrei ausgeführt,
auch die beiden überlagerten Hasse-Diagramme sind korrekt dargestellt und in diesen ist
die richtige Zahl als ggT(27, 30) gekennzeichnet (inklusive angedeuteter kurzer Begründung). Allerdings verwendet die Studentin, der Student die symbolische Schreibweise
„ggT" fehlerhaft und bezeichnet auch die Primfaktorzerlegung einer einzelnen Zahl damit
(ggT(27) = ...). Ob hier lediglich eine falsche Schreibweise vorliegt oder darüber hinaus doch Defizite im Verständnis des Begriffs „größter gemeinsamer Teiler" vorhanden
sind, kann aufgrund der Aufgabenbearbeitung nicht entschieden werden. Das Kennen
und Anwenden mathematischer Definitionen fällt im Kompetenzraster unter die Katego-
rie „Symbolisch/formal/technisch Arbeiten". Der Studentin, dem Studenten kann deshalb
zu ihrer, seiner Aufgabenbearbeitung rückgemeldet werden, dass sie, er die Primfaktorzerlegung richtig aufgestellt (d. h. in diesem Bereich formal/technisch korrekt gearbeitet)
hat, die beiden Hasse-Diagramme korrekt gezeichnet (d. h. eine korrekte mathematische
Darstellung verwendet) hat und den ggT richtig erkannt und genannt hat, aber die Bezeichnung „ggT" an mehreren Stellen (d. h. beim Kommunizieren des Ergebnisses eine
mathematische Bezeichnung bzw. Darstellung) falsch verwendet hat. Hier wäre es sinnvoll, etwa nach Rückfrage zur Aufgabenbearbeitung, zumindest die korrekte Verwendung
der Bezeichnung „ggT", ggf. auch den Begriff selbst, zu erläutern und eventuell von dem
der Primfaktorzerlegung abzugrenzen bzw. den Zusammenhang der beiden Begriffe zu
wiederholen.

Schulungsteil „Checklisten"
Den Abschluss des ersten Schulungstages bildete eine Arbeitsphase, in der die Teilnehmenden Korrektur-„Regeln" in Form einer Checkliste erstellt haben. Diese Regeln sollten neben Aspekten des KLIMAGS-Kompetenzrasters weitere im Kontext von Feedback
zu berücksichtigende Gesichtspunkte enthalten und sowohl die Formulierung von Kommentaren zu Übungsaufgaben als auch eine einheitliche und transparente Punktevergabe
unterstützen. Mithilfe dieser Korrektur-„Regeln" bearbeiteten die Tutorinnen und Tutoren
zum Abschluss des ersten Schulungstages als Vorbereitung für den zweiten Tag je eine
weitere Übungsaufgabe inklusive studentischer Lösungen.

Schulungsteil „Simulation des Übungsbetriebes"
Der zweite Schulungstag war ganz der Simulation des Übungsbetriebs gewidmet. Dieser
Schulungsteil verlangte den Teilnehmenden viele der für ein erfolgreiches Tutorium erfor-
derlichen Fähigkeiten und Rollen konzentriert in einem einzigen Kontext ab. Sie mussten
einen kurzen Vortrag zu der bearbeiteten Übungsaufgabe vorbereiten und präsentieren,

auf Rückfragen reagieren, eine Zeitplanung für ihre Präsentation einhalten, ihr Tafelbild adäquat strukturieren und vieles mehr.

Um gerade den Teilnehmenden, die erstmalig als Tutorin, als Tutor eingestellt waren, die Scheu zu nehmen und um fruchtbare Diskussionen über die simulierte Übungssituation zu ermöglichen, wurden die Teilnehmenden in zwei Gruppen eingeteilt. Eine Gruppe führte die Simulation am Vormittag durch, die andere am Nachmittag.

Die Teilnehmenden hatten sich am Vortag bereits in die Aufgabe, die sie nun in der Simulation präsentieren würden, eingearbeitet und mehrere studentische Bearbeitungen dieser Aufgabe mit Punkten und mit Feedback versehen. Hier wurde der spätere Ablauf im Semester – erst schriftliches Feedback auf den Übungszetteln und anschließende Präsentation der Aufgabe in der Übungsgruppe – nachgebildet. Die Tutorinnen und Tutoren wurden ermutigt, ihre Erkenntnisse aus den studentischen Bearbeitungen über den „Leistungsstand" der Übungsgruppenmitglieder (How am I going?) mit in ihre Präsentation einfließen zu lassen. Die anderen Schulungsteilnehmenden und die Schulungsleitung bemühten sich, sich in der Simulation wie Studierende einer Übungsgruppe zu verhalten, d. h. sie stellten bei Unklarheiten Rückfragen, suchten nach Zusammenhängen oder brachten bewusst Fehlvorstellungen ins Spiel. Gleichzeitig füllten sie einen Beobachtungsbogen aus, um der präsentierenden Tutorin, dem präsentierenden Tutor eine Rückmeldung zu geben. Auf ein Publikum aus echten Studierenden wurde aus zwei Gründen verzichtet: Zum einen wären sie wegen des Termins vor Semesterbeginn schwierig zu rekrutieren gewesen, zum anderen sollte die Simulation in einem geschützten Raum vor vertrauten Anwesenden stattfinden. Damit jede „Beobachterin", jeder „Beobachter" sich auf wenige Beobachtungsaufträge konzentrieren konnte, gab es zwei Versionen dieser Beobachtungsbögen. Der eine enthielt die Beobachtungsaufträge „Vortragsstil", „Orientierung an den Studierenden" und „Sonstige Anmerkungen", der andere „Tafelanschrieb", „Fachliche Kompetenz" und ebenfalls „Sonstige Anmerkungen". Mithilfe dieser Beobachtungsbögen konnte jede Teilnehmerin, jeder Teilnehmer direkt im Anschluss an die Präsentation ein Feedback aus der Gruppe bekommen. Im „echten" Übungsbetrieb hatte dann jede Tutorin, jeder Tutor einen ähnlichen Beobachtungsbogen, mit dem sie, er der Partnerin, dem Partner ein kollegiales Feedback geben konnte. Diese, dieser wiederum hatte zusätzlich die Möglichkeit, der „Beobachterin", dem „Beobachter" vor der Übung spezielle Beobachtungsaufträge zu geben. Dies konnte sich auf die Präsentation allgemein beziehen (z. B.: „Bitte achte auf meinen Umgang mit Störungen."), aber auch auf ein geplantes spezielles Feedback aus der Aufgabenkorrektur (z. B.: „Die Studierenden haben ... bereits gut gelöst, aber in dieser Übung möchte ich ihnen zeigen, wie man das als ... darstellt.").

10.4   Kurzevaluation durch die Schulungsteilnehmenden

Die Teilnehmenden haben am Ende des Semesters einen Fragebogen für eine Kurzevaluation der Tutorenschulung ausgefüllt. Die Daten können aufgrund der geringen Stichprobengröße von neun Personen und der durch offene Items bedingten nur Quasi-Anonymität

Tab. 10.1 Items aus dem zweiten Abschnitt der Kurzevaluation

Bitte gib an, wie hilfreich du die verschiedenen Elemente des Tutoren- workshops für deine Tätigkeit als Tutor(in) empfunden hast	M	SD
Sammlung von möglichen „Missgeschicken" und Gegenstrategien	4,2	0,8
Überblick über das KLIMAGS-Kompetenzraster	3,6	1,0
Übung zum kompetenzorientierten Korrigieren	4,7	0,9
Input zu Feedback	5,0	0,5
Gemeinsame Korrekturregeln	5,3	1,0
Simulation zum Vorrechnen (in aktiver Rolle; eigenes Vorrechnen einer Aufgabe)	5,3	1,0
Simulation zum Vorrechnen (in passiver Rolle, Beobachten anderer)	4,7	1,1

(aufgrund der Handschrift und damit verbunden einem eventuell hohen Störfaktor durch soziale Erwünschtheit) ledigich einen groben Anhaltspunkt liefern. Einzelinterviews oder Fokusgruppen würden vermutlich aussagekräftigere Hinweise liefern, konnten aber aus zeitlichen Gründen nicht durchgeführt werden, vor allem auch aufgrund des jeweils damit verbundenen Auswertungsaufwands. Dennoch erscheinen einige Angaben der Teilnehmenden aufschlussreich und können bei der Vorbereitung weiterer Tutorenschulungen berücksichtigt werden.

Die Kurzevaluation bestand aus vier Abschnitten. Im ersten Abschnitt wurde über vier offene Items abgefragt, welche Elemente des Eingangsworkshops den Tutorinnen, den Tutoren besonders im Gedächtnis geblieben sind, welche Themen ihnen ihrer Ansicht nach später im Tutorium tatsächlich geholfen haben und welche Situationen im Tutorium aufgetreten sind, die nicht im Eingangsworkshop behandelt worden sind. Auf eine Darstellung dieser Rückmeldungen wird hier aus Platzgründen verzichtet, zumal diese keine besonderen weiterführenden Erkenntnisse geliefert haben.

Im zweiten Abschnitt (siehe Tab. 10.1) sollten die Teilnehmenden auf einer sechsstufigen Likert-Skala verschiedene Elemente der Tutorenschulung dahingehend bewerten, wie hilfreich sie diese im Nachhinein für ihre Tätigkeit als Tutorin, als Tutor angesehen haben (1 = „völlig überflüssig", 2 = „nicht hilfreich", 3 = „ganz OK", 4 = „hilfreich", 5 = „sehr hilfreich", 6 = „unbedingt notwendig"). Dabei fiel das Element „Überblick über das KLIMAGS-Kompetenzraster" deutlich schlechter als die anderen aus, was sich wohl dadurch erklären lässt, dass dieser Schulungsteil von Theorie-Input geprägt und die Rolle der Tutorinnen und Tutoren hier eher passiv rezipierend war, während die praktische Anwendung des Kompetenzrasters erst später stattfand. Dennoch wird dieses Item doch noch leicht auf der „hilfreichen Hälfte" der Skala eingeordnet. Alle anderen Items wurden im Mittel als hilfreich bis sehr hilfreich oder gar als sehr hilfreich bis unbedingt notwendig eingestuft (siehe Tab. 10.1).

Im dritten Abschnitt (siehe Tab. 10.2) wurde, unter Nutzung derselben Likert-Skala, erhoben, wie hilfreich die Tutorinnen und Tutoren den Workshop in Bezug auf sechs verschiedene Aspekte ihrer Tätigkeit eingeschätzt haben. Hier fällt das Item „fachliches

Tab. 10.2 Items aus dem dritten Abschnitt der Kurzevaluation

Bitte gib an, wie hilfreich der Workshop für dich war in Bezug auf …	M	SD
organisatorischer Überblick	4,2	0,7
als Vorbereitung für „gutes" Korrigieren	4,7	0,7
Sicherheit in der Rolle des Tutors	4,0	0,7
fachliches Wissen/Souveränität mit dem Stoff	3,2	0,4
Methodenwissen zur Gestaltung der Sitzungen	3,7	0,7
„Teamgefühl" unter den Tutoren	5,2	0,7

Wissen/Souveränität mit dem Stoff" mit leicht „negativem" Ergebnis auf. Eine mögliche Erklärung liegt darin, dass im Workshop fachliche Inhalte bewusst nicht eigens thematisiert (sie wurden ja in der wöchentlichen Tutorenbesprechung behandelt), sondern lediglich bei der Arbeit mit den konkreten Übungsaufgaben, und da auch nur so weit wie nötig, angesprochen worden waren.

Sehr erfreulich ist u. a. das Ergebnis des Items „„Teamgefühl' unter den Tutoren". Der Workshop hat als eine Art Motivationsveranstaltung zum Semesterstart gewirkt. Dieses „Teamgefühl" ist einerseits wichtig, da die Tutorinnen und Tutoren im Semester ja als Tandem zu agieren hatten, andererseits wirkte es sich vermutlich positiv auf die wöchentlich stattfindende Tutorenbesprechung aus (siehe Tab. 10.2).

Im vierten Abschnitt (siehe Tab. 10.3) sollten die Tutorinnen und Tutoren zu drei Items auf einer kontinuierlichen Skala markieren, ob sie den Eingangsworkshop oder die wöchentlich stattfindende Tutorenbesprechung als wichtiger einschätzen (Skala von 0 = „Workshop wichtiger" über 3 = „beide gleich wichtig" bis 6 = „wöchentliche Tutorenbesprechung wichtiger"). Da dem Eingangsworkshop viel weniger Zeit zur Verfügung stand als den wöchentlich abgehaltenen zweistündigen Besprechungen in der Summe und er zudem zeitlich viel weiter zurücklag, verwundert es nicht, dass die Tutorinnen und Tutoren in allen drei Items der wöchentlichen Tutorenbesprechung mehr Bedeutung zumaßen. Am deutlichsten haben sich die Teilnehmenden beim Item „Sicherheit bei der Korrektur" zugunsten der wöchentlichen Tutorenbesprechung ausgesprochen. Hier schlägt sich vermutlich der konkrete und fachliche Bezug der Tutorenbesprechung zu den aktuellen Übungsaufgaben nieder. Das dritte Item, mit dem die „Sicherheit beim Vorrech-

Tab. 10.3 Items aus dem zweiten Abschnitt der Kurzevaluation

Bitte markiere nun noch auf der folgenden Skala (Kreuz in der Mitte bedeutet „beide gleich wichtig"), ob du den Workshop oder die wöchentlichen Treffen wichtiger fandest, in Bezug auf …	M	SD
… meine Sicherheit als Tutor(in) vor der Gruppe und im Umgang mit den Studierenden	3,5	0,7
… Sicherheit bei der Korrektur	4,8	1,1
… Sicherheit beim Vorrechnen	3,5	2,1

nen" abgefragt wurde, zeigt ausgesprochen gegensätzliche Antworten. Auch hier neigt sich die Waage leicht zur Tutorenbesprechung, jedoch finden sich in den Daten Kreuze an beiden Enden der Skala. Eine Erklärung hierfür könnte sein, dass etwa die Hälfte der Teilnehmenden bereits mehrfach als Tutorin, als Tutor fungiert hatte, während die anderen in dem betreffenden Semester zum ersten Mal ein Tutorium leiteten und vermutlich für sie deshalb der Schulungspart „Simulation des Übungsbetriebes" wichtiger war als für die Erfahrenen. Um die Anonymität der Befragung nicht gänzlich zu untergraben, war allerdings das Merkmal „Neu-/Alt-Tutor" nicht erhoben worden, und so bleibt unser Erklärungsversuch eine, durchaus plausible, Vermutung.

10.5 Zusammenfassung und Ausblick

In KLIMAGS wurde, aufbauend auf dem Schulungskonzept von LIMA, eine Tutorenschulung mit Fokus auf einem kompetenzorientierten Feedback entwickelt und umgesetzt. Den Schulungsteilnehmenden wurde erläutert, welche Aspekte ein Feedback enthalten sollte und wie sie das KLIMAGS-Kompetenzraster als strukturierendes Hilfsmittel einsetzen können, um diese Aspekte zu berücksichtigen. Der veränderte Übungsbetrieb, d. h. die Integration der Korrektoren- und Tutorentätigkeit, hat ihnen im Hinblick auf das Feedback wichtige Einblicke in den Leistungsstand der einzelnen Teilnehmenden und ihrer jeweiligen gesamten Lerngruppe ermöglicht. Nach Abschluss ihrer Tutorentätigkeit haben die Tutorinnen und Tutoren den Eingangsworkshop rückblickend überwiegend als hilfreich eingeschätzt.

Sowohl aus der Veranstaltung, für die die Tutorenschulung durchgeführt worden ist, als auch aus dem Durchgang davor wurden stichprobenartig studentische Übungsaufgabenbearbeitungen inklusive des Feedbacks der Tutorinnen und Tutoren analysiert. Eine erste Auswertung der Bearbeitungen in der innovierten Veranstaltung zeigt, dass die Qualität des Feedbacks gegenüber dem Vorjahr gesteigert werden konnte. Hier ist noch eine intensivere Auswertung der Übungszettel notwendig.

Das KLIMAGS-Tutorenschulungskonzept wurde im nachfolgenden Semester in ähnlicher Form in der Veranstaltung „Geometrie für die Grundschule" durchgeführt und soll an der Universität Kassel inklusive des geänderten Übungsbetriebes als Standard für die kommenden Grundschulfachveranstaltungen implementiert werden.

Literatur

Biehler, R., Hochmuth, R., Klemm, J., Schreiber, S., & Hänze, M. (2012). Tutorenschulung als Teil der Lehrinnovation in der Studieneingangsphase „Mathematik im Lehramtsstudium" (LIMA-Projekt). In M. Zimmermann, C. Bescherer & C. Spannagel (Hrsg.), *Mathematik lehren in der Hochschule. Didaktische Innovationen für Vorkurse, Übungen und Vorlesungen* (S. 33–44). Hildesheim: Franzbecker.

Blum, W., Drüke-Noe, C., Hartung, R., & Köller, O. (Hrsg.). (2006). *Bildungsstandards Mathematik: konkret. Sekundarstufe I: Aufgabenbeispiele, Unterrichtsanregungen, Fortbildungsideen.* Berlin: Cornelsen Scriptor.

Hattie, J., & Timperley, H. (2007). The power of feedback. *Review of Educational Feedback, 77,* 81–112.

Klieme, E., Bürgermeister, A., Harks, B., Blum, W., Leiß, D., & Rakoczy, K. (2010). Leistungsbeurteilung und Kompetenzmodellierung im Mathematikunterricht. Projekt Co^{2}CA. In E. Klieme, D. Leutner & M. Kenk (Hrsg.), *Kompetenzmodellierung. Zwischenbilanz des DFG-Schwerpunktprogramms und Perspektiven des Forschungsansatzes* (S. 64–74). Weinheim, Basel: Beltz.

KMK (2004). Bildungsstandards im Fach Mathematik für den Mittleren Schulabschluss. Beschluss vom 04.12.2003. http://www.kmk.org/fileadmin/Dateien/veroeffentlichungen_beschluesse/2003/2003_12_04-Bildungsstandards-Mathe-Mittleren-SA.pdf. Zugegriffen: 31. Mai 2017.

KMK (2005a). Bildungsstandards im Fach Mathematik für den Hauptschulabschluss. Beschluss vom 15.10.2004. http://www.kmk.org/fileadmin/Dateien/veroeffentlichungen_beschluesse/2004/2004_10_15-Bildungsstandards-Mathe-Haupt.pdf. Zugegriffen: 31. Mai 2017.

KMK (2005b). Bildungsstandards im Fach Mathematik für den Primarbereich. Beschluss vom 15.10.2004. http://www.kmk.org/fileadmin/Dateien/veroeffentlichungen_beschluesse/2004/2004_10_15-Bildungsstandards-Mathe-Primar.pdf. Zugegriffen: 31. Mai 2017.

KMK (2012). Bildungsstandards im Fach Mathematik für die Allgemeine Hochschulreife. Beschluss vom 18.10.2012. http://www.kmk.org/fileadmin/Dateien/veroeffentlichungen_beschluesse/2012/2012_10_18-Bildungsstandards-Mathe-Abi.pdf. Zugegriffen: 31. Mai 2017.

Kolter, J., Blum, W., Bender, P., Biehler, R., Haase, J., Hochmuth, R., & Schukajlow, S. (2018). Zum Erwerb, zur Messung und zur Förderung studentischen (Fach-) Wissens in der Vorlesung „Arithmetik für die Grundschule" – Ergebnisse aus dem KLIMAGS-Projekt. In R. Möller & R. Vogel (Hrsg.), *Innovative Konzepte für die Grundschullehrerausbildung im Fach Mathematik* (S. Kap. 4).

Liese, R. (1994). *Unterrichtspraktische Übungen für Übungsgruppenleiter in Mathematik. Ein Beitrag zur Verbesserung der Lehre durch Ausbildung und Training von Fachtutoren.* Preprint Nr. 1674. Darmstadt: TU Darmstadt.

Locke, E. A., & Latham, G. P. (1990). *A theory of goal setting and task performance.* New Jersey: Englewood Cliffs.

Siburg, K. F., & Hellermann, K. (2009). Mathematik lehren lernen – Hochschuldidaktische Schulungen für mathematische Übungsgruppenleiter. *DMV-Nachrichten, 17,* 174–176.

Walther, G., van den Heuvel-Panhuizen, M., Granzer, D., & Köller, O. (2008). *Bildungsstandards für die Grundschule: Mathematik konkret.* Berlin: Cornelsen Scriptor.

Alle drei gemeinsam – Verbindung der Phasen in der Lehrerbildung

11

Christof Schreiber

Zusammenfassung

Die hier beschriebene Lehrveranstaltung wird von Studierenden, Lehrkräften im Vorbereitungsdienst sowie Lehrerinnen und Lehrer aus dem Schuldienst besucht. Sie entwerfen gemeinsam Unterrichtsszenarien mit digitalen Medien, führen diese durch und werten sie aus. Die Veranstaltung ist als Blended Learning Veranstaltung konzipiert, die teilweise in Präsenz und teilweise online betreut durchgeführt wurde. Die Veranstaltung fand im Rahmen des Neue Medien Projektes „Lehr@mt" statt, das im Bereich der Nutzung digitaler Medien die drei Phasen der Lehrerbildung verbindet. Die Erfahrungen werden in einem kritischen Rückblick dargestellt und Bedingungen für das Gelingen herausgearbeitet.

11.1 Ausgangslage für die Konzeption

Viele Institutionen wie z. B. Kultusministerien, Bereiche der Organisation der Lehrerbildung sowie Zentren für Lehrerbildung an Universitäten arbeiten an Konzepten zur Verzahnung der ersten beiden Phasen der Lehrerbildung. Einzelne Modelle wie zum Beispiel die „Einphasige Lehrerausbildung" (Kaiser und Spindler 2001, S. 29) an der Reformuniversität Oldenburg in den Jahren 1973 bis 1985 haben nach Ansicht der Autoren „mit vielen Problemen, aber insgesamt doch erfolgreich" die Zusammenlegung der beiden ersten Phasen erprobt. Die Modularisierung der ersten beiden Phasen wird in Bezug auf die Kooperation als besondere Chance gesehen, die leider selten genutzt wird.

C. Schreiber (✉)
Universität Gießen
Gießen, Deutschland
E-Mail: Christof.Schreiber@math.uni-giessen.de

© Springer Fachmedien Wiesbaden GmbH 2018   255
R. Möller und R. Vogel (Hrsg.), *Innovative Konzepte für die Grundschullehrerausbildung im Fach Mathematik*, Konzepte und Studien zur Hochschuldidaktik und Lehrerbildung Mathematik, https://doi.org/10.1007/978-3-658-10265-4_11

Der Bereich Lehrerfortbildung – die dritte Phase der Lehrerbildung – bleibt bei diesen Überlegungen oft unberücksichtigt. In seinem Artikel im Journal für Mathematik-Didaktik hat Gellert (2007, 31 ff.) die Trennung der Bereiche Lehrer*aus*bildung und Lehrer*fort*bildung auch auf internationaler Ebene umfangreich belegt. Er zeigt dort die Trennung von „pre-service" und „in-service" deutlich auf. In Deutschland kommt in den meisten Bundesländern die zweite Phase der Lehrerbildung hinzu, die international so nicht existiert. Die Zuordnung zu pre- oder in-service fällt dabei nicht leicht: Tatsächlich sind die Lehrpersonen im Vorbereitungsdienst noch in Ausbildung. Gleichzeitig haben sie aber auch Verantwortung im Unterricht, die im Verlauf dieser Ausbildungsphase zunimmt.

In der hier vorgestellten Veranstaltung geht es um den projektorientierten Einsatz digitaler Medien im Mathematikunterricht der Primarstufe. Für Studierende gibt es dazu an den Universitäten bereits zahlreiche Angebote. Um aber im Schulalltag die digitalen Medien besser zu integrieren, ist es nach wie vor erforderlich, die Ausbildung speziell in diesem Bereich mit der Praxis zu verbinden. Hier bietet es sich an, durch Kooperationen mit Studienseminaren und Lehrkräften im Vorbereitungsdienst (im Folgenden nutze ich die in Hessen verwendete Abkürzung LiV) die Verbindung von Theorie und Praxis zu ermöglichen. Über das Einbeziehen der Mentorinnen und Mentoren sowie weiterer interessierter Lehrerinnen und Lehrer kann auch die dritte Phase der Lehrerbildung berücksichtigt werden. In der hier beschriebenen Veranstaltung wurde so ein Konzept umgesetzt, das alle drei Phasen der Lehrerbildung kombiniert und so zu einem Theorie und Praxis verbindenden Lernen führt.

Realisiert wurde dieser Veranstaltungstyp im Rahmen des vom Kultusministerium Hessen in Kooperation mit der Goethe-Universität Frankfurt initiierten Projektes „Lehr@mt – Medienkompetenz als Phasen übergreifender Qualitätsstandard in der hessischen Lehrerbildung" (Bremer et al. 2011). Das Projekt hat die grundlegende Qualifikation im Bereich der Medienkompetenz für die Beteiligten aller Phasen der Lehrerbildung zum Ziel. Unabhängig von der Fächerkombination soll es Lehramtsstudierenden aber auch LiV sowie Lehrerinnen und Lehrern ermöglicht werden, grundlegende Fähigkeiten im Bereich der Medienkompetenz zu erwerben. Unter Medienkompetenz wird hier die Nutzung von Medien, ihr zielgerichteter Einsatz sowie das Entwickeln und Betreuen von Unterrichtsszenarien verstanden. Mit dem Projekt Lehr@mt wird ein beispielhaftes Projekt zur Verbindung der Phasen realisiert, das unter Beteiligung von fünf Fachbereichen der Goethe Universität Frankfurt stattfindet. Die Teilprojekte decken neben unterschiedlichen Fächern auch die verschiedenen Lehrämter ab.

Im Folgenden soll nun die phasenübergreifende Veranstaltung vorgestellt werden. In erster Linie gehe ich dabei auf die Organisation der Veranstaltung ein. Es wurden dabei unterschiedliche Inhalte umgesetzt, wie der Einsatz von Lernsoftware zur Diagnose, eine wiki-basierte Lernumgebung zum Schreiben im Mathematikunterricht (s. Reinhard 2009) oder die Erstellung von Audiopodcasts mit Grundschülern und Grundschülerinnen zu mathematischen Themen (s. Schreiber 2011, 2012b). In der Beschreibung zur Übersicht (Abb. 11.1) wird der Einsatz der Methode „PrimarWebQuest" (s. Schreiber 2007; Langenhan und Schreiber 2012) als Beispiel verwendet. Auf die Inhalte gehe ich hier aber

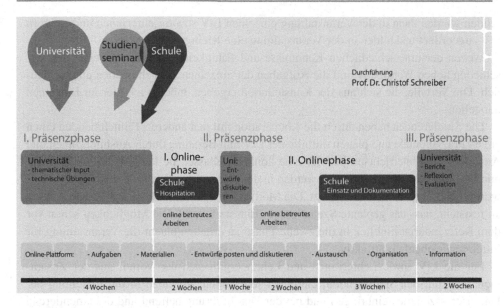

Abb. 11.1 Übersicht zur Veranstaltung

nicht weiter ein, die Vorlage ließe sich mit den unterschiedlichsten Themen füllen. Der Veranstaltungstyp wurde in Schreiber (2012a) bereits ähnlich beschrieben.

11.2 Die phasenübergreifende Veranstaltung

Das Setting der Veranstaltungen wurde ab 2005 entwickelt und kontinuierlich über mehrere Semester durchgeführt. Das Modul kann von Studierenden ab dem vierten Semester besucht werden und ist in der modularisierten Studienordnung in einem Modul zur mathematikdidaktischen Vertiefung mit vier Semesterwochenstunden umgesetzt. Die Veranstaltung ist optionaler Teil für den Erwerb eines Medienkompetenzzertifikates für Studierende aller Lehrämter an der Universität Frankfurt (s. dazu Bremer 2011).

Für die LiV handelt es sich um ein Wahlpflichtmodul mit einem Workload von 30 h. Für Lehrerinnen und Lehrer im hessischen Schuldienst ist die Veranstaltung vom Hessischen Institut für Qualitätsentwicklung akkreditiert.

11.2.1 Die beteiligten Zielgruppen

Es nehmen Studierende mit dem Fach Mathematik vorwiegend aus dem Lehramt für Grundschulen teil. Durch Kooperationen mit verschiedenen Studienseminaren konnten außerdem LiV, deren Ausbilderinnen und Ausbilder sowie Mentorinnen und Mentoren für die Veranstaltung gewonnen werden, die an der Veranstaltung teilnehmen. Die Studierenden werden dann in der Veranstaltung einzelnen LiV sowie Lehrerinnen und Lehrern fest zugeordnet und bilden in der Veranstaltung eine Kleingruppe.

Wegen der unterschiedlichen Kenntnisse und Fähigkeiten aber auch wegen der verschieden hohen Workloads sind die Aufgaben der einzelnen Teilnehmenden unterschiedlich. Die Vorteile, die sich aus der Konstellation ergeben, möchte ich hier im Einzelnen darstellen:

Die Studierenden haben durch die Kooperation mit den anderen Teilnehmenden einen engen Praxiskontakt und planen mithilfe der LiV und Beratung durch Ausbilderinnen und Ausbilder ein Unterrichtsprojekt für eine konkrete Klasse. Sie kennen die Klasse nicht nur aus einer Hospitation, sondern werden in der Planung von den für die Klassen verantwortlichen Lehrpersonen unterstützt. Die Motivation wird deutlich erhöht, da von Anfang an feststeht, dass das geplante Szenario zum Einsatz kommt. Die Möglichkeit schon vor dem Referendariat Einblick in die zweite Phase zu erhalten macht die Veranstaltung für Studierende ebenfalls attraktiv.

Für die LiV sowie Lehrerinnen und Lehrer ergibt sich der Vorteil aus der Zusammenarbeit mit den Studierenden, die einen sehr hohen Workload in die Erstellung der Unterrichtsszenarien einbringen und bei der Durchführung helfend und dokumentierend mitarbeiten. Dies könnte in den nur 30 h Workload umfassenden Modulen der zweiten Phase nicht geleistet werden. Auch die Durchführung neuer Szenarien in einer Klasse kann zu zusätzlichem Bedarf an helfenden Personen führen. Die Dokumentation der Durchführung ist für die Weiterarbeit in der Veranstaltung wichtig. Um aussagekräftige Protokolle zu erhalten, sind Fotos und Videoaufnahmen hilfreich. Das kann nur geleistet werden, wenn neben den für den Unterricht Verantwortlichen die Studierenden diese Aufnahmen erstellen und Protokolle anfertigen.

11.2.2   Verlauf der Veranstaltungen

Um den Verlauf zu illustrieren, beziehe ich mich hier nur so weit wie nötig auf den Inhalt. Die Teilnehmenden erstellen in Gruppen PrimarWebQuests und führen diese zur Erprobung in den Klassen der teilnehmenden Lehrpersonen durch. Die Durchführung wird dokumentiert und in der Veranstaltung vorgestellt. Möglichkeiten, Chancen und Grenzen des Einsatzes sollen so erkannt werden.

Der Verlauf als Blended Learning Veranstaltung gliedert sich in drei Präsenz- und zwei Onlinephasen. Die gesamte Veranstaltung wird dabei mit einer Onlineplattform begleitet. Den gesamten Verlauf möchte ich nun darstellen und auf die Übersicht (Abb. 11.1) verweisen.

In der ersten Präsenzphase erlangen die Teilnehmerinnen und Teilnehmer Grundwissen über den Bereich digitale Medien und deren Nutzung in der Grundschule. Die Methode WebQuest und die für die Primarstufe adaptierte Version werden gemeinsam erschlossen und kritisch auf Anwendungsmöglichkeiten in der Primarstufe geprüft. Die technischen Kenntnisse für die Erstellung von WebQuests werden hier erworben.

Dann schließt sich die erste Onlinephase an. In ihr sollen die Teilnehmenden ein an die jeweiligen Bedürfnisse der Klasse angepasstes PrimarWebQuest entwerfen und einen Vorschlag erstellen. Die Studierenden hospitieren in den Klassen der Lehrerinnen und Lehrer, um die Schülergruppe genauer einschätzen zu können. So kann gemeinsam für jede Gruppe ein zur Klasse passendes PrimarWebQuest entworfen werden.

Anschließend findet die zweite Präsenzphase statt. Hier werden die Entwürfe der entstehenden PrimarWebQuests präsentiert und kritisch dazu Stellung genommen. Dies wird durch die direkte Zuordnung von Gruppen umgesetzt, die sich gegenseitig detaillierte Hinweise zu den Entwürfen geben. Dabei leisten teilnehmende Ausbilderinnen und Ausbilder Unterstützung. Die Gruppen optimieren anschließend auf Grundlage der Kritik ihre Entwürfe.

Nun können die PrimarWebQuests in den Klassen eingesetzt werden. Auch in dieser Phase werden die Gruppen online betreut und können so jederzeit Hilfe, wie technische Unterstützung oder methodische Hinweise anfordern. Die Durchführung findet gemeinsam mit der Lehrperson und den Studierenden statt. Der Einsatz wird dabei von den Studierenden protokolliert oder videographiert.

In der dritten Präsenzphase stellen die Gruppen den Einsatz ihres PrimarWebQuests anhand des Protokolls und einer kurzen Präsentation der Gesamtgruppe vor. Hier sind nun kurze Videoausschnitte, Bildmaterial und aus der Arbeit mit den PrimarWebQuests entstandene Ergebnisse hilfreich. Der Einsatz der Methode wird kritisch reflektiert und im Blick auf Lernchancen ausgewertet.

Als Arbeitsmittel werden in diesen Veranstaltungen ein graphischer Editor für Webseiten zur Erstellung der PrimarWebQuests, Textverarbeitungsprogramme, verschiedene Bildbearbeitungsprogramme, Power Point und eine Onlineplattform zur Kooperation verwendet. Alle technischen Anforderungen können die Teilnehmerinnen und Teilnehmer in der Veranstaltung erlernen. Dazu stehen zum einen einzelne Veranstaltungstermine zur Verfügung, zum anderen wird gerade auch durch die Gruppenarbeit die Möglichkeit geschaffen, die einzelnen Gruppen individuell zu betreuen. Des Weiteren werden Generatoren zur Erstellung von PrimarWebQuest ohne technische Vorkenntnisse vorgestellt. Fragen können dabei auch online in einem Forum an alle gestellt werden oder in fest geplanten und zusätzlich vereinbarten Terminen bearbeitet werden.

Die Besonderheiten der verschiedenen Arbeits- und Lernorte der Beteiligten (Universität, Studienseminar und Schule), die unterschiedlichen Zeitpläne und verschiedenartigen Beiträge der einzelnen beteiligten Gruppen zur Veranstaltung erfordern die Konzeption der Veranstaltung als Blended Learning Veranstaltung. Die konstruktive Arbeit in den Gruppen und die Betreuung durch den Veranstaltungsleiter ist nur durch den ständigen Austausch über die Onlineplattform möglich. Die Möglichkeit einzelne Zwischenergebnisse von Arbeitsgruppen über die Onlineplattform auszutauschen und zur Diskussion zu stellen, wird von den Gruppen unterschiedlich stark genutzt.

Der hier dargestellte Inhalt ist ein Beispiel. Im Prinzip lassen sich zahlreiche Unterrichtsszenarien in einer ähnlich strukturierten Veranstaltung unter Beteiligung verschiedener Phasen der Lehrerbildung umsetzen. Die Präsenz- und Onlinephasen müssen dabei evtl. angepasst werden.

11.2.3   Evaluation im Modul

Die hier beschriebene Veranstaltung fand über mehrere Semester hinweg statt. Von Beginn an wurde in den Veranstaltungen wöchentlich über das Forum in der begleitenden Onlineplattform dem Veranstalter und auch Studierenden, die einzelne Veranstaltungsteile moderieren, kritisch-konstruktiv Rückmeldung gegeben. Die verpflichtenden Rückmeldungen waren dabei anonymisiert. Die einzelnen anonymen Rückmeldungen wurden von einem Teilnehmenden in der letzten Sitzung jeweils in einer Zusammenfassung zur Diskussion gestellt. Zusätzliche qualitative Fragebögen dienten hier ebenfalls als Diskussionsgrundlage zur Veranstaltung im Ganzen. Die in aller Regel konstruktive Kritik der Teilnehmenden wurde grundsätzlich für die Planung zukünftiger Veranstaltungen berücksichtigt. Die Rückmeldungen von Studierenden eines Semesters standen auch den Studierenden zur Vorbereitung einzelner Veranstaltungssequenzen im folgenden Semester zur Verfügung, was rückblickend auch zur Erprobung immer neuer Lösungen zur Gestaltung anregender Einzelsitzungen durch Studierende führte.

Darüber hinaus wurden Rückmeldungen von Beteiligten zur gesamten Veranstaltung erhoben. Diese stellten zunächst als Besonderheit die Verbindung der Phasen in den Mittelpunkt. Studierende lobten dabei den Einblick in den Schulalltag aber auch den Einblick in die kommende Phase des Referendariats. LiV nutzten besonders die gezielte Unterstützung im Seminar und Möglichkeiten der Umsetzung für den eigenen Unterricht. Lehrerinnen und Lehrer profitierten in der Regel von den neuen Unterrichtskonzepten, die in den Veranstaltungen erprobt wurden. Schwierig gestaltete sich dabei nicht selten die Gruppendynamik in den einzelnen Arbeitsgruppen, da hier einerseits die Interessen und Erwartungen und andererseits die persönlichen Voraussetzungen der Teilnehmerinnen und Teilnehmer sehr unterschiedlich waren.

11.3   Erfahrungen aus den Veranstaltungen

Zu Beginn des Projektes Lehr@mt im Jahre 2005 wurde auch die Modularisierung in der zweiten Phase der Lehrerbildung in Hessen umgesetzt. Die LiV hatten im Laufe des zweijährigen Referendariats vier Wahlpflichtmodule mit je 30 h Workload zu absolvieren. Die recht hohe Nachfrage an solchen Veranstaltungen zeigte sich sowohl von Seiten der LiV als auch von den Studienseminaren. So konnten in jedem Semester genügend LiV für mehrere phasenübergreifende Veranstaltungen zu unterschiedlichen Themen gewonnen werden. Sporadisch kamen noch Lehrkräfte aus dem Schuldienst oder die Mentorinnen und Mentoren der LiV hinzu.

Einige Studierende aus den ersten Durchgängen dieser Veranstaltung kamen im Referendariat als LiV wieder zurück, um nun in der neuen Rolle diese Veranstaltung zu besuchen. Dabei war es auch motivierend, die Methode nun für die „eigene" Klasse nochmals einsetzen zu können. Lehrerinnen und Lehrer, die vorher bereits als LiV teilgenommen hatten, kamen in späteren Semestern ebenfalls wieder, um nun in ihrem neuen

Schulalltag bestimmte Szenarien mit der ihnen bekannten Unterstützung durchzuführen. Zum Teil haben diese Lehrpersonen es geschafft, ganze Kollegien zu motivieren, den Einsatz der Neuen Medien im Unterricht der Primarstufe zu erproben.

2007 wurde die Zahl der zu belegenden Wahlpflichtmodule von vier auf zwei verringert, und die Nachfrage ging dementsprechend zurück. Hinzu kam, dass LiV bereits im Einführungssemester des Referendariats die Wahlpflichtveranstaltungen besuchten, um in den arbeitsintensiveren Phasen der folgenden Hauptsemester weniger belastet zu sein. In unserem Setting war es aber erforderlich, dass die LiV eigenverantwortlichen Unterricht in Mathematik erteilen, was erst ab dem 1. Hauptsemester der Fall war.

Lehrkräfte im Schuldienst, die auch bisher nur in geringer Zahl teilgenommen hatten, konnten diese Lücke nicht füllen. Trotz intensiver Werbung stieg die Zahl dieser Teilnehmer nicht. Vorgebrachte Gründe waren die Zahl der Präsenztermine – drei bis vier Nachmittage verteilt auf das Semester – die eine hohe Belastung darstellen. Außerdem wirkte sich nachteilig aus, dass Termine im Wintersemester in die arbeitsintensive Vorweihnachtszeit fallen und im Sommersemester in die arbeitsintensive Phase des Endes des Schuljahres. Die „Verantwortung" für eine Gruppe von Studierenden und der mögliche organisatorische Aufwand wurde ebenso gescheut.

11.4   Bedingungen für das Gelingen

„Lehrerbildung ist in berufsbiographischer Hinsicht … als Einheit von Aus- und Weiterbildung zu verstehen" (Terhart 2001, S. 226). Wie Terhart in seinem Kommissionsbericht (Terhart 2000, S. 113) gehe auch ich von einem erheblichen Koordinationsaufwand der drei Phasen aus. Trotzdem sollten die drei Phasen besser aufeinander abgestimmt und miteinander verknüpft werden (Terhart 2000, S. 59). Wenn also gewünscht ist, dass die unterschiedlichen Phasen der Lehrerbildung in verzahnten, gemeinsamen Veranstaltungen gemeinsam lernen können, dann muss dies so geschehen, dass alle Teilnehmer aus den drei Phasen profitieren können.

Das lässt sich aus der Sicht der Studierenden nur verwirklichen, wenn diese vom Praxisbezug profitieren, der Einsatz in der Praxis also mit den Seminaren an der Universität direkt in Verbindung steht. Der Einsatz in den Klassen sollte sowohl von universitärer Seite gut betreut sein, als auch von der Schule klar gewünscht und unterstützt werden. Ohne personellen Aufwand ist das nicht zu realisieren.

Die Schule muss einen Vorteil in dieser Zusammenarbeit sehen. Es muss für den Unterricht, Schülerinnen und Schüler sowie die Lehrerinnen und Lehrer eine anregende und gewinnbringende Veranstaltung sein. Dabei sollte das Engagement von der Schulleitung klar gewürdigt und die Arbeit unterstützt werden. Das kann eine Entlastung durch Stundenreduzierung sein, könnte aber auch andere Anreize betreffen.

Die LiV sind wegen der empfundenen hohen Arbeitsbelastung wenig an zusätzlichen Angeboten interessiert. Solche Angebote müssen also in die Arbeitszeit klar mit einbezogen sein. Die Angebote müssen dabei auch so ausgestaltet sein, dass die Umsetzung in den schulischen Rahmen einerseits und zur Ausbildung am Studienseminar andererseits passt und klar als die Verbindung von „Theorie" und „Praxis" erlebt werden kann.

Jede Phase hat in der Lehrerbildung ihren Platz, jedoch gerade einzelne Veranstaltungen, in denen zwei der Phasen oder wie in meinem Beispiel sich alle drei Phasen in produktiver Weise begegnen und gemeinsam arbeiten, bieten für eine Koordination der Phasen die beste Gelegenheit. Hier dürfen sich nicht „nur" die Lernenden der beteiligten Phasen treffen, sondern unbedingt auch Lehrende der beteiligten Phasen mit agieren (s. Bremer et al. 2011). Ein erheblicher Aufwand der Koordination der verschiedenen Phasen wegen der sehr unterschiedlichen Modulstruktur und der unterschiedlichen Abläufe der Semester und vorlesungs- bzw. unterrichtsfreien Zeit muss dazu geleistet werden. Das wird allerdings erleichtert, wenn Lehrende in verschiedenen Phasen der Lehrerbildung gleichzeitig eingebunden sind und so Netzwerke direkt über diese Personen geknüpft werden können.

Literatur

Bremer, C. (2011). Medienkompetenz in der hessischen Lehrerbildung. In: Knaus, T., Engel, O. (Hrsg.) *fraMediale: digitale Medien in Bildungseinrichtungen* (Band 2, S. 83–99). München: kopaed.

Bremer, C., Höhl, H., Wenzel, F., & Schreiber, C. (2011). Projekt Lehr@mt: Neue Medien in allen Phasen der Hessischen Lehrerbildung. *SEMINAR – Lehrerbildung und Schule, 4*, 103–114.

Gellert, U. (2007). Gemeinschaftliches Interpretieren mit Studierenden und Lehrern. Ein kombinierter Ansatz für die Lehreraus- und Lehrerweiterbildung. *Journal für Mathematik-Didaktik, 28*, 31–48.

Kaiser, A., & Spindler, D. (2001). „Mitwirkende Lehrerinnen und Lehrer" in der universitären Lehrerausbildung. *Journal für Lehrerinnen- und Lehrerbildung, 2*, 28–35.

Langenhan, J., & Schreiber, C. (2012). *PrimarWebQuest – Projektorientiertes Lernen mit dem Internet in der Primarstufe*. Hohengehren: Schneider.

Reinhard, C. (2009). WiLM@ – Schreiben im Mathematikunterricht. *lehrer-online*. https://www.lehrer-online.de/unterricht/grundschule/mathematik/rechnen-und-logik/artikel/fa/wilmschreiben-im-mathematikunterricht/. Zugegriffen: 13.11.2017.

Schreiber, C. (2007). Prima(r)-WebQuests. WebQuests – für die Grundschule modifiziert. *Computer+Unterricht, 17*(67), 38–40.

Schreiber, C. (2011). PriMaPodcasts – Podcasts zur Mathematik in der Primarstufe. *lehrer-online*. https://www.lehrer-online.de/unterricht/grundschule/mathematik/rechnen-und-logik/artikel/fa/primapodcast-podcasts-zur-mathematik-in-der-primarstufe/. Zugegriffen: 13.11.2017.

Schreiber, C. (2012a). Veranstaltung mit allen Phasen der Lehrerbildung – Konzeption und Erfahrungen. In D. Bosse, K. Moegling & J. Reitinger (Hrsg.), *Reform der Lehrerbildung in Deutschland, Österreich und der Schweiz. Teil II: Praxismodelle und Diskussionen* (S. 141–151). Immenhausen: Prolog.

Schreiber, C. (2012b). Podcasts selbst erstellen? Na klar: PriMaPodcasts! *Grundschulunterricht Mathematik, 4*, 39–42.

Terhart, E. (Hrsg.). (2000). *Perspektiven der Lehrerbildung in Deutschland. Abschlussbericht der von der Kultusministerkonferenz eingesetzten Kommission.* Weinheim, Basel: Beltz.

Terhart, E. (2001). *Lehrerberuf und Lehrerbildung – Forschungsbefund, Problemanalysen und Reformkonzepte.* Weinheim, Basel: Beltz.

Printed in the United States
By Bookmasters